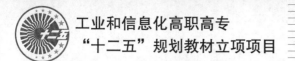工业和信息化高职高专
"十二五"规划教材立项项目

高等职业院校
机电类"十二五"规划教材

机械设计基础

（第2版）

Fundamentals of
Mechanical Design (2nd Edition)

◎ 陈霖 甘露萍 主编

◎ 康海霞 黄菊 司士军 李宏 副主编

人民邮电出版社
北京

精品系列

图书在版编目（CIP）数据

机械设计基础 / 陈霖，甘露萍主编. -- 2版. -- 北京：人民邮电出版社，2014.2
高等职业院校机电类"十二五"规划教材
ISBN 978-7-115-34275-1

Ⅰ. ①机… Ⅱ. ①陈… ②甘… Ⅲ. ①机械设计－高等职业教育－教材 Ⅳ. ①TH122

中国版本图书馆CIP数据核字(2013)第317444号

内 容 提 要

本书根据高等职业教育的特点，将工程力学、机械原理及机械零件的相关内容进行有机整合，从实用的角度出发介绍机械设计的基础知识。全书分为 10 章，包括机械设计基础概论、理论力学基础、材料力学基础、常用机构、挠性传动、齿轮传动和蜗杆传动、轮系、机械连接与螺旋传动、轴系零部件以及机械设计综合课程设计等。全书突出重点知识点，强化职业技能训练，既方便高等职业院校教师教学，又方便学生学习。

本书可作为高职高专、高级技校、技师学院的机电、数控、模具、汽车等专业的基础课教材，也可作为机械工程技术人员的参考用书。

◆ 主　　编　陈　霖　甘露萍
　　副 主 编　康海霞　黄　菊　司士军　李　宏
　　责任编辑　李育民
　　执行编辑　王丽美
　　责任印制　杨林杰

◆ 人民邮电出版社出版发行　　北京市丰台区成寿寺路 11 号
　　邮编　100164　电子邮件　315@ptpress.com.cn
　　网址　http://www.ptpress.com.cn
　　北京隆昌伟业印刷有限公司印刷

◆ 开本：787×1092　1/16
　　印张：18.25　　　　　　　　2014 年 2 月第 2 版
　　字数：467 千字　　　　　　 2014 年 2 月北京第 1 次印刷

定价：39.80 元

读者服务热线：**(010)81055256**　印装质量热线：**(010)81055316**
反盗版热线：**(010)81055315**

前　言

高等职业教育的培养目标是培养具备工程实践能力的一线工程技术人员，相应的教材等需要进行适应性改革，以更实用的教学内容和更好的教学材料，提高学生的学习效果。据此，本书作者经过与多所高职院校教师的深入讨论，对原有内容进行了有机整合，降低理论难度，丰富实践内容，以实用、够用为目的，最终编写成本书。

本书针对高职高专学生的学习特点，从工程应用的角度出发，在内容的选择和讲解方面，以当前高等职业院校学生就业技能实际需求以及学生对相关知识点的实际接受能力为依据，努力体现针对性和实用性，以适应当前职业教育发展的需要。与目前教材市场上的其他同类教材相比，本书具有以下特点。

（1）知识点完整。本书全面讲述了机械设计的基础知识，包括从机械结构的受力分析到典型机构的应用和设计等，并且适当控制难度，讲解深入浅出，以学生易于接受的方式，使学生获得一个完整的知识体系。

（2）重点突出。在讲述机械设计基础的各个具体知识点时，力求简化理论推导，重点突出机械零件、机构的应用及其设计方法的介绍，并配有大量的图例，让学生易学、易懂。

（3）实践性强。为培养高职高专学生的动手能力，加强职业技能训练，本书在相关章节安排了案例分析以及例题解析，以帮助读者更好地对所学知识进行总结和消化。

（4）素材丰富。本教材针对主要的知识点和较难理解的内容提供了丰富多彩的动画演示、视频录像及虚拟实验，这样不但可以提高课堂教学效果，而且能有效激发学生学习兴趣。另外，为方便教师教学，本书还提供了相应的电子课件、题库系统以及习题答案，教师可登录人民邮电出版社教学服务与资源网（http://www.ptpedu.com.cn）下载。

教师在讲授本教材内容时，各个学校可根据本校具体的教学计划和教学条件等实际情况，对书中内容有针对性地进行选择，对相应的学时进行适当的增减。以下是建议学时分配表、实习和实验项目，各学校可根据实际条件选择安排。

建议学时分配表

内　　容	讲授课时	习题课时	内　　容	讲授课时	习题课时
第 1 章　机械设计基础概论	2	—	第 6 章　齿轮传动和蜗杆传动	10	2
第 2 章　理论力学基础	6	2	第 7 章　轮系	4	—
第 3 章　材料力学基础	6	2	第 8 章　机械连接及螺旋传动	6	2
第 4 章　常用机构	8	2	第 9 章　轴系零部件	6	2
第 5 章　挠性传动	4	—	第 10 章　机械设计综合课程设计	4	4
总学时			72		

本书由四川农业大学陈霖、甘露萍任主编，康海霞、黄菊、司士军、李宏任副主编。其中，四川农业大学陈霖编写了第 6 章，甘露萍编写了第 9 章，天津机电职业技术学院康海霞编写了第

5 章和第 7 章，南通工贸技师学院黄菊编写了第 4 章、中国平煤神马集团二矿司士军编写了第 10 章，平顶山工业职业技术学院李宏编写了第 1 章和第 8 章，天津机电职业技术学院王煦伟编写了第 3 章，无锡机电高等职业技术学院王军编写了第 2 章。

　　本书在编写过程中参考了一些相关资料，在此谨对其作者表示感谢。

　　由于编者水平有限，书中难免存在错误和不足之处，敬请广大读者批评指正。

编　者

2013 年 10 月

本书素材列表

素材类型	名　　称	功　能　描　述
PPT 课件	PPT 课件一套	供老师上课用
虚拟实验	机械构件展示系统	本系统主要用于展示常用的机械零部件以及机构的外观、构成以及工作特性等。学生首先从构件大类中选取构件类型，随后进入构件列表，选取具体零部件或构件，对选取的零部件或构件可以通过鼠标操作旋转、缩放和移动对象，从最佳角度观察模型上的重要细节。对于各种机构和运动副，还可以查看其运动过程的仿真动画，观察其工作原理，同时还可以隐藏选定的零件，查看其装配关系。该系统可以帮助学生建立对各种机械模型的直观印象，节省实物模型所需的经费和场地开支，成本低，教学效果良好
题库系统	机械设计基础题库系统一套	可以自动生成试卷和试卷答案，老师可随意修改或添加试题

第1章动画	机械的构成及其工作原理	第4章动画	双转块机构的工作原理	第6章动画	渐开线齿轮连续传动的条件
	认识现代设计方法		偏心轮机构的工作原理		渐开线齿轮传动的受力分析
第2章动画	力的平行四边形法则及案例		牛头刨床的工作原理		齿轮的主要失效形式
	物体的受力分析案例		双曲柄机构的工作原理		齿轮传动强度校核典型案例
	约束的种类及特点		四杆机构演化形式1		根切现象产生的原因
	约束与约束力		四杆机构演化形式2		齿轮的铣削加工原理
	作用力与反作用力		四杆机构演化形式3		齿轮的插齿加工原理
	力矩和力偶		四杆机构演化形式4		齿轮的滚齿加工原理
	平面汇交力系的简化案例		凸轮机构的种类及其应用		蜗杆蜗轮啮合传动原理
	平面任意力系的简化案例		凸轮机构推杆的主要形式		普通圆柱蜗杆的结构
	平面汇交力系的平衡案例		凸轮机构的封闭形式		蜗杆传动的受力分析
	综合案例1		凸轮轮廓设计典型案例	第6章录像素材	齿轮的铣削加工
	综合案例2		棘轮机构的构成和工作原理		插齿加工
第3章动画	拉伸与压缩变形		双向棘轮机构的工作原理	第7章动画	轮系的分类及其应用
	拉伸与压缩典型计算案例		外摩擦式棘轮机构工作原理		三星轮换向机构
	剪切与挤压变形		槽轮机构的工作原理		使用轮系实现分路传动
	剪切与挤压典型计算案例		电影放映机的工作原理		汽车差速器原理
	梁的纯弯曲		蜂窝煤制作机工作原理		定轴轮系的计算案例
	梁的纯弯曲计算典型案例		不完全齿轮机构的工作原理		周转轮系的计算案例
	圆轴的扭转		机构的组合设计		复合轮系的计算案例
	圆轴扭转计算典型案例		机构的变速原理		行星轮系的工作原理
	内力和应力		机构的换向原理	第8章动画	螺纹的种类和用途
	组合变形的典型计算案例		蒸汽机的工作原理		螺纹连接的预紧和防松

第3章动画	压秆的稳定的典型计算案例	第5章动画	带传动的工作原理	第8章动画	螺纹自锁的形成原因
	材料的力学性能及其影响因素		带的弹性滑动与打滑		认识螺纹摩擦角
	材料强度校核的典型计算案例		带传动的受力分析		矩形螺纹受力分析
	综合实例1		带传动设计案例		螺纹连接强度校核案例
	综合实例2		带轮的结构及选择		螺旋机构的工作原理
第4章动画	运动副的种类及特点		链传动的工作原理	第8章录像素材	认识键连接
	复合铰链及其自由度计算		链轮的齿形设计		认识销连接
	局部自由度及其自由度计算		链轮的结构及选择		认识花键连接
	虚约束及其自由度计算		滚子链的结构		认识螺纹连接
	平面机构的自由度分析典型案例		链传动设计案例		认识螺旋机构
	铰链四杆机构的构成及特点	第5章录像素材	带传动和链传动的张紧原理	第9章动画	传动轴的种类及其应用
	机构的急回特性		带传动的应用		轴的结构设计案例
	机构的压力角和传动角		链传动的应用		轴的强度计算案例
	机构的死点	第6章动画	渐开线的形成及其特性		滚动轴承的种类及其应用
	曲柄摇杆机构		齿轮的齿数和模数		联轴器的工作原理
	飞剪的工作原理		齿轮的齿顶高和齿根高		离合器的工作原理
	搅拌机的工作原理		齿轮的压力角	第9章录像素材	认识传动轴
	惯性振动筛的工作原理		齿轮的中心距及啮合角		认识滚动轴承
	机车车轮联动机构的工作原理		渐开线直齿圆柱齿轮的构成		认识联轴器
	车门启闭系统的工作原理		齿轮传动的类型和特点		认识离合器
	双摇杆机构的工作原理		齿轮的啮合传动原理		减速器的拆装
	双滑块机构的工作原理		渐开线齿廓的啮合特性		

目 录

第1章
机械设计基础概论

随着机械化生产规模的日益扩大，制造、动力、冶金、石化、轻纺、食品等许多行业的工程技术人员，都会经常接触到各种类型的机械。要想解决实际工作中遇到的问题，就要对机械知识具备一定的基础。因此，机械设计基础如同其他应用技术一样，是相关专业的一门重要的技术基础课。

【学习目标】
- 了解机械和机械设计的基本概念。
- 掌握机械零件设计的基本准则和一般步骤。
- 掌握学习本课程的方法，了解学习本课程的目的。

1.1 课程性质和任务

机械设计基础主要研究机械中的常用机构和通用零件的工作原理、结构特点、基本的设计理论和计算方法。通过本课程的学习，可具备设计简单机械传动装置的能力，掌握设备的选购、正常使用和维护以及故障分析等方面的基本知识。

1. 课程性质

本课程是培养机械设计人才的重要入门课程，为以机械学为主干学科的各专业学生提供机械设计的基础知识、基础理论和基本方法的训练。

2. 课程任务

本课程的主要任务是通过理论学习和课程实训，使学生达到以下目标。

（1）掌握机械的结构、运动特性和机械动力学的基础知识，为学生将来从事机械产品的设计、开发提供必要的理论知识。

（2）掌握通用零件的工作原理、特点、维护和设计计算的基本知识。

（3）具有运用标准、规范、手册、图册等有关技术资料及编写设计说明书的能力。

1.2 初识机械设计

根据设计机器的使用要求，确定机械结构设计，选择适当材料，确定合适的尺寸及精度，制定先进的工艺，从而实现一种新机器的创新构思，这个过程就是机械设计。

1. 机器与机构

在日常生活和工业生产中，机械产品无处不在。我们骑的自行车、戴的机械手表、工厂里摆的机床设备、公路上跑的汽车，这些都是典型的机械产品。随着现代科技的发展，机械被赋予了越来越多的智能因素，其中，在当代制造业中大显身手的智能机器人就是最典型的代表。

观察图 1-1 和图 1-2，说明机械与电气产品的区别。

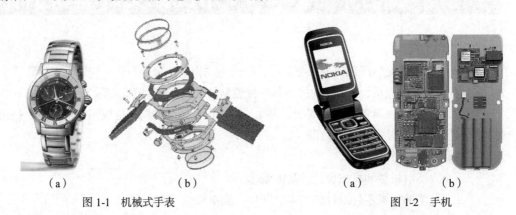

（a） （b） （a） （b）

图 1-1　机械式手表　　　　　　　　　　　　　　　　图 1-2　手机

机器既能实现确定的机械运动，又能完成有用的机械功，或者能传递或转换能量、物料、信息等。机器通常具有以下特征。

① 人为的实物组合——由人工组合的构件系统。

② 各实物间具有确定的相对运动，例如往复移动、转动或摆动等。

③ 实现能量转换或完成有效的机械功。例如将热能转换为机械能（内燃机）、将机械能转换为电能（发电机）、将电能转换为机械能（电动机）等。

机器种类繁多，性能各异，但就其功能而言，机器主要是由 5 个部分组成，如图 1-3 所示。

而机构仅具有机器的前两项特征，能传递或转换运动，是组成机器的重要结构和功能单元，例如齿轮机构、凸轮机构等。不同的机构能实现不同的运动变换。

2. 构件、零件和部件

机器是由一种或多种机构组成的，而机构是人工组合的构件系统，必须满足两个条件：若干构件的组合；这些构件具有确定的相对运动。

构件是机构的基本运动单元，是机器中独立运动的单元体，由一个或几个零件组成。若为多个零件的组合，这些零件应该采用刚性连接，彼此之间无相对运动。

零件是组成机器最基本的单元体，是机械制造的单元体。专用零件是特定机器中所使用的零件，如活塞、曲轴、叶片；通用零件是各类机器中普遍使用的零件，如齿轮、轴、螺栓等。

部件是指若干个零件的装配体。

3. 机械

机械是机器与机构的总称，是能帮人们降低工作难度或省力的装置，复杂机械由两种或两种以上的简单机械构成。从结构和运动的观点来看，机构和机器并无区别，泛称为机械。

图 1-4 所示为一辆汽车，请同学们通过课堂讨论的形式分析其结构特点，并尝试分析其主要功能。

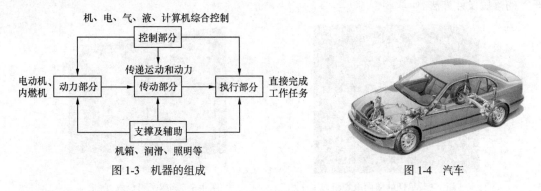

图 1-3　机器的组成　　　　　　　　　　　　　　图 1-4　汽车

【分析】

① 该机器主要包括原动机、工作机构和传动机构。

② 原动机：为整个机器提供动力的部分，汽车的原动机为内燃机。常用的原动机包括电动机和内燃机，它可以把其他形式的能量转换为机械能，产生驱动动力。

③ 工作机构：是机械中直接产生工艺动作的部分，在汽车中为汽车的行驶机构等。

④ 传动机构：是将原动机中的运动和动力准确传递到工作机构上的部分，在传递过程中还会根据需要，对运动的性质和速度进行变换。在汽车中有梯形四杆机构、差速器（轮系）等。

4. 认识设计

设计是为了满足某一特定要求而进行的创造过程。机械设计基础就是培养学生初步掌握机器设计能力的技术基础课。

传统的机械设计主要依靠试验，通过归纳总结的方法获得设计参数和经验公式，然后创建出机械模型。

随着科学技术的发展和进步，现代设计在广度和深度上都产生了根本的变化，设计者已经不再把主要精力放在繁琐的计算和推导上，也不再通过刻板枯燥的图纸来表达自己的设计思想，在现代机械设计中，使用的设计手段更加丰富，产品的更新周期更短，第一代产品问世不久，第二代和第三代产品就接踵而至。

总体来讲，现代设计具有以下特点。

（1）重视产品的创新性

创新是现代设计的核心。现代设计不是对以前的产品进行简单的修补，而是打破传统观念，创造出具有特色的新产品。由于生产力的提高，现代社会产品非常丰富，一个好的产品除了要保证质量外，合理的设计也是至关重要的。

请对比图 1-5 和图 1-6 所示早期的黑白电视机和现在等离子彩色电视机在设计上的区别，然后思考现代设计的特点。

（2）采用先进的设计手段

随着计算机技术的发展，计算机辅助设计（CAD）技术被广泛用于设计领域，这也是现代设计的重要标志。CAD 技术不但提高了设计质量，还大大提高了设计效率。同时，网络技术的发展，使得多人协同开发产品成为可能，这样可以实现资源共享，减轻设计者的负担，改变了"闭门造车"的落后设计方法。

图 1-5　早期的黑白电视机　　　　　　　　图 1-6　等离子彩色电视机

如图 1-7 和图 1-8 所示为使用 CAD 技术开发的模型。

图 1-7　汽车模型　　　　　　　　　图 1-8　直升飞机模型

（3）零部件设计的重要性

一般的大型机电产品由机械和电气两大系统组成。把机械分为部件单独进行设计和生产可提高生产效率和产品质量。零部件设计是机械设计的重要组成部分，是机械总体设计的基础，并可能对机械总体设计产生巨大的影响。

1.3　机械零件的失效形式及设计准则

一个机械零件可能有多种失效方式，防止失效是保证机械零件正常工作的主要措施。了解零件的失效形式，设计者在设计时就可以预先估计所设计零件可能的失效形式，从而用计算的方法使机械零件的工作负担控制在其承载能力允许范围之内，从而避免失效。计算所依据的条件称为设计准则。

1．失效形式

机械零件丧失工作能力或达不到设计要求，称为失效。失效并不意味着损坏。

常见的失效形式有：因强度不足而断裂；过大的弹性变形或塑性变形；摩擦表面的过度磨损、打滑或过热；连接松动；压力容器、管道等的泄漏；运动精度达不到要求等。

对于同一种零件，由于工作形式或环境的不同，其失效形式也是不同的。如齿轮的失效可能有：齿面黏着磨损和胶合、磨粒磨损；齿面疲劳点蚀和剥落；轮齿疲劳折断和过载折断；齿面或齿体塑性变形等。在开式传递中，齿轮的失效形式主要是齿面磨粒磨损；而在润滑良好的闭式传递中，疲劳点蚀则是主要失效形式。

2．设计准则

机械零件虽然有很多失效形式，但归纳起来，最主要的是由于强度、刚度、耐磨性、温度对工作能力的影响及振动稳定性、可靠性等方面的问题。

（1）强度

强度不足是零件在工作中断裂或产生过量残余变形的直接原因，一般来说，除了预定过载时应当断裂的安全装置中的零件外，其余所有的机械零件都应该满足强度条件。

提高零件的强度可以从结构和制造工艺两方面着手。如合理布置零件，减少所受载荷；降低载荷集中，均匀分布载荷；选用合理截面，减小应力集中；选用高强度的材料；适当增大零件的尺寸；采用改善材料力学性能的热处理等。

（2）刚度

刚度是指零件在载荷作用下抵抗弹性变形的能力。

例如，车床、铣床、磨床等金属切削机床的主轴在切削力作用下若产生过度弹性弯曲或扭转变形，将导致加工精度的下降以致工件超差，故对这类机床的主轴在其满足强度的同时还需进行刚度计算。

机床床身也应有足够刚度，以保证整机的稳定性和精度。

所以需将零件工作时的弹性变形限制在一定的范围内，如果弹性变形影响机器正常工作时，需进行刚度校核。通常对于精密机械中的主要零件需考虑刚度要求。

（3）耐磨性

相互接触且有相对运动的两个机械零件表面之间，因摩擦的存在会导致零件表面材料的逐渐损失，这称为磨损。

据统计，机械零件的报废约80%是由磨损造成的。零件的磨损可分为跑合磨损阶段、稳定磨损阶段和剧烈磨损阶段。

在新机器正式投入使用之前，逐级施加小于额定工作载荷的轻载荷，使机器作短期试运转，以达到消除切削加工刀痕、减小运动副表面粗糙度的良好效果；经跑合的零件在工作寿命期限内将长期维持缓慢而平稳的正常运转状态；此后零件的磨损速度将变快，因相对运动表面的破坏和间隙增大而引起额定的动载荷，出现噪声和振动，导致机器无法正常工作。

提高零件表面质量或硬度、采取良好润滑措施等可以提高零件的耐磨性。此外，零件的磨损与环境也有关，在工作中应加以注意。

（4）振动稳定性

零件发生周期弹性变形的现象称为振动。振幅和频率是描述振动现象的两个参数。随着现代机器工作速度的不断提高，容易使机器出现振动问题，影响工作质量。

振幅尺寸虽然很小，但当机器或零件的自振频率与周期性外力的变化频率相等或接近时，就要出现共振。这时，振幅将急剧增大，这种现象称为失稳，即丧失振动稳定性。共振在短期内使零件损坏，因此对零件或机器来说，为保证振动稳定性，应避开在邻近共振频率区域内工作。

引起振动的周期性外力有：往复运动零件产生的惯性力和摆动零件产生的惯性力矩；转动零件的不平衡产生的离心力；周期性作用的外力。

减轻振动可以采取下列措施：对转动零件进行平衡；利用阻尼作用消耗引起振动的能量；设置隔振零件（如弹簧、橡胶垫等）。

（5）可靠性

按传统强度设计方法设计的零件，由于材料强度、外载荷和加工尺寸等存在离散性，有可能出现达不到预定工作时间而失效的情况，因此，希望将出现这种失效情况的概率限制在一定程度之内，这就是对零件提出的可靠性要求。

可靠性是指产品在规定的条件下和规定的时间内，完成规定功能的能力。

可靠度是指产品在规定的条件下和规定的时间内，完成规定功能的概率。

例如，对于总数为 $N=1\ 000$ 的一批相同型号的滚动轴承，在相同的环境和载荷条件下，进行疲劳试验，经过一段时间（也就是轴承寿命）的运转后，其中有 100 件疲劳失效，而其余的 900 件仍可以继续正常工作，说明该型号轴承的可靠度为 90%。

（6）标准化

是指零件的特征参数及其结构尺寸、检验方法和制图等规范要求。标准化是缩短产品设计周期、提高产品质量和生产效率、降低生产成本的重要途径。

（7）其他要求

设计机械零件时在满足上述要求的前提下，还应力图减小其质量，以减少材料消耗和惯性载荷，提高经济效益。还需考虑诸如耐高温或低温、耐腐蚀、表面装饰和造型美观等要求。

3. 机械零件的疲劳破坏

在机械设计中，通常认为在机械零件整个工作寿命期间应力变化次数小于 10^3 的通用零件，均按静应力强度进行设计，而在交变应力作用下，零件将产生疲劳破坏。

（1）应力类型

① 静应力：应力的大小和方向不随时间而变化或变化缓慢的应力。零件相应的失效形式为塑性变形或断裂。

② 交变应力：应力的大小和方向随时间作周期性变化的应力。零件相应的失效形式为疲劳破坏。例如火车轮轴以及齿轮轮齿的弯曲应力等。

（2）疲劳破坏的特征

① 零件的最大应力在远小于静应力的强度极限时，就可能发生破坏。

② 即使是塑性材料，在没有明显的塑性变形下就可能发生突然的脆性断裂。

（3）疲劳破坏的原因

材料内部的缺陷、加工过程中的刀痕或零件局部的应力集中等导致产生了微观裂纹，称为裂纹源，在交变应力作用下，随着循环次数的增加，裂纹不断扩展，直至零件发生突然断裂。

1.4 机械零件的设计步骤

机械设计应满足的要求是：在满足预期功能的前提下，性能好、效率高、成本低，在预定使用期限内安全可靠、操作方便、维修简单和造型美观等。

机械零件的设计常按以下步骤进行。

（1）根据机器的具体运转情况和简化的计算方案，确定零件的载荷。

（2）根据材料的力学性能、物理性质、经济因素及供应情况等选择零件的材料。

（3）根据零件工作能力准则，确定零件的主要尺寸，并加以标准化或圆整。

（4）根据确定的主要尺寸并结合结构和工艺上的要求，绘制零件的工作图。

（5）零件工作图是制造零件的依据，故应对其进行严格的检查，以提高工艺性，避免差错，造成浪费。

1.5 本课程学习的方法和目的

机械设计基础是一门综合性、实践性很强的设计课程，因此同学们在学习中必须根据本课程的特点，尽快完成由单科向综合、由抽象向具体、从理论到实践的思维方式的转变。

1. 学习方法

为了帮助同学们学习好本课程，特提出以下几点建议。

（1）努力领会课本上所讲述知识的内涵。同学之间多讨论，有疑问多向老师请教，带着兴趣去学习。

（2）随时观察周围的事物，把书本上的知识与实际相结合，将理论和实践融会贯通，这有助于更好地掌握理论知识。

（3）利用课余时间学习一些现代设计方法，比如 CAD 软件的使用，然后对身边的事物进行简单的设计练习，并在设计中积极加入自己的创新思想。

（4）本课程理论与实际联系比较密切，学习时要坚持理论联系实际的原则，重视生产实习、实验和参观。

2. 学习本课程的目的

对于从事机械加工及机械维修的技术人员，工作中要与各种机械直接打交道，如按图样要求采用适当的方法加工机械零件，把零件按机械设备的技术要求进行部件装配和总装配、调整和修配，对机械设备进行维护保养，对在使用中出现故障、损坏或长期使用后精度降低的机械设备进行维修等。

这些工作都要求掌握机械的基础知识和操作技能，了解机械设备的构造和原理，分析机械的受力情况和工作能力，能按照标准和规范正确选择机械的通用零部件等，这就是我们学习这门课程的目的。

机械设计基础是机械学科中的一门重要的技术基础课，研究的内容主要包括力学、常用机构的组成、工作原理、运动特性、设计的基本理论和方法，以及一般尺寸和参数的通用零部件的工作原理、特点、选用及设计的基本理论和方法。通过对这些基础知识的学习，同学们能够认识机械的一般构成，理解机械的工作原理，初步具备设计简易机械的能力。

小结

本课程是一门介绍机械设计基础知识和培养学生机械设计能力的课程，它以力学、组成机器的常用机构及通用零部件为研究对象，通过对这些基础知识的学习，同学们能够认识机械的一般构成，理解机械的工作原理，初步具备对一般常用机械的选用及设计能力。

本课程与生产实际结合紧密，书中涉及的各种机器和机构在生活中随处可见，这就要求同学们具有开阔的思维，善于观察身边的事物，并能将学过的知识用于实践。当前，随着计算机辅助设计技术的发展，通过计算机软件可以方便地完成机械产品的设计，有兴趣的同学可以学习相关的技能，培养创新设计的能力，逐步成长为机械设计的专业人才。

习题

1. 什么是机器？什么是机构？什么是机械？请举例说明。
2. 什么是通用零件？什么是专用零件？请举例说明。
3. 分别指出汽车和自行车的原动机、传动部分、执行部分和控制部分。
4. 机械设计的基本步骤有哪些？
5. 什么是零件的疲劳破坏，有何特点？

第2章

理论力学基础

　　工程力学是力学与现代科学技术交叉的一门力学分支学科，是各种工程科学的基础，包括静力学部分和材料力学部分。本章介绍静力学基本概念及其他相关知识。静力学是研究物体在力作用下的平衡规律，其主要内容有静力学基础、平面汇交力系、力矩与平面力偶系等。

【学习目标】

- 了解静力学的基本概念。
- 掌握物体受力分析的方法和步骤。
- 掌握平面汇交力系的平衡条件及其计算方法。
- 理解力矩的概念和求解过程。
- 了解平面任意力系的简化和平衡计算。

【观察与思考】

　　（1）如图 2-1 所示为举世闻名的密佑高架桥，想一想，桥墩、桥面及桥上的钢绳分别承受哪种类型的力？

　　（2）观察如图 2-2 所示的天平，理解受力平衡的概念，思考物体受力平衡时会有什么显著特点。

图 2-1　密佑高架桥

图 2-2　平衡状态下的天平

2.1 静力学基础

静力学研究受力系作用处于平衡状态的物体系统。这里，力系是指作用在同一物体或同一物体系统上的一组力。平衡状态指相对于惯性参考系静止或作匀速直线运动的状态。物体系统在静力学中往往首先被简化为各种力学模型：质点、刚体、刚体系统、变形体及一般质点系。

2.1.1 力的基本概念

力是物体间的相互作用。这表明任何一个力必定和两个物体同时发生联系，力不能脱离物体而单独存在；力一出现必牵涉两个物体，一个是施力物体，另一个是受力物体。

（1）刚体

刚体是指在力的作用下不变形的物体。事实上，现实生活中绝对的刚体是不存在的，刚体是人们为了简化对物体受力分析的过程而作的一种科学抽象。在对物体进行静力学分析时，我们通常都假定物体为刚体。

（2）力的定义

小球在细绳的牵引下旋转，其运动轨迹是什么？观察图2-3，给出你的结论。弹簧在重物的作用下发生了怎样的改变？观察图2-4，给出你的结论。当力的作用点在不同位置时，物体的运动形式会发生怎样的改变？观察图2-5,给出你的结论。

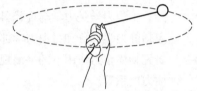

图 2-3　细绳牵引下旋转的小球

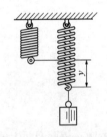

图 2-4　重物作用下的弹簧

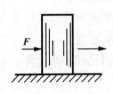

图 2-5　推力作用下的物体

【分析】

① 当小球在细绳的牵引下旋转时，其运动方向时刻都在发生改变。

② 弹簧在重物的作用下会伸长，重物撤销后又会自动恢复原长。

③ 当推力作用点在中间时，木块向前移动；而当推力作用点在上端时，木块可能翻倒。

通过上述各例，我们对"力"有了以下初步认识。

- 力是物体间的相互作用。
- 力对物体的效应是使物体的运动状态发生变化或使物体发生变形。
- 力对物体的效应取决于力的大小、方向和作用点，即力的三要素。
- 物体的二力平衡

物体和物体系统平衡条件的建立，并用于工程构件或结构的静力分析。建立了平衡条件，就可以由已知力确定未知力，从而进行构件或结构的静力计算，这是解决实际工程问题的基础。

现实生活中，我们见到很多只承受两个力作用的物体。例如，在不考虑重力的作用下，如图 2-6 所示内燃机中的连杆。

如图 2-6 所示，内燃机中的连杆受到两个力的作用，这两个力大小相等，方向相反，都作用在连杆上。

只受两个力作用而平衡的刚体为二力杆。

公理一：二力平衡公理

作用在刚体上的两个力平衡的必要充分条件是：两个力大小相等，方向相反，并沿同一直线作用。

公理二：加减平衡公理

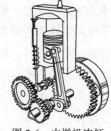

图 2-6　内燃机连杆

若作用在刚体上的力系可由另一力系代替而不改变它对刚体的效应，则称这两个力系为等效力系。

在刚体上施加任意平衡力系，都不会影响原力系对刚体的效应。

推理：力的可传性

作用于刚体上的力可沿其作用线移动到该刚体上任一点，而不改变此力对刚体的作用效果，这就是力的可传性。

（3）力的平行四边形法则

观察图 2-7，思考两根绳悬挂重物与一根绳悬挂重物，绳上的拉力是否相同。

一根绳上的拉力 R 可以认为是两根绳上拉力 F_1、F_2 的合力，而拉力 F_1、F_2 叫做力 R 的两个分力。

作用于物体上同一点的两个力的合力也作用于该点，且合力的大小和方向可以用这两个力作用线为邻边所做的平行四边形的对角线来确定。

（4）作用力与反作用力

如图 2-8 所示，作用在工件上的力和作用在车刀上的力大小相等，方向相反，作用在同一直线上，思考它们之间是不是二力平衡。

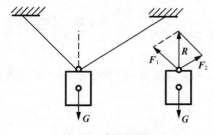

图 2-7　受拉力的绳

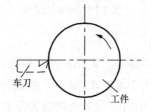

图 2-8　车刀加工工件

由于这两个力分别作用于两个不同的物体上，而不是同一物体上，所以并不是二力平衡。

两物体间相互作用的力总是同时存在，并且两力等值、反向、共线，分别作用于两个物体。这两个力互为作用与反作用的关系。

2.1.2　约束与约束力

力学中把预先给定的、限制物体运动（位移、速度或运动趋势）的条件称为约束。由于这些限制条件总是由被约束物体周围的其他物体形成的，习惯上把这些周围物体即约束体，也称为约束，如轨道、合页、钢缆、支座等。

约束对被约束体运动状态的限制是通过其作用于被约束体上的力实现的，即约束力。除约束力外，物体上受到的其他作用力称为主动力，它们是改变物体运动状态或使物体具有运动趋势的力。因此约束力属于被动力，它不会主动地引起物体运动或使它具有运动趋势。例如，同样的绳子对重物的拉力，在图 2-9（a）中它是约束力，在图 2-9（b）中它是主动力。

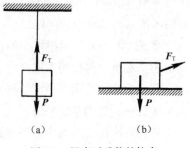

图 2-9　绳索对重物的拉力

约束有各种各样具体的结构形式，这里先介绍几种常见的约束类型及约束力的性质。

1. 柔性约束

无重量的、不可伸长且无限柔软的细长物体。它只能阻止物体使它沿轴线伸长的运动趋势，而对于使它缩短、弯曲、扭转或沿其横向的运动趋势不起任何限制作用。

工程中绳索、胶带、链条、钢缆等一般可简化为柔索。

观察图 2-10，思考图中绳索受到什么力的作用，绳索能受压力吗？观察图 2-11，思考图中带轮传动中平带受到什么力的作用，平带能受压力吗？

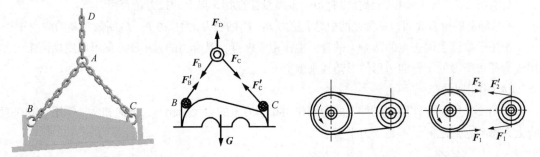

图 2-10　起重的绳索　　　　　图 2-11　平带传动

【分析】
① 图 2-10 中，起吊一减速箱盖，链条 AB、AC、AD 分别作用于铁环 A 的力为拉力，链条 AB、AC 作用于盖上 B、C 点的力也为拉力。
② 平带作用于带轮上的力为拉力。
③ 链、平带为柔索，而柔索本身只能承受拉力，不能承受压力。
④ 柔索约束特点：限制物体沿柔索伸长方向运动，只能给物体提供拉力。

2. 光滑面约束

光滑面是指摩擦阻力可以忽略不计的两物体的刚性接触面。光滑面约束的特点是只能限制物体沿接触面法向方向进入的位移，而不能限制沿法向离开和沿切向的位移。因此约束力为沿接触面法向指向物体的压力，用符号 F_N 表示。

机械工程中光滑接触面的例子有机床导轨、夹具中的 V 形铁、变速箱中的齿轮、轴承中的滚珠与钢圈、凸轮与挺杆等，如图 2-12～图 2-14 所示。土木工程中的例子有直接搁在墙上的梁、桥梁中的平板支座和弧形板支座等，如图 2-15～图 2-17 所示。

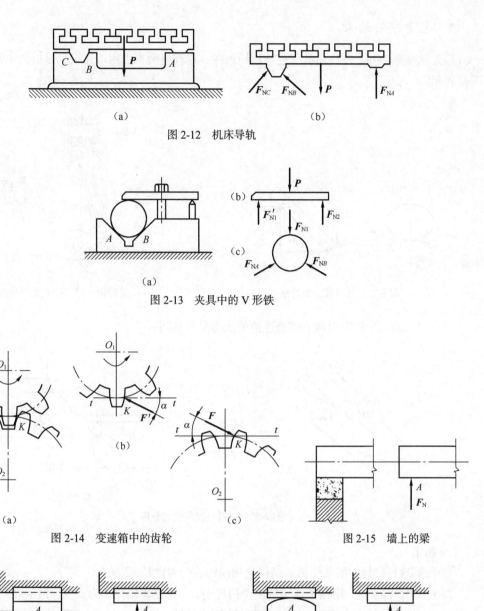

图 2-12　机床导轨

图 2-13　夹具中的 V 形铁

图 2-14　变速箱中的齿轮

图 2-15　墙上的梁

图 2-16　桥梁中的平板支座

图 2-17　桥梁中的弧形板支座

观察图 2-18，思考图中球的受力及杆的受力有什么特点。

【分析】

① 当两物体接触面上的摩擦力忽略不计时，构成光滑接触面约束。

② 被约束的物体可以沿接触面滑动或沿接触面的公法线方向脱离，但不能沿公法线方向压入接触面。

③ 光滑接触面约束力的作用线，沿接触面公法线方向，指向被约束物体，恒为压力。

3. 光滑铰链约束

首先观察图 2-19，图中曲柄与连杆用销连接，连杆与活塞也用销连接，分析两个销的受力情况是否相同。

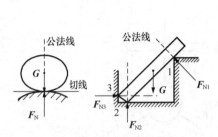

图 2-18　光滑接触面约束

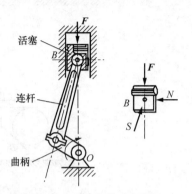

图 2-19　销连接的受力分析

观察图 2-20，分析图中两个铰链连接的受力是否相同。

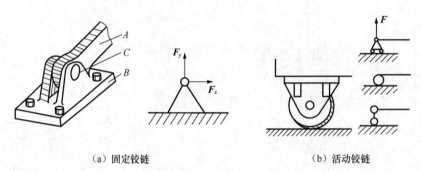

（a）固定铰链　　　　　　　　　　（b）活动铰链

图 2-20　铰链连接的受力分析

【分析】

① 曲柄连杆机构中的两个销的结构是相同的，受力也是相同的。

② 图 2-20（a）中，用销子连接的两个构件中，一个是固定件，为支座，销子固定于支座上，另一构件可绕销子的中心旋转，这种方式称为固定铰链。而图 2-20（b）中，支座在滚子上可任意左右移动，这种方式称为活动铰链。

③ 固定铰链约束力的方向随转动零件所处位置的变化而变化，通常可用两个相互垂直的分力表示，约束力的作用线必定通过铰链的中心。

④ 活动铰链在不计摩擦的条件下，支座只能限制构件沿支撑面垂直方向的运动，故活动铰链支座的约束力必定通过铰链中心，并与支撑面相垂直。

4. 固定端约束

观察图 2-21，分析图中车床上的刀架对车刀的约束情况。

【分析】

① 车床上的刀架对车刀的约束为固定端约束。

② 固定端约束可阻止被约束物体作任何移动和转动，所以除存在互相垂直的约束力外，还存在一个阻止其转动的力偶矩。

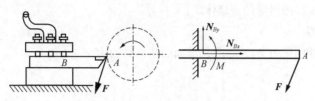

图 2-21　固定端约束

2.1.3　受力分析与受力图

工程中的结构与机构十分复杂，为了清楚地表达某个物体的受力情况，必须将其从相联系的周围物体中分离出来，即解除其约束使其成为分离体，在分离体上画出其所受的主动力和约束力，这就是受力图。正确地画出物体的受力图是解决静力学问题的基础。

画受力图的步骤一般如下所示。

（1）确定研究对象，取分离体

根据问题的要求，选取恰当的分离体，画出其力学计算简图。分离体可以是一个物体、几个物体的组合或整个物体系统。在简单情形下，取什么样的分离体是显而易见的，通常一个分离体就足以解决问题。在复杂问题中，可能需要多次取分离体，这时，选取什么样的分离体，以及选取分离体的先后次序和组合往往是比较重要的。

（2）在分离体上画出全部主动力

主动力往往是已知的，如实画出即可。注意不要漏掉需要考虑的重力。

（3）在分离体上画出全部约束力

在分离体上正确地画出全部约束力，是画受力图的关键。因此首先应把每一具体约束合理地理想化为某种类型，以便根据约束的性质判断其约束力的特征，包括约束力的数量、作用位置、作用线的方位和指向等，然后分别画到受力图上。

（4）全面检查受力情况

检查时应注意：受力图中只画分离体的简图和所受的全部作用力，不要画上约束；画出的每个力都要有依据（有施力体），既不要多画，也不要漏画；分离体对约束的作用力和分离体内各部分之间的相互作用力（内力）不画；不要画错力的方向，约束力的方向要符合约束的性质。

例 2-1　如图 2-22（a）所示为一凸轮机构，试画出推杆的受力图。

解：

① 取推杆为分离体，找出主动力为 F。

② 凸轮与推杆在 E 点接触，为光滑接触面约束，故凸轮给推杆的约束力 R_E 的方向为凸轮曲线上 E 点的法线方向。

③ 推杆在负荷 F 及凸轮法向压力 R_E 的作用下会发生倾斜，因而推杆与滑道在 b、c 点接触，也为光滑接触面约束，滑道给推杆的约束力垂直于推杆，即为 N_b、N_c 两个力。

④ 受力图如图 2-22（b）所示。

例 2-2 图 2-23 中，重量为 G 的球用绳挂在光滑的铅直墙上，画出此球的受力图。

解：

① 球为研究对象，画出球的分离体。

② 画出主动力 G。

③ 画出绳的柔性约束力 F_B，墙的光滑面的法向约束力 F_{ND}。

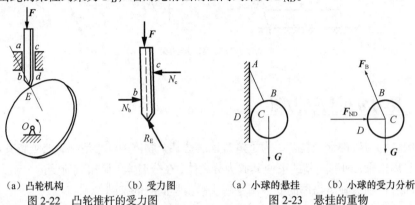

（a）凸轮机构　（b）受力图
图 2-22　凸轮推杆的受力图

（a）小球的悬挂　（b）小球的受力分析
图 2-23　悬挂的重物

例 2-3 一根筷子放在碗中，如图 2-24（a）所示，对筷子进行受力分析。

解：

① 取筷子为分离体，并将其简化为等直杆。

② 筷子的自重 P 显然不应忽略，作为主动力，作用在筷子的重心（中点），垂直向下。

③ 在忽略摩擦的条件下，碗底和碗边对筷子的约束可简化为光滑接触面。在碗底，筷子头为尖端，故约束力 F_{N1} 的作用线就通过半球形碗的球心（法向）；在碗边，边缘不是光滑曲面（厚度很小的碗边可简化为一条线），故约束力 F_{N2} 的作用线应与筷子垂直并通过接触点。

④ 最后得到筷子的受力图，如图 2-24（b）所示。

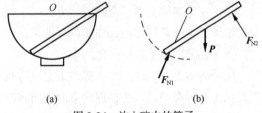

（a）　　　　　　（b）
图 2-24　放入碗中的筷子

2.1.4　物体系的受力分析

在研究具体问题时，有时需要对由几个物体组成的系统进行受力分析，研究系统的平衡问题。这时，往往既要研究整个系统的受力情况，还要研究其各个组成部分的受力情况。物体系的受力分析往往需要取几次分离体，其分析过程也具有不同于单个物体受力分析的特点。

作用在物体系统上的力可分为两类：外部物体对系统内物体的作用力称为外力，系统内部各物体之间的相互作用力称为内力。根据牛顿第三定律，系统的内力总是成对出现的，且等值、反向、共线。根据动量定理和动量矩定理，内力不能改变系统整体的运动状态。因此，取整个系统为分离体时，在受力图中不必画出内力，只画外力。如果我们取物体系统的一部分作分离体，则系统其余部分对该部分的作用力就变成分离体所受到的外力，必须在受力图中画出。

例 2-4 三铰拱是一种常见的结构模型。试对两种受载情况下的三铰拱进行受力分析，如图 2-25 所示。三铰拱的自重不计。

解:

① 先对图 2-25（a）进行受力分析，将其两个半拱拆开，分别考察 AC 和 BC 的受力情况。A、B、C 3 处均为光滑铰链约束。拱 BC 上无主动力作用，为二力构件，根据链杆性质，可以画出一对约束力 F_{BC}，均沿 BC 连线，指向是任意假定的，一般根据拱 BC 的运动趋势 B 处的 F_{BC} 指向。

② 分析拱 AC，画出主动力 F，约束力 F'_{BC} 的方向。铰链 A 处的约束力方向不易判断，可用两个垂直分力 F_{ax} 和 F_{ay} 表示，如图 2-25（c）所示。整个三铰拱的受力图如图 2-25（d）所示，注意内力不必画出。

③ 用同样的方法对图 2-25（b）进行受力分析，得到图 2-25（e）和图 2-25（f）。注意两种情况下拱 AC，BC 的受力情况和铰链 B 处的约束力均不同。

④ 对于图 2-25（b）中拱上铰链 B 处的约束力 F_B 的方向，还可利用"三力平衡汇交定理"来确定，见图 2-25（g）。该定理指出：刚体受到 3 个不平行力作用平衡时，三力必交于一点，且作用线在同一平面内。

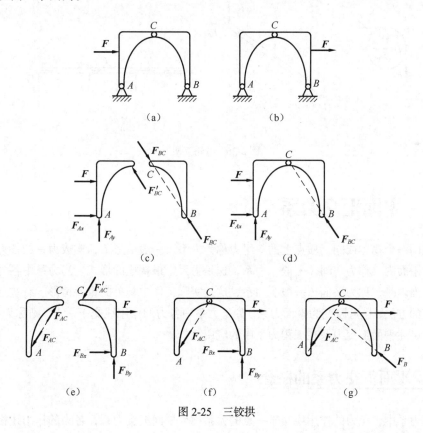

图 2-25　三铰拱

例 2-5　滑轮支架如图 2-26（a）所示，各部件自重不计，试对各部件进行受力分析。

解:

① 该系统由杆 AE、杆 BC，滑轮 D、E、H 和重物 P 组成。A、B、C 3 处约束和滑轮轴可理想化为光滑圆柱铰链，绳索可理想化为柔索。

② 按照从已知到未知，先简单后复杂的原则确定分离体的顺序，各部件受力图如图 2-26（b）到图 2-26（g）所示。

③ 注意：F'_{T2} 作用在杆 AE 上而非滑轮 E 上，因绳索与滑轮 E 无接触。杆 BC 不是二力杆，铰

链 B、C 处的约束力方向无法确定，用分力表示。滑轮轴 E、D 处的约束力方向也可用三力平衡汇交定理确定，但用解析法计算时仍以两个分力表示较方便。该系统物体较多，必须注意各对内力应满足牛顿第三定律。

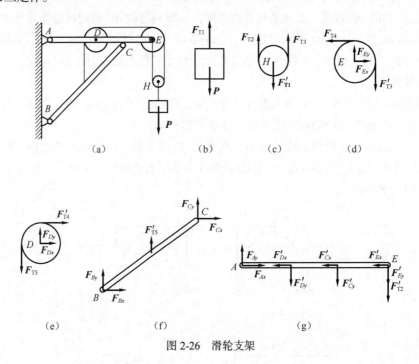

图 2-26　滑轮支架

2.2　平面汇交力系

作用在同一个物体或同一质点上的一组力称为力系。一般情形下，构成力系的各力的作用线不在同一个平面内，称为空间（一般）力系，这是力系中最普通的形式。当力系中各力的作用线位于同一平面内时，称为平面（一般）力系，这是实际工作中常见的重要情形。有些空间力系通过等效转换的方法，也可以变为平面力系。如果力系中各力的作用线交于一点，则称为汇交力系，本小节主要讲述平面汇交力系在工程力学中的应用。

2.2.1　平面汇交力系的概念

在平面力系中，各力的作用线交于一点的力系称为平面汇交力系；各力的作用线相互平行的力系称为平面平行力系；各力的作用线任意分布（既不完全交于一点也不完全平行）的力系，称为平面一般力系。平面汇交力系是实际工程中常见的一种基本力系。

如图 2-27 中汽车发动机中的连杆机构，对 C 点进行受力分析。

【分析】

C 点受到 3 个力作用，而且交于一点。作用在物体上的各个力的作用线相交于一点时，称这些力组成的力系为汇交力系。平面汇交力系是各种力系中较简单的一种，它是各个力的作用线处于同一平面内，否则为空间汇交力系，如图 2-28 所示。

如图 2-28 所示的传动轴，C 点受到齿轮传递的径向、切向载荷及约束力的作用，且各力并非作用在同一平面内，这组力是空间力系。

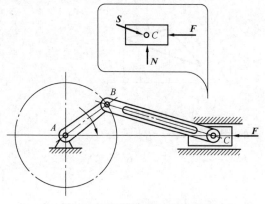

图 2-27 汽车发动机的连杆机构

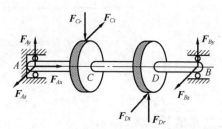

图 2-28 两端轴承支撑的传动轴

2.2.2 平面汇交力系的简化

在进行受力分析和受力计算时，为了计算容易、方便、准确通常要对平面汇交力系进行简化处理。下面介绍最常见的两种简化方法。

1. 几何法—力多边形法

如图 2-29 所示平面汇交力系的合成。

   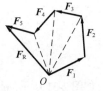

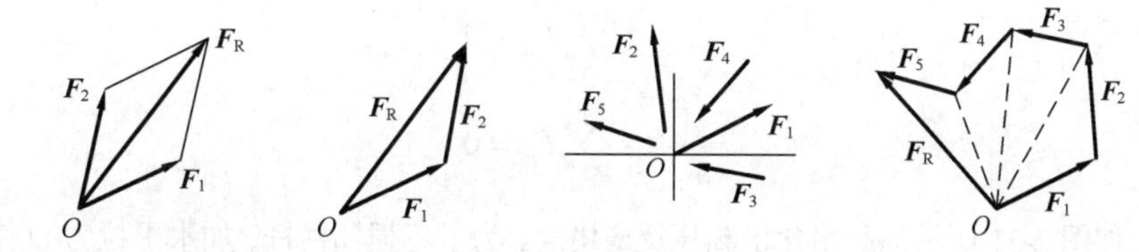

（a）平行四边形法则　（b）力三角形　（c）汇交力系　（d）力多边形

图 2-29 力多边形法

【分析】

图 2-29（a）为平行四边形法则，F_1、F_2 的合力用矢量和 F_R 表示，$F_R = F_1 + F_2$。图 2-29（a）中的平行四边形可以简化为三角形，如图 2-29（b）所示，两个分力首尾相接，与分力首尾相对的第三边即为所求的合力 F_R；利用力三角形，将各力逐一相加，可得到从第一力到最后一力首尾相接的多边形，如图 2-29（d）所示，则多边形的封闭边即为该汇交力系的合力。

汇交力系的简化结果是一个力。汇交力系对刚体的作用与组成汇交力系的所有力的合力等效。

2. 解析法

如图 2-30 所示，讨论利用力的投影求汇交力系合力的方法。

① 如图 2-30（a）所示，力 F 在任一轴 x 上的投影为 $F_x = F \cos \alpha$

② 如图 2-30（b）所示，F_R 是 F_1、F_2 的合力，其在 x 轴上的投影为正且大小等于 ab，而 F_1 与 x 轴正向夹角为锐角，投影为正，其大小为 ac；F_2 与 x 轴正向夹角是钝角，故投影为负，大小为 bc。

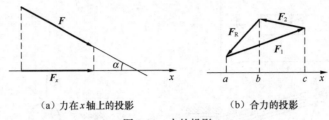

（a）力在 x 轴上的投影　　　　　　（b）合力的投影

图 2-30　力的投影

可见：$F_R = ab = ac + (-bc) = F_{1x} + F_{2x}$。

【总结】

① 力在任一轴上投影的大小等于力的大小乘以力与轴所夹锐角的余弦，其正负则由从力矢量起点到终点的投影指向与轴向是否一致确定。

② 合力在任一轴上的投影等于各分力在该轴上投影的代数和，这就是合力投影定理。

2.2.3　平面汇交力系的平衡

由汇交力系的简化结果可知，汇交力系对刚体的作用与一力（力系的合力）等效，若合力为零，则该力系为平衡力系。因此平面汇交力系的必要充分条件是：力系的合力等于零，或力系的矢量和等于零。即：

$$\sum_{i=1}^{n} F_{ix} = 0$$

$$\sum_{i=1}^{n} F_{iy} = 0$$

例 2-6　如图 2-31 所示的起吊化工高压反应塔时，为了不损坏栏杆，加水平拉力 Q 使反应塔与栏杆离开。若此时吊索与铅垂线的夹角为 30°，反应塔的重量 $W = 30\ \text{kN}$，试求此时的水平拉力 Q 和吊索中的拉力 T 的大小。

解：

取反应塔为研究对象，做反应塔的受力图，如图 2-31（b）所示。

三力作用线的交点为 A，建立直角坐标系 Axy。

根据平衡条件：
$$\sum_{i=1}^{n} F_{ix} = 0$$
$$\sum_{i=1}^{n} F_{iy} = 0$$
建立平衡方程：

$-Q + T\sin30° = 0$

$-W + T\cos30° = 0$

解得：$T = 34.6\ \text{kN}$，$Q = 17.3\ \text{kN}$。

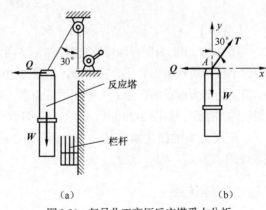

（a）　　　　　　（b）

图 2-31　起吊化工高压反应塔受力分析

2.3 力矩与力偶

在日常生活和工程实际中，存在力使物体绕空间一个固定点（轴）转动的情形，如带有轴承的车轮和各种旋转机械等。为此，工程力学把力矩的概念进行了延伸。力矩的三要素为大小、方向和取矩点。力偶也是在日常生活和工程实际中常见的，例如，旋紧钟表上的发条等。

2.3.1 力矩

观察图 2-32，思考在用扳手拧紧螺母时，拧紧程度与什么有关？

【分析】

① 拧紧螺母时，其拧紧程度不仅与力 F 的大小有关，而且与转动中心（O 点）到力的作用线的垂直距离 d 有关。

② 当力 F 大小一定时，d 越大，力 F 使螺母拧得越紧。同理，当 d 一定时，力 F 越大螺母拧得越紧。

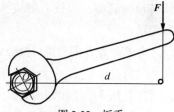

图 2-32 扳手

③ 在力学上以乘积 Fd 作为度量，力 F 使物体绕 O 点转动效果的物理量，称为力 F 对 O 点的矩，简称力矩，表示为：$M_O(F) = \pm Fd$。其中，O 点称为力矩中心，简称矩心；O 点到力 F 作用线的垂直距离称为力臂。正负号说明力矩的转向，规定力使物体绕矩心作逆时针方向转动时，力矩取正号，反之取负号，力矩的单位常取 N·m 或 kN·m。

如图 2-33 所示，一对齿轮啮合传动时，其中一个齿轮齿面的受力为 N，可分解成二力 Q、F，试分析力 Q、F 对 O 点的矩的代数和与力 N 对 O 点的矩是否相等。

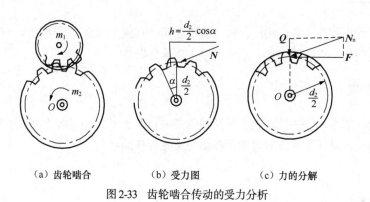

（a）齿轮啮合　　　　（b）受力图　　　　（c）力的分解

图 2-33 齿轮啮合传动的受力分析

【分析】

二力 Q、F 对 O 点的矩 $= \dfrac{d_2}{2} N \cos \alpha$，方向为逆时针；而力 N 对 O 点的矩也为 $\dfrac{d_2}{2} N \cos \alpha$，方向也为逆时针。

一个力系的合力对某点的矩等于该力系中各分力对该点的矩作用效果之和，此为合力矩定理。

力矩关系定理：力对一点的矩在通过该点的任一轴上的投影等于该力对轴的矩；或者，力对一轴的矩等于力对该轴上任一点的矩在该轴的投影。

利用该定理，可以用力对坐标轴的矩计算该力对坐标原点的力矩矢量，也可用对一点的矩计算该力对任一轴的矩。

例 2-7　在轴 AB 的手柄 BC 的一端作用着力 F，如图 2-34 所示，试求该力对轴 AB 以及对点 B 和点 A 的力矩。已知 $AB = 200$ mm，$BC = 180$ mm，$F = 50$ N，$\alpha = 45°$，$\beta = 60°$。

解：

建立如图 2-34 所示的坐标系 $Bxyz$。

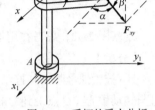

$$F_{xy} = F\cos\beta，\quad h = B\cos\alpha，$$

$$M_{AB}(F) = M_{AB}(F_{xy}) = -F\cos\beta \cdot B\cos\alpha = -3.18 \text{ N}\cdot\text{m}$$

负号表示由 B 端向 A 端看，手柄 BC 在力 F 作用下有顺时针转动的趋势，或按右螺旋法则，力矩 $M_{AB}(F)$ 的指向与 z 轴正向相反。

图 2-34　手柄的受力分析

力 F 对点 B 的力矩可按公式求出。点 C 坐标为：

$$x = 0，\quad y = 0.18，\quad z = 0。$$

力 F 在 3 个坐标轴的投影分别为

$$F_x = F\cos\beta\cos\alpha = 17.7 \text{ N}，\quad F_y = F\cos\beta\cos\alpha = 17.7 \text{ N}，$$

$$F_z = F\sin\alpha = 43.3 \text{ N}，\quad M_B(F) = (7.80i - 3.18k) \text{ N}\cdot\text{m}$$

力 F 对点 A 的力矩可用同样方法求出。但坐标原点应取在点 A（为什么？）。

读者可以验证：

$$M_{AB}(F_{xy}) = M_{Bz}(F) = M_{Az}(F)$$

2.3.2　力偶

力偶是一对大小相等、方向相反、作用线不在同一直线上的力。力偶使物体产生转动效应。力偶的二力对空间任一点矩的和是一个常矢量，称为力偶矩。

1．认识力偶

观察图 2-35，思考人用手拧水龙头时开关的受力；观察图 2-36，思考司机用双手转动方向盘时方向盘的受力。此时开关或方向盘能否转动？又能否移动？

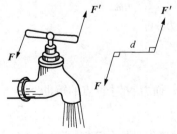

图 2-35　拧水龙头

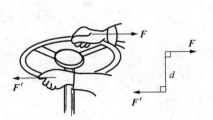

图 2-36　转动方向盘

【分析】

① 人用手拧水龙头时或司机用双手转动方向盘时，同时施加的两个力为 F 和 F'。这两个力等值、反向、不共线且平行，这个特殊力系称为力偶。

② 力偶对刚体的作用效应仅仅是使其产生转动。

③ 在力学中，用力偶中的任一力的大小 F 与力偶臂 d 的乘积再加上相应的正负号，作为力偶使物体产生转动效应的度量，称为力偶矩。记作：

$$M(F, F') = M = \pm Fd。$$

④ 正负号表示力偶的转向，力偶逆时针转动取正号，顺时针转动取负号。

⑤ 力偶矩的单位为 N·m 或 kN·m。

2. 力偶等效定理

观察图 2-37，思考当力 F 或力偶臂 d 改变，但力偶矩的大小不变时，物体的运动效应有无改变?

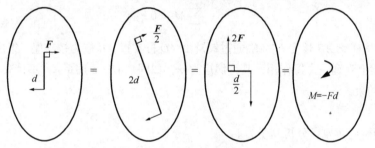

图 2-37　力偶的等效定理

只要保持力偶矩的大小和转向不变，刚体上的力偶可以在其作用平面内任意移动，且可以同时改变力偶中力的大小和力偶臂的长短，而不改变其作用效应。

例 2-8　证明平衡汇交定理。

三力平衡汇交定理指出：作用在处于平衡状态的刚体上的 3 个力，若其中两个力的作用线汇交于一点，则第 3 个力的作用线也通过汇交点，且三力共面。

证明:

如图 2-38 所示，处于平衡状态的刚体上的 A、B、C 3 点分别作用 3 个力 F_1、F_2 和 F_3，且 F_1 和 F_2 的作用线汇交于点 O。根据力的可传性，可以用作用于点 O 的两个力 F_1' 和 F_2' 等效代替 F_1 和 F_2。由力合成的平行四边形法则，可用合力 F_R 等效代替 F_1' 和 F_2'，且 F_R 与 F_1 和 F_2 共面。这样，原力系（F_1、F_2、F_3）等效转换为新力系（F_3、F_R）。根据二力平衡条件，F_3 和 F_R 共线，即 F_3 通过点 O，且与 F_1 和 F_2 共面。

图 2-38　三力汇交

力偶的等效定理：若两个力偶的力偶矩矢相等，它们对同一刚体的作用相同。

由力偶的等效定理还可得出以下推论。

推论 1　只要保持力偶矩的大小、转向不变，作用在刚体上的力偶可以在其作用面内任意移转，或在作用面内同时改变组成力偶的两个力的大小和力偶臂的长短，不影响其作用效果，如图 2-39 所示。

推论 2　力偶在同一刚体上可以移动到与其作用面平行的任何平面内，而不改变其对刚体的作用效果，如图 2-40 所示。

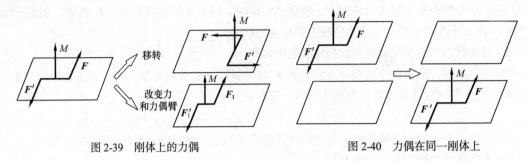

图 2-39　刚体上的力偶　　　　　　　图 2-40　力偶在同一刚体上

3. 力偶的平衡

根据力偶系的简化结果可知，力偶系平衡的充分必要条件是合力偶矩为零。

$$\sum_{i=1}^{n} M_i = 0$$

例 2-9　结构横梁 AB 长为 l，A 端通过铰链由 AD 杆支撑，B 端为铰支座，组成平面结构。在结构平面内，梁上受到一力偶作用，其力偶矩为 m，如图 2-41（a）所示，不计梁和支杆的自重，求 A 和 B 端的约束力。

解：

以梁 AB 为研究对象，分析其受力。

由于 AD 杆为二力杆，因此 A 端的约束力必沿 AD 杆轴线方向。B 端为铰链约束，约束力通过铰链中心，方向不定。但由于 AB 杆处于平衡状态，且只受一个力偶矩，可判断 A 端与 B 端的约束力必构成一力偶，所以受力图如图 2-41（b）所示。

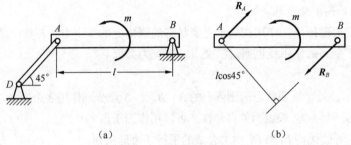

（a）　　　　　　　　　　　　（b）

图 2-41　梁的受力分析

根据力偶平衡方程：

$$m - R_A l \cos 45° = 0$$

则

$$R_A = R_B = \frac{m}{l \cos 45°} = \frac{\sqrt{2} m}{l}$$

2.4　平面任意力系

各力的作用线分布在同一平面内的任意力系，称为平面任意力系。在许多工程实际问题中，当物体的结构和受力具有同一对称面时，作用力可以简化为作用在对称面内的平面力系。

1. 平面力系的简化

我们已经知道，在同一刚体上，力沿其作用线移动，其作用效果不变，但平行移动后作用效果不同（如作用于圆盘中心的力平行移动到圆盘边缘）。下述力的平移定理给出了平行移动一个力而保持其等效的方法。

观察图 2-42（a）、（b）、（c），3 图的受力 $F = F' = F''$，思考物体的作用效果是否相同。

【分析】

① 图 2-42（b）相当于在图 2-42（a）的基础上增加了一对平衡力，对物体的运动效果没有改变。

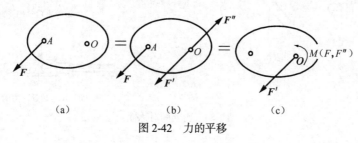

（a）　　　　　（b）　　　　　（c）

图 2-42　力的平移

② 可以把力 F、F'' 当作一个力偶 $M(F, F'')$，简化成一个力 F' 和一个力偶 $M(F, F'')$。

所以力可以平行移动到刚体内任意点 O，但是，平移后必须附加一个力偶，其力偶矩的大小等于原力对 O 点的力矩值。

2. 力的平移定理

力的平移定理：可以把作用于刚体上点 A 的力 F 平行移动到任一点 B，同时加一个力偶，其力偶矩矢等于力 F 对点 B 的力矩，则平移后得到的新力系与原力系等效。

力的平移定理可以直接用等效力系定理证明。反之，作用于同一刚体的同一平面内的一个力和一个力偶（即力偶矩矢和力矢垂直的情形），可以用一个力等效代替。

力的平移定理是力系简化的一个常用方法——力系向一点简化的理论基础。同时，日常生活和工程实际中的许多现象都可以用力的平移定理来解释。如乒乓球、排球、足球等球类运动中旋转球的产生，厂房立柱偏心受压而发生弯曲和扭转组合变形等，如图 2-43 所示。

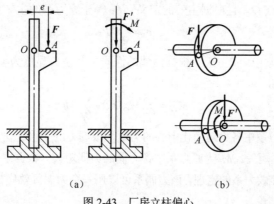

（a）　　　　　　　　　（b）

图 2-43　厂房立柱偏心

观察图 2-44，思考在用丝锥攻螺纹时，为什么要用双手，而不能用单手？如果用单手攻丝，可能出现什么情况？

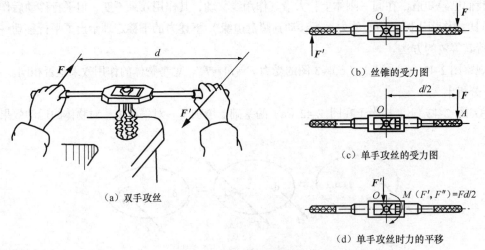

（b）丝锥的受力图

（c）单手攻丝的受力图

（d）单手攻丝时力的平移

（a）双手攻丝

图 2-44　力偶的对称性

【分析】

如果只是单手施力，作用在手柄 A 点的力 F 平移到中心 O 点得到一个力 F' 和一个力偶矩 $[M(F, F'') = Fd/2]$，力偶矩 M 使丝锥旋转攻出内螺纹，而作用于丝锥的径向力 F' 可能使丝锥折断。双手施力组成力偶，就不会产生折断丝锥的径向作用力。

3. 力系向一点简化

力系的简化，就是把较复杂的力系用与其等效的较简单的力系代替。这种方法不仅在静力学的研究中占有重要的地位，而且在动力学中也有重要的应用（例如刚体惯性力系的简化）。

力系简化最常用的方法是把力系向一点简化，即根据力的平移定理，把力系中各力平行移动到同一点 O。点 O 称为力系的简化中心。这样，汇交于点 O 的各力构成一个汇交力系，而由于力的平移而产生的附加力偶与力系中原有的力偶共同组成一个力偶系。也就是说，原力系等效于一个汇交力系加上一个力偶系。

连续应用力合成的平行四边形法则，组成汇交力系的各力最终可用一个力等效代替，用 F_R 代表。F_R 的作用线通过点 O，且根据主矢的定义，F_R 等于原力系的主矢。

$$F_R = \sum_i F_i$$

对于力偶系，研究其主矢和主矩。根据力偶的性质，其主矢显然为零，而对任一点的主矩等于各力系的力偶矩矢之和。

$$M_O = \sum_i M_O(F_i) + \sum_j M_j$$

上式中 $M_O(F_i)$ 为原力系中各力对简化中心的力矩，根据力的平移定理，即等于 F_i 平移到点 O 后产生的附加力偶的力偶矩矢；M_j 为原力系中各力偶的力偶矩矢。根据主矩的定义，M_O 等于原力系对点 O 的主矩。根据等效力系的定理，该力偶系可以用一个力偶等效代替，其力偶矩矢等于 M_O。

综上所述可得如下结论。

空间力系向任一点简化，一般可得一个力和一个力偶，该力通过简化中心，大小和方向与力系的主矢相同；该力偶的力偶矩矢等于力系对简化中心的主矩。也就是说，在一般情形下，空间力系可以用一个力和一个力偶组成简单力系来等效代替。

4. 力系的简化结果

如上所述，将空间力系向一点简化，一般可以得到与其等效的一个力和一个力偶。但这并不是力系简化的最终结果。根据力系主矢和主矩的性质，力系可最终简化为下列 4 种情形之一。

① 平衡力系，即与零力系等效。其条件为主矢 $F_R = 0$，主矩 $M_O = 0$。这是静力学研究的重点。

② 单一等效力偶，该力偶称为力系的合力偶。力系存在合力偶的条件为 $F_R = 0$，主矩 $M_O \neq 0$。

③ 单一等效力，该力称为力系的合力。显然，力系存在合力的必要条件为主矢 $F_R \neq 0$。如果，力系的主矩 $M_O = 0$，则力系可简化为作用于简化中心 O 点的一个力 F_R。在 $M_O \neq 0$ 的情形，力系能否最终简化为一个力呢？这是一个十分重要的实际问题。可以证明，力系存在合力的充分必要条件为 $F_R \perp M_O$。此时，与力系等效的一个力和一个力偶的矢量互相垂直，根据力的平移定理，可将力 F_{RO} 平移到一个新的简化中心点 A，并使 $M_A(F_{RO}) = -M_O$，从而力系对点 A 的主矩 $M_A = 0$，力系简化为作用于点 A 的一个力 F_R，如图 2-45 所示。

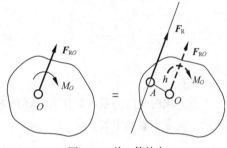

图 2-45　单一等效力

读者自己可以证明，在主矢不为零时，3 种力系一定存在合力：汇交力系、平行力系和平面力系。

　　　　力系的合力和力系的主矢是两个不同的概念。主矢不是力，仅是一个自由矢量，可在任意点画出。而力系的合力是一个力，它具有与原力系等效的性质，是一个固定矢量，必须指出其作用点才有意义。我们可以计算一个已知力系的主矢，但该力系不一定存在合力。

④ 力螺旋。在一般的情形，力系的主矢和主矩不垂直（隐含 $F_R \neq 0$, $M_O \neq 0$），此时力系既不平衡，也不能简化为一个力或一个力偶。但是，可以证明：存在一个新的简化中心。使 $F_R // M_A$。这样的一个力和与之垂直的平面内的一个力偶的组合称为力螺旋。力螺旋也是最简单的力系之一，无法进一步简化。用改锥拧螺钉时或钻井时力螺旋一方面使改锥（带动螺钉）或钻头绕其轴线转动，同时又使改锥或钻头沿其轴线前进。船舶的螺旋桨对水的作用也是力螺旋的例子，如图 2-46 所示。

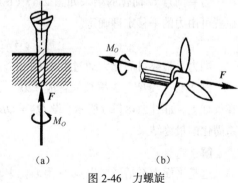

(a)　　　　　　　(b)

图 2-46　力螺旋

5. 平面力系的结果

例 2-10　重力坝受力情形如图 2-47 所示。OAC 为其横向对称面。$P_1 = 450 \, kN$, $P_2 = 200 \, kN$,

水压力 $F_1 = 300\ \text{kN}$ ，$F_2 = 70\ \text{kN}$ 。求：① 力系向点 O 简化的结果。② 力系简化的最终结果。

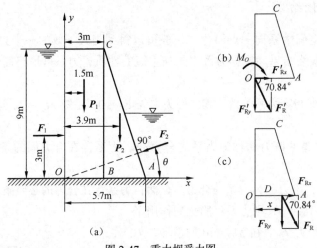

（a）

图 2-47　重力坝受力图

解：

重力坝所受的力系可简化为其横向对称面内的一个平面力系，建立坐标系 Oxy 如图 2-47（a）所示，先求力系的主矢。

$$F_{Rx} = \Sigma F_x = F_1 - F_2 \cos\theta = 232.9\ \text{kN}$$

$$F_{Ry} = \Sigma F_y = -P_1 - P_2 - F_2 \sin\theta = -670.1\ \text{kN}$$

$$\tan\theta = AB/BC = 0.3 \ , \quad \theta = 16.7°$$

主矢大小　　　　　$F_R = \sqrt{F_{Rx}^2 + F_{Ry}^2} = 709.4\ \text{kN}$

主矢方向　　　　　$\cos\alpha = F_{Rx}/F_R = 0.3283 \ , \quad \alpha = -70.84°$

再求力系对点 O 的主矩。

$$M_O = \Sigma M_O(F_i) = -3F_1 - 1.5P_1 - 3.9P_2 = -2355\ \text{kN}\cdot\text{m}$$

力系向点 O 简化的结果如图 2-47（b）所示。由于 $F_R \neq 0$ ，故力系存在合力。合力作用线的位置可由力的平移定理确定。

$$F_{Ry} \cdot x = M_O \ , \quad x = M_O / F_{Ry} = 3.514\ \text{m}$$

即力系最终可简化为通过点 D 的一个力 F_R ，如图 2-47（c）所示。

例 2-11　绞盘上 3 根绞杠各成 120°。3 个大小都等于 250 N 的力 F_1、F_2 和 F_3 分别垂直作用在绞杠上，如图 2-48（a）所示。设 $OA = OB = OC = 1.2\ \text{m}$。求：① 力系向点 O 简化的结果。② 力系简化的最终结果。

解：

这是平面力系情形，以点 O 为简化中心，取坐标系 Oxy ，如图 2-48（a）所示。

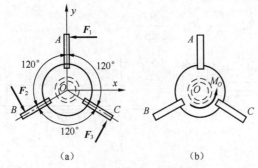

图 2-48　绞盘上的三根绞杠

$$F_{Rx} = \Sigma F_x = -F_1 + F_2\cos 60^\circ + F_3\sin 30^\circ = 0$$

$$F_{Ry} = \Sigma F_y = 0 - F_2\sin 60^\circ + F_3\cos 30^\circ = 0$$

$$M_O = \Sigma M_O(F_i) = F_1 \cdot OA + F_2 \cdot OB + F_3 \cdot OC = 900 \text{ N} \cdot \text{m}$$

该力系主矢为零，对点 O 的主矩为 900 N·m，转向为逆时针。故该力系简化结果为一个力偶，即合力偶，其力偶矩矢大小等于 900 N·m，方向与绞盘平面垂直，转向为逆时针。由力偶的等效性可知，该力系向任一点简化的结果与此相同，这也是该力系简化的最终结果。

6. 平面力系的平衡

平面任意力系向平面内任一点简化后得到主矢和主矩。主矢为零，相当于简化后的平面汇交力系处于平衡；主矩为零，相当于简化后的附加力偶系处于平衡。所以如果主矢和主矩均等于零，则平面任意力系必然平衡。因此，主矢和主矩均等于零是平面任意力系平衡的充分必要条件。

根据平面汇交力系和平面力偶系平衡的解析条件，得到平面任意力系的平衡方程为：

$$\sum F_x = 0$$

$$\sum F_y = 0$$

$$\sum M_O(F) = 0$$

应该指出，在建立平衡方程之前，坐标轴 x，y 可以根据计算简便的原则任意选取（但要标注在受力图上），矩心的位置也可以任意选定，不一定是坐标系的原点。通常可以选在两未知量的交点上，尽可能使一个方程中只包含一个未知量，避免解联立方程。

例 2-12　一水平托架承受重力为 G 的重物，如图 2-49（a）所示，已知 l 及 a，又 D、B、C 处均为铰链连接，各杆自重不计。试求托架在 D、B 两处的约束力。

解：

取托架为研究对象，做受力图。BC 杆为二力杆，约束力 S_B 沿杆 CB 轴线方向，D 点固定铰链，其约束力用相互垂直的一对力代替。受力图如图 2-49（b）所示。

建立平衡方程：

$$\sum M_D(F) = 0, \quad S_B\sin\alpha \times \frac{2}{3}l - Gl = 0$$

$$\sum M_B(F) = 0, \quad R_{Dy} \times \frac{2}{3}l - G\frac{l}{3} = 0$$

$$\sum F_x = 0, -R_{Dx} + S_B\cos\alpha = 0$$

解得：$S_B = \dfrac{3G}{2\sin\alpha}$，$R_{Dy} = \dfrac{G}{2}$，$R_{Dx} = \dfrac{3G}{2\tan\alpha}$。

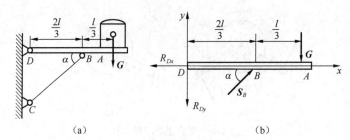

（a） （b）

图 2-49 托架受力分析

例 2-13 用多轴立钻钻孔时，4 个钻头对工件的切削力偶均为 $m = 15\,\mathrm{N\cdot m}$，如图 2-50（a）所示，$l = 2\,\mathrm{m}$。求两固定螺栓 A，B 处的约束力。

解：

取工件为研究对象。由于主动力是 4 个力偶组成的平面力偶系，可用 1 个合力偶等效代替，故 A、B 处的约束力也必须组成同一平面内的 1 个力偶（F_{NA}、F_{NB}），才能与之平衡。螺栓为双侧约束，其约束力的方向可由工件的转动趋势确定。工件受力图如图 2-50（b）所示。列出平面力偶系的平衡方程：

$$\Sigma M = 0 , \quad -4m + F_{NA}l = 0 。$$

解出：$F_{NA} = F_{NB} = 4m/l = 4\times15\,\mathrm{N\cdot m}\div2\,\mathrm{m} = 30\,\mathrm{N}$，$F_{NA}$ 为正值，说明图中假设的 F_{NA}、F_{NB} 的方向是正确的。

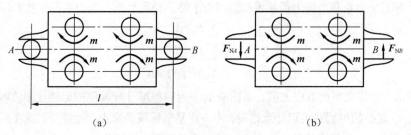

（a） （b）

图 2-50 多轴立钻钻孔

小结

静力学主要研究非自由体的平衡，因此研究约束及约束力的性质十分重要。约束是物体间实际接触和连接方式的力学模型。如何对工程中遇到的实际约束进行合理的简化，并估计其约束力的特征是一个重要的问题，但有时也是十分困难的问题。静力学研究静载荷作用下的平衡问题，分析物体平衡时的受力情况，确定各力的大小和方向，为机械的受力分析打下基础。

本章介绍了力矩和力偶的概念，力矩是力对刚体转动效应的度量。力偶只能改变刚体的转动状态，其效应由力偶矩矢完全决定，它是一个自由矢量。力偶最重要的性质之一是它的等效性。

力系的简化是静力学的基本问题之一。研究力系的简化，不仅可以找出力系平衡条件的普遍形式，而且也为动力学的研究创造条件。

对作用于分离体上的力系进行合理简化，正确地计算其主矢和对简化中心的主矩，是解决工程力学问题的一个重要步骤。

习题

一、简答题

1. 如何正确理解力的概念，哪些因素决定力的作用效果？

2. 如图 2-51 所示，正立方体的顶角上受到 6 个大小相等的力作用，此力系向任一点简化的结果是什么？

3. 约束的概念是什么？

4. 力的三要素是什么？

二、作图题

1. 试计算图 2-52 中力 F 对于点 O 的力矩。

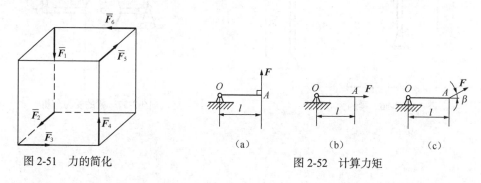

图 2-51　力的简化

图 2-52　计算力矩

2. 画出图 2-53 中工件及压块的受力图。

3. 内燃机的曲柄滑块受到载荷 F 的作用，画出图 2-54 中滑块的受力图。

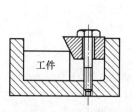

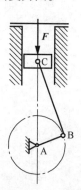

图 2-53　压块受力分析

图 2-54　曲柄滑块受力分析

三、计算题

1. 试求图 2-55 中各梁的支座反力。已知 $F = 6$ kN，$q = 2$ kN/m，$M = 2$ kN·m，$l = 2$ m，$a = 1$ m。

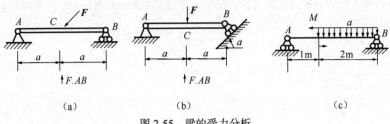

（a）　　　　　　　（b）　　　　　　　（c）

图 2-55　梁的受力分析

2. 如图 2-56 所示平面结构，自重不计，B 处为铰链连接。已知：$P = 100$ kN，$M = 200$ kN·m，$L_1 = 2$ m，$L_2 = 3$ m。试求支座 A 的约束力。

3. 水平梁 AB 的 A 端固定，如图 2-57 所示，B 端与直角弯杆 $BEDC$ 用铰链相连，定滑轮半径 $R = 20$ cm，$CD = DE = 100$ cm，$AC = BE = 75$ cm，不计各构件自重，重物重 $P = 10$ kN，求 C，A 处的约束力。

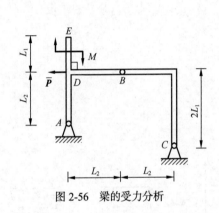

图 2-56　梁的受力分析

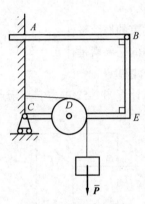

图 2-57　梁的受力分析

第3章 材料力学基础

　　材料力学是固体力学的一个分支，是一门研究结构构件和机械零件承载能力的基础学科。其基本任务是将工程结构和机械中的简单构件简化为一维杆件，计算杆中的应力、变形并研究杆的稳定性，以保证结构能承受预定的载荷，同时选择适当的材料、截面形状和尺寸，以便设计出既安全又经济的结构构件和机械零件。

【学习目标】

- 了解工程材料的基本力学性能。
- 掌握材料拉伸和压缩变形时的强度校核方法。
- 掌握材料剪切和挤压变形时的强度校核方法。
- 掌握圆轴扭转变形时的强度校核方法。
- 掌握梁弯曲变形时的强度校核方法。
- 了解组合变形和压杆稳定的概念。

【观察与思考】

　　① 图 3-1 和图 3-2 所示为两种不同的篮球架设计方案，请试着从受力角度分析两种方案各自的优点，学完本章后再验证你的分析是否正确。

图 3-1　篮球架方案 1

图 3-2　篮球架方案 2

② 加工细长轴时，工件容易被顶弯，如图3-3所示。这时可以使用跟刀架来降低轴的弯曲程度，提高零件的刚度，如图3-4所示，思考这是为什么？

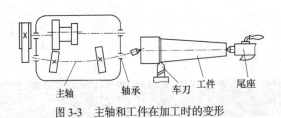

图3-3　主轴和工件在加工时的变形　　　　图3-4　使用跟刀架

3.1　工程材料基本力学性能

在前面章节中，我们将物体视为不发生变形的刚体，讨论其平衡问题，事实上，物体在力的作用下，不但会发生变形，而且还可能产生破坏。因此，不仅要研究物体的受力，还要研究物体受力后的变形和破坏，以保证我们设计制造的机械或结构能实现预期的设计功能并进行正常工作。要研究物体的变形和破坏，就不能再进行刚体假设，而必须将物体视为变形体。

固体力学是力学中形成较早、理论性较强、应用较广的一个分支，它主要研究可变形固体在外界因素（如载荷、温度、湿度等）作用下，其内部各个质点所产生的位移、运动、应力、应变以及破坏等的规律。

3.1.1　材料力学的基本理论

材料力学主要研究构件能否满足使用要求，在外力的作用下能否保持稳定的工作状态。在正式学习材料的强度校核分析前，首先必须明确以下基本理论。

1. 构件正常工作的基本要求

为了保证零件有足够的承载能力，零件必须满足下列基本要求。

（1）足够的强度

每个构件都只能承受一定大小的载荷。载荷过大，构件就会被破坏，构件在载荷的作用下对破坏的抵抗能力称为构件的强度。

（2）足够的刚度

实际构件在力的作用下，还会产生变形。若构件的变形过大，就不能正常工作。构件在外载荷作用下对过大弹性变形（外载荷去掉后能恢复的变形）的抵抗能力称为构件的刚度。

（3）足够的稳定性

某些物体，如受压的细长杆和薄壁构件，当载荷增加时，可能突然失去其原有形状，这种现象称为丧失稳定。构件在载荷作用下保持其原有平衡形态的能力称为构件的稳定性。

2. 变形固体及其基本假设

自然界中的一切物体，在外力作用下或多或少总要产生变形。为了便于分析和简化计算，常略去变形固体的一些次要性质。因此，对变形固体做以下假设。

（1）均匀连续假设

认为构成变形固体的物质毫无空隙地充满整个几何空间，并且各处具有相同的性质。

（2）各向同性假设

认为材料在各个不同的方向都具有相同的力学性能。

3. 杆件变形的基本形式

在材料力学中，主要研究以下 4 种杆件变形形式。

① 轴向拉伸或压缩变形，如图 3-5（a）所示。

② 剪切或挤压变形，如图 3-5（b）所示。

③ 扭转变形，如图 3-5（c）所示。

④ 弯曲变形，如图 3-5（d）所示。

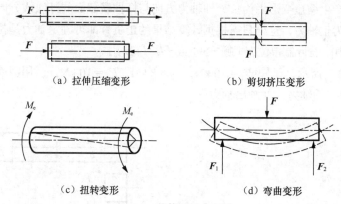

（a）拉伸压缩变形　　　　　　（b）剪切挤压变形

（c）扭转变形　　　　　　（d）弯曲变形

图 3-5　物体的受力变形

3.1.2　内力和应力的概念

内力和应力都是工程中进行力学分析时必须要考虑的因素，只有掌握了它们的含义，才能进行正确的受力分析。

1. 内力

在轴向拉、压外力作用下，零件将产生拉伸或压缩变形，为了抵抗这种变形，零件内部各质点间将产生相应的相互作用力，这种由外力引起零件内部各质点间的相互作用力称为内力。内力由外力引起，随外力的增大而增大，当增大至某一极限值时，零件将发生破坏。根据材料的均匀连续假设，内力在构件内连续分布。

为显示内力并确定其大小和方向，采用"截面法"求拉杆内力，主要求解步骤包括以下 3 点。

- 截开：欲求哪个截面的内力，就假想将杆从此截面截开，分成两部分。
- 代替：取其中一部分为研究对象，移去另一部分，把移去部分对留下部分的作用力用内力代替。
- 平衡：利用平衡条件，列出平衡方程，求出内力的大小。

例 3-1 求如图 3-6 所示拉杆的内力。

解：

① 用截面 *l-l* 将杆件切开。

② 用内力 "F_N" 代替移出的部分，对留下的部分产生的作用力。

③ 列出平衡方程求内力

$$F_N - F = 0$$

求得

$$F_N = F$$

从上例可见，确定内力的大小和方向的实质仍是考虑平衡问题，根据平衡方程求得轴力的大小并带有正负号，正号表明实际轴力的方向与所设方向一致，负号表明实际方向与所设方向相反。

但从变形的角度规定：对于轴力，产生伸长变形者为正，即轴力方向与杆件横截面的外法线方向一致时为正；产生缩短变形者为负，即轴力方向与杆件横截面的外法线方向相反时为负。一般在计算时都假设为正轴力，这样只需根据计算结果的正负号即可确定轴力是拉力还是压力。

轴力的量纲为[力]，国际制单位为牛顿（N）或千牛（kN）。

例 3-2 如图 3-7 所示，已知 $F_1 = 20 \text{ kN}$，$F_2 = 8 \text{ kN}$，$F_3 = 10 \text{ kN}$，试用截面法求图示杆件指定截面 1-1、2-2、3-3 的轴力，并画出轴力图。

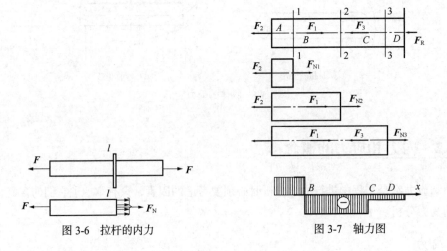

图 3-6 拉杆的内力　　　　图 3-7 轴力图

解：

外力 F_R、F_1、F_2、F_3 将杆件分为 *AB*、*BC* 和 *CD* 段，取每段左边为研究对象，使用截面法依次求得各段轴力为：

$$F_{N1} = F_2 = 8 \text{ kN}$$

$$F_{N2} = F_2 - F_1 = -12 \text{ kN}$$

$$F_{N3} = F_2 + F_3 - F_1 = -2 \text{ kN}$$

最后画出轴力图。其中，求解出来的负号代表力的方向与所设方向相反。

2. 应力

内力分量是杆件横截面上连续分布的内力向截面形心简化的结果，仅仅确定内力分量并不能确定横截面上内力的分布规律和在任一点处的强弱程度，一般情形下内力在截面上的分布是不均匀的，构件的强度破坏往往是在内力集度最大的点，即危险点。

为了正确地判断构件的强度和进行强度设计，必须了解内力在截面上的分布规律，并能计算任一点处的内力大小。为此我们引入内力集度——应力的概念。

两根材质完全相同的拉杆，直径不相等，在相同轴力作用下，细杆会先被拉断。

这说明构件的危险程度不仅与内力有关，而且与内力在横截面上的分布程度有关。材料力学把内力分布的集度，称为该点处的应力。垂直于截面的应力称为正应力，用 σ 表示；与截面相切的应力称为剪应力，用 τ 表示。

应力的单位是帕斯卡，符号 Pa。常用千帕，兆帕或吉帕为单位。

设杆件横截面面积为 A，内力为 N，则单位面积上的内力（应力）为 N/A。如果内力 N 垂直于横截面，那么应力也垂直于横截面，一般情况下应力在横截面上均匀分布，此时有：

$$\sigma = \frac{N}{A} \quad (\text{N/m}^2, \text{ Pa})$$

3.1.3 变形和应变

内力是不可见的，变形却是可见的，变形体的内力是由变形所引起的"附加内力"，其大小与变形程度密切相关。为了确定内力在截面上的分布规律，必须研究构件变形的特征。构件的宏观变形形式是很复杂的，而且各点的变形程度往往是不均匀的。为此，引入一点处的应变概念。

1. 变形

在受力构件中任一点处取一个微元体，通常为正六面体，其棱边沿 3 个坐标轴方向，长度分别为 Δ_x，Δ_y 和 Δ_z。构件受载后，该微元体将发生变形，由于微元体各棱边为无穷小量，故可认为变形后各棱边均保持为直线段，各表面也保持为平面。

微元体的变形只表现为各棱边长度的改变和各棱边之间夹角（原为直角）的改变。下面分别考察两种最简单的情形，如图 3-8（a）、（b）所示，由图 3-8（a）可见，在正应力 σ_x 的方向将产生微线段的伸长（或缩短），同时，在垂直于 σ_x 的方向（横向）将产生缩短（或伸长），这种变形称为线变形。

2. 应变

我们用线应变 ε 来描述一点处沿某一方向线变

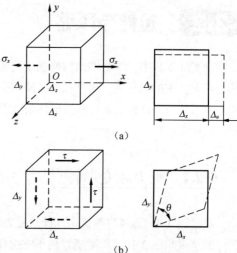

图 3-8 正应力产生的效果变形

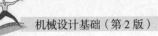

形的程度。如

$$\varepsilon_x = \lim_{\Delta x \to 0} \Delta u / \Delta x = \mathrm{d}u / \mathrm{d}x$$

式中，Δu 为 x 方向的位移。同样可以定义沿其他方向的线应变。规定线应变的符号为"拉正压负"，与正应力的符号规定相同。在切应力作用下，微元体将发生剪切变形，如图 3-8（b）所示。剪切变形的程度用微元体直角的改变来度量，如

$$\gamma_{xy} = \lim_{\substack{\Delta x \to 0 \\ \Delta y \to 0}} \left(\frac{\pi}{2} - \theta \right)$$

γ_{xy} 称为该点在 xy 平面内的切应变（或剪应变），用弧度表示。同样可以定义其他方位的切应变。

线应变 ε 和切应变 γ 是度量某一点变形程度的两个基本物理量，它们都是量纲一致的量。

3.1.4　材料的力学性能

常识告诉我们，在相同拉力作用下钢制弹簧和橡胶条的伸长量相差很大，说明变形体中内力与变形之间的关系取决于材料的力学性能。这是材料受外力作用时在变形和强度方面所表现出来的性能。力的研究、变形的研究和材料力学性能——力与变形关系的研究，就是变形固体力学的基本研究方法。杆件内力在截面上的分布规律，工程构件的强度、刚度和稳定性，以及前面提到的超静定系统的约束力的确定，都需要将这 3 方面研究结合起来才能解决。此外，工程中各种构件材料的选择，加工工艺的确定，产品质量分析和检验等，都需要了解材料的力学性能。

材料力学性能的研究主要依靠实验手段。在实验室中进行的对材料的各种试验，提供了有关材料力学性能的基本信息。对各种材料本构关系的研究，在固体力学中占有十分重要的地位。常用工程材料，如金属和合金，聚合物和复合材料，混凝土、石料、木材等，尽管它们在物理性质和微观结构方面有很大差异，但在宏观力学行为方面却表现出极大的一致性。这是建立各种材料本构关系模型的基础。

3.2　拉伸与压缩

在实际工程中，承受轴向拉伸或压缩的构件很多，例如起吊重物的钢索、桁架中的拉杆和压杆、悬索桥中的拉杆等，这类杆件共同的受力特点是外力或外力合力的作用线与杆轴线重合；共同的变形特点是杆件沿着杆轴方向伸长或缩短。这种变形形式就称为轴向拉伸或压缩，这类构件称为拉杆或压杆。

3.2.1　受力和变形特点

观察图 3-9，思考内燃机中连杆的受力情况，想想它将会产生怎样的变形。

继续观察图 3-10，思考悬臂吊车中拉杆的受力情况及其变形特点。

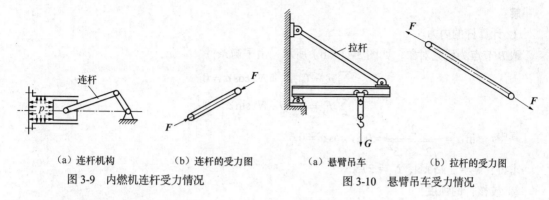

（a）连杆机构　　　（b）连杆的受力图　　　　（a）悬臂吊车　　　（b）拉杆的受力图

图 3-9　内燃机连杆受力情况　　　　　　图 3-10　悬臂吊车受力情况

通过以上观察可得到如下结论。

① 内燃机的连杆受到一对大小相等，方向相反，作用在同一条直线上的平衡力作用，在这对力的作用下发生压缩变形。

② 悬臂吊车的拉杆受到一对大小相等，方向相反，作用在同一条直线上的平衡力作用，在这对力的作用下发生拉伸变形。

③ 这两个零件受力的共同特点：外力的作用线与杆轴线重合，杆件的轴向长度发生伸长或缩短。

3.2.2　拉（压）杆的强度计算

为了保证杆件不发生强度失效（破坏或产生塑性变形），且具有一定的安全裕度，杆件横截面上的最大正应力应小于一定的数值，即

强度条件：$\sigma_{max} \leqslant [\sigma]$，其中：$[\sigma] = \dfrac{\sigma_u}{n}$。

σ_{max} 为杆横截面上的最大正应力，对于等直杆，σ_{max} 发生在轴力最大的截面上；对于变截面杆，则要同时考虑轴力与横截面面积才能确定。

σ_u 为材料的危险应力，由材料的机械性能试验测定。

n 为安全系数，为保证杆件具有一定的强度储备或安全裕度，只允许最大工作应力是材料危险应力的若干分之一，故 $n > 1$。

$[\sigma]$ 为材料的许用应力，可以查相关的手册。

根据强度条件，可解决以下 3 类问题。

① 校核强度。

② 设计截面。

③ 确定许可载荷。

例 3-3　如图 3-11（a）所示的支架，钢杆 AB 为直径 $d = 12$ mm 的圆截面杆。许用应力 $[\sigma] = 140$MPa；木杆 BC 为边长 $a = 12$ cm 的正方形截面杆，$[\sigma] = 4.5$ MPa，在结点 B 处挂一重物 $Q = 36$ kN。试校核支架的强度，若强度不够，则另选截面尺寸。

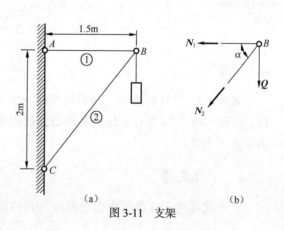

图 3-11　支架

解：

① 计算杆的内力。

取 B 节点为研究对象，如图 3-11（b）所示，由平衡条件

$$\sum F_x = 0, \quad N_1 + N_2 \cos\alpha = 0$$

$$\sum F_y = 0, \quad Q + N_2 \sin\alpha = 0$$

其中：$\sin\alpha = \dfrac{2}{\sqrt{2^2 + 1.5^2}} = 0.8, \cos\alpha = 0.6$。

求得：$N_2 = -45$ kN，$N_1 = 27$ kN

② 校核杆的强度。

AB 杆：$\sigma_{AB} = \dfrac{N_1}{A_1} = \dfrac{4 \times 27 \times 10^3}{\pi \times 12^2} \approx 239$ MPa $> [\sigma] = 140$ MPa

AB 杆不满足强度条件，须重新选择截面尺寸。

由　$A_1 \geqslant \dfrac{N_1}{[\sigma]} = \dfrac{27 \times 10^3}{140} = 139$ mm²

得　$d = \sqrt{\dfrac{4A_1}{\pi}} \geqslant \sqrt{\dfrac{4 \times 193}{\pi}} = 15.7$ mm

对于 BC 杆，$\sigma_{BC} = \dfrac{N_2}{A_2} = \dfrac{45 \times 10^3}{120^2} = 3.125$ MPa $< [\sigma] = 4$ MPa

故对 BC 杆，满足强度条件。

3.2.3　拉（压）杆件的变形与胡克定律

如图 3-12 所示，设杆件原长为 l，受轴向拉力 P 的作用，变形后的长度为 l_1，则杆件长度的变化量为 $\Delta l = l_1 - l$。

1. 杆件的变形规律

实验表明，当杆件横截面上的正应力不大于某一极限值时，杆件的纵向变形量 Δl 与轴力 N、杆件原长 l 以及横截面面积 A 存在下列关系。

图 3-12　杆的受力变形

$$\Delta l \propto \frac{Nl}{A}$$

写成等式：

$$\Delta l = \frac{Nl}{EA}$$

式中，E 为材料的拉、压弹性模量，表示材料对弹性变形的抵抗能力，国际制单位为 Pa，常用 GPa；EA 为拉、压截面的抗拉刚度。变形量 Δl 的正负号规定为：伸长变形为正，缩短变形为负。

2. 胡克定律

从上式可见，杆件的纵向变形 Δl 与杆件的原始长度 l 有关。为了消除杆件原长的影响，

确切地反映材料的变形程度，将 Δl 除以杆件的原长 l，用单位长度的变形 ε 来表示杆件的变形，即

$$\varepsilon = \frac{\Delta l}{l}$$

ε 称为相对变形或线应变，是一个无量纲的量，拉伸时 Δl 为正值，ε 也为正值；压缩时 Δl 为负值，ε 也为负值。

$$\varepsilon = \frac{\Delta l}{l} = \frac{l}{E} \cdot \frac{N}{A}$$

则
$$\sigma = E \cdot \varepsilon$$

其物理意义：在材料弹性范围内，外载荷引起的应力与应变成正比，比例系数为 E。这就是著名的胡克定律。

拉伸、压缩时，杆件不仅有纵向变形，还有横向变形，用 ε' 表示横向应变，则有 $\varepsilon' = \frac{\Delta b}{b}$

实验表明在弹性范围内，纵向应变与横向应变间存在下列关系：

$$\varepsilon' = -\mu\varepsilon$$

式中，μ 为泊松比。

3. 低碳钢的拉伸应力——应变曲线分析

含碳量低于 0.3% 的低碳钢是工程中应用最广泛的金属材料。在轴向拉伸试验中低碳钢所表现出来的应力应变关系也最复杂、最典型。下面以低碳钢的应力应变曲线为例，介绍反映材料力学性能的响应特征和特征物理量。如图 3-13 所示，低碳钢拉伸时的变形过程可分为 4 个不同的阶段。

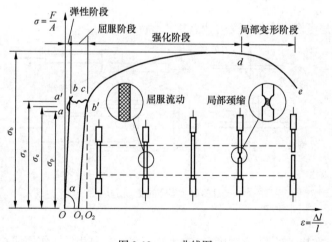

图 3-13　σ-ε 曲线图

① Oa 段：应力与应变为直线关系，此时 a 点所对应的应力值称为比例极限，用 σ_p 表示。它是应力与应变成正比例的最大极限。

$$\sigma_\mathrm{p} = E\varepsilon$$

式中，E 为弹性模量，单位与 σ 相同。

② 屈服阶段：在这一阶段应力不变而应变不断增加，这表明材料似乎暂时失去了抵抗变形的能力，这种现象叫屈服。对应的应力 σ_s 叫屈服极限。

③ 强化阶段：让试件继续变形，必须继续加载，最高点（e 点）所对应的应力σ_b称为强度极限。

④ 局部变形阶段：应力达到强度极限后，试件局部发生剧烈收缩的现象，称为缩颈，这一阶段的变形集中发生在缩颈区，故称为局部变形阶段。

试件断裂后，弹性变形消失，塑性变形保留。试样标距段的最终长度为l_f，断口处的最小截面面积为A_f。工程上常用延伸率和截面收缩率作为衡量材料产生永久变形的能力。分别定义为：

$$\delta = (l_f - l)/l \times 100\%$$

$$\psi = (A - A_f)/A \times 100\%$$

材料分为两类：$\delta \geqslant 5\%$——塑性材料；$\delta < 5\%$——脆性材料。

冷作硬化：材料进入强化阶段以后卸载再加载（如经冷拉处理的钢筋），材料的比例极限和开始强化的应力提高了，而塑性变形能力降低了，这一现象称为冷作硬化。

工程上规定取完全卸载后具有残余应变量 0.2%时的应力叫名义屈服极限，用$\sigma_{r\,0.2}$表示。

3.3　剪切与挤压

剪切是指杆件受到一对大小相等、方向相反、作用线相互平行并且相距很近的力的作用，从而使两力之间的截面产生相对错动变形，这种受力和变形的形式称为剪切。受剪构件在传力的接触面上将相互压紧，这种现象称为挤压。

3.3.1　受力和变形特点

观察图 3-14，思考图中零件的受力特点和变形特点。

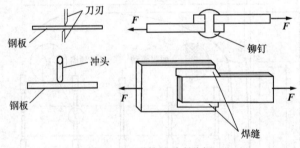

图 3-14　零件的受力分析

【分析】

① 受力特点：在构件的两边作用了一对大小相等、方向相反，作用线相互平行且相距很近的力。

② 在这对力的作用下，构件在截面处沿外力方向发生相对错动或有错动的趋势。

例 3-4　分析图 3-15 所示铆钉连接的受力情况，画出铆钉的受力图，说明铆钉可能出现的变形。

【分析】

① 铆钉的受力图如图 3-15（b）所示，作用在铆钉上的这对力与铆钉的轴线垂直，大小相等，方向相反，不作用在一条直线上，但相距极近。

② 在这对力的作用下，铆钉的 n-n 截面的相邻截面将出现相互错动，如图 3-15（c）所示，这种变形称为剪切变形。

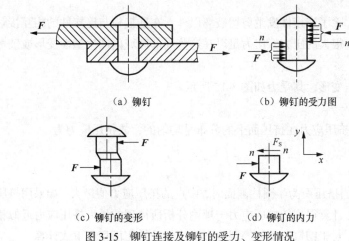

（a）铆钉　　　　　　　（b）铆钉的受力图

（c）铆钉的变形　　　　　（d）铆钉的内力

图 3-15　铆钉连接及铆钉的受力、变形情况

③ 另外，铆钉在承受剪切力作用的同时，钢板的孔壁和铆钉的圆柱表面间还将产生挤压作用。即在外力的作用下，两个零件在接触表面上相互压紧。

④ 挤压时会使零件表面产生局部塑性变形。构件承受挤压力过大而发生挤压破坏时，会使连接松动，构件不能正常工作。因此，对发生剪切变形的构件，通常除了需要进行剪切强度计算外，还要进行挤压强度计算。

3.3.2　剪切实用计算

分析图 3-16 中的铆钉的破坏情况，首先考虑其剪切变形，其受力如图 3-16 所示。

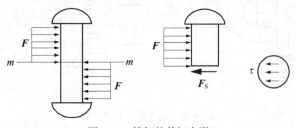

图 3-16　铆钉的剪切变形

① 外力：F。

② 内力：（截面法）剪力 $F_s = F$。

③ 应力：假设剪切面上只存在切应力，而且其分布是均匀的，则名义切应力（剪应力）为 $\tau = \dfrac{F_s}{A}$，其方向同剪力 F_s 的方向。

④ 强度条件：$\tau = \dfrac{F_s}{A} \leq [\tau]$。其中，$[\tau]$ 为许用剪应力。

3.3.3 挤压实用计算

在剪切问题中，除了连接件发生剪切破坏以外，在连接板与连接件的相互接触面上及其邻近的局部区域内将产生很大的压力，压力足以在这些局部区域内产生塑性变形或破坏，这种破坏称为"挤压破坏"。

考虑铆钉的挤压变形，其受力如图 3-15 所示。

① 挤压力：$F_{jy} = F$。

② 应力：认为挤压应力在挤压面上的分布是均匀的，故挤压应力为

$$\sigma_{jy} = \frac{F_{jy}}{A_{jy}}$$

③ 挤压面积：当挤压面为半圆柱侧面时，中点的挤压应力值最大，如果用挤压面的正投影面作为挤压计算面积，计算得到的挤压应力与理论分析所得到的最大挤压应力近似相等。因此，在挤压的实用计算中，对于铆钉、销钉等圆柱形连接件的挤压面积用下式计算

$$A_{jy} = d\delta$$

式中，d 为挤压面宽度，δ 为挤压面高度（见图 3-17）。

④ 强度条件：

$$\sigma_{jy} = \frac{F_{jy}}{A_{jy}} \leqslant [\sigma_{jy}]$$

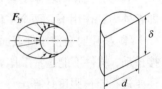

图 3-17 铆钉的挤压变形

例 3-5 如图 3-18 所示为用销钉连接的机车挂钩，已知挂钩厚度 $t = 8$ mm，销钉材料的许用剪应力 $[\tau] = 60$ MPa，许用挤压应力 $[\sigma_j] = 200$ MPa，机车牵引力 P 为 15 kN。试选择销钉的直径。

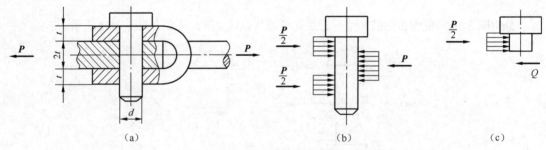

图 3-18 机车挂钩受力分析

解：

① 根据剪切强度条件确定销钉的直径 d

$$\tau = \frac{P/2}{A} = \frac{P/2}{\pi d^2 / 4} \leqslant [\tau]$$

则

$$d \geqslant \sqrt{\frac{2P}{[\tau]\pi}} = \sqrt{\frac{2 \times 15\,000}{60 \times 3.14}} = 13 \text{ mm}$$

② 根据挤压强度条件校核销钉的挤压强度

$$\sigma_{jy} = \frac{P/2}{A_{jy}} = \frac{P/2}{dt} = \frac{15\,000/2}{13 \times 8} = 72\text{MPa} \leqslant [\sigma_{jy}] = 200 \text{ MPa}$$

所以销钉的直径为 13 mm。

3.4　圆轴的扭转

在工程中应用最广泛的是圆截面轴，绝大多数弹簧也是圆截面的。圆截面杆形状简单，具有轴对称性，在受到扭转外力偶作用时变形几何关系简单，其分析计算也就比较容易。在本节中主要介绍圆轴的应力和变形分析及其计算。

3.4.1　受力和变形特点

图 3-19 所示为汽车的传动轴，汽车转向盘操纵杆发生的都是扭转变形。

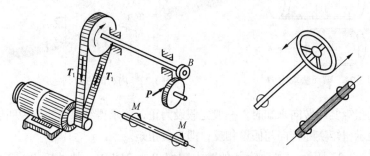

图 3-19　汽车传动轴受力分析

- 受力特点：在圆轴的两端作用有一对大小相等，转向相反且作用平面垂直于杆轴线的力偶。
- 变形特点：各横截面绕轴线发生相对转动，杆件任意两截面间有相对角位移存在，角位移 φ 角称为扭转角，图 3-20 中的 φ 就是两相邻截面间的扭转角。

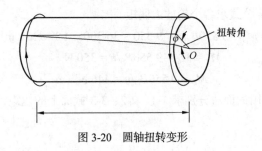

图 3-20　圆轴扭转变形

3.4.2　外力偶矩、扭矩和扭矩图

分析圆轴扭转时，首先需要确定外力，然后计算扭矩并绘制扭矩图。

1.　外力偶矩

扭转变形的外力通常为力偶矩。

若已知功率 P（千瓦，kW），转速 n（转/分，r/min），则力偶矩

$$m = 9\,549\frac{P}{n}(\text{N·m})\text{或}m \approx 9\,550\frac{P}{n}(\text{N·m})。$$

2. 扭矩与扭矩图

求内力也通常使用截面法，如图 3-21 所示。

内力大小：$T = m$。

内力方向：用右手法则判定，如图 3-22 所示。即用右手四指顺着扭矩的转向握住轴，大拇指指向与截面外法线方向一致时扭矩为正，反之为负。

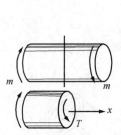

图 3-21　截面法求内力

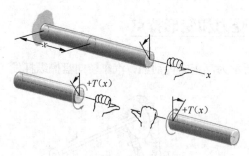

图 3-22　内力的方向判定

当截面上的扭矩实际转向未知时，一般先假设为正，若求得结果为正则说明假设正确，若求得结果为负则表示扭矩实际转向与假设相反，即为负扭矩。

例 3-6　如图 3-23 所示，主动轮 A 的输入功率 $P_A = 36\ \text{kW}$，从动轮 B、C、D 的输出功率分别为 $P_B = P_C = 11\ \text{kW}$，$P_D = 14\ \text{kW}$，轴的转速 $n = 300\ \text{r/min}$。试求传动轴指定截面的扭矩，并作出扭矩图。

图 3-23　计算截面的扭矩

解：

① 由外力偶矩的计算公式求各个轮的力偶矩。

$$M_A = 9\,550 P_A/n = 9\,550 \times 36/300 = 1\,146\ \text{N} \cdot \text{m}$$

$$M_B = M_C = 9\,550 P_B/n = 350\ \text{N} \cdot \text{m}$$

$$M_D = 9\,550 P_D/n = 446\ \text{N} \cdot \text{m}$$

② 如图 3-24 所示，用截面法分别求 1-1、2-2、3-3 截面上的扭矩，即为 BC，CA，AD 段轴的扭矩。

（a）1-1 截面受力分析	（b）2-2 截面受力分析	（c）3-3 截面受力分析

图 3-24　计算截面扭矩

$$M_1 + M_B = 0, \quad M_1 = -M_B = -350\ \text{N} \cdot \text{m}$$

$$M_B + M_C + M_2 = 0, \quad M_2 = -M_B - M_C = -700\ \text{N} \cdot \text{m}$$

$$M_D - M_3 = 0, \quad M_3 = M_D = 446\ \text{N} \cdot \text{m}$$

③ 作扭矩图。最后使用计算获得的数据绘制如图 3-25 所示的扭矩图。

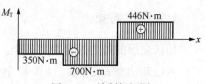

图 3-25　绘制扭矩图

3.4.3　圆轴扭转时的应力强度计算

通过强度计算，可以判断工件在外力作用下是否满足使用要求，能否维持正常的工作状态。

1. 表面变形的特点和平面假设

如图 3-26（a）所示，取一实心圆轴，在其表面上画出圆周线和纵向平行线。在圆轴两端垂直于轴线的平面内施加一对大小相等、转向相反的外力偶矩 m，使其产生扭转变形如图 3-26（b）所示，在弹性范围内，有以下现象。

① 各圆周线的形状、尺寸和间距保持不变，只是绕轴线作相对转动。

② 各母线仍为直线，但都倾斜了相同的角度。

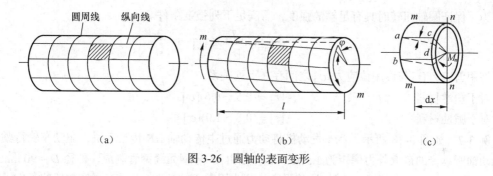

（a）　　　　　　　　　　（b）　　　　　　　　　　（c）

图 3-26　圆轴的表面变形

根据上述特点，假设：圆轴扭转变形后，横截面仍保持平面，且其形状和大小以及两相邻横截面间的距离保持不变；半径仍保持为直线段。即横截面刚性地绕轴线作相对转动。这为平面假设。

由圆轴扭转时的变形与平面假设可以推论。

● 因任意两圆周线间的距离不变，所以圆轴横截面上没有正应力 σ。

● 因垂直于圆轴半径的小矩形发生相对错动，所以圆轴截面上必有剪应力 τ 的存在；其方向垂直于圆轴半径。

2. 剪应力表达式

圆轴扭转时，其横截面上任一点处的剪应力计算公式为：

$$\tau_\rho = \frac{M_{\mathrm{T}}\rho}{I_\rho}$$

式中，T 为圆截面上的扭矩；ρ 为圆截面上所要计算的剪应力作用点到圆心距离；I_p 为圆截面对圆心的极惯性矩（单位为 m^4）。

实心圆截面（直径为 D）
$$I_\rho = \frac{\pi D^4}{32}$$

空心圆截面（外径为 D，内径为 d）$I_\rho = \dfrac{\pi}{32}(D^4 - d^4) = \dfrac{\pi D^4}{32}(1-\alpha^4)$，其中 $\alpha = d/D$。

剪应力分布如图 3-27 所示。

3. 强度计算

圆轴扭转时横截面上的最大剪应力发生在什么地方？

根据剪应力计算公式，圆轴扭转时横截面上的最大剪应力发生在距截面中心最远处，即横截面外沿各点。

$$\tau_{max} = \frac{T}{W_\rho}$$

式中，W_ρ 为抗扭截面系数。

对于圆形：
$$W_\rho = \frac{\pi D^3}{16}$$

对于圆环形：$W_\rho = \frac{\pi D^3}{16}(1-\alpha^4)$，其中 $\alpha = d/D$。

为了保证圆轴扭转时具有足够的强度，需满足下列强度条件。

$$\tau_{max} = \frac{T}{W_\rho} \leqslant [\tau]$$

许用剪应力 $[\tau]$ 与许用拉应力 $[\sigma]$ 之间存在下列关系。

对于塑性材料：$\qquad\qquad [\tau] = (0.5 \sim 0.6)[\sigma]$

对于脆性材料：$\qquad\qquad [\tau] = (0.8 \sim 1.0)[\sigma]$

例 3-7 如图 3-28 所示，汽车发动机将动力通过主传动轴 AB 传给后桥，驱动车轮行驶。设主传动轴所承受的最大外力偶矩为 1.5 kN·m，轴由 45 号钢无缝钢管制成，外径 $D = 90$ mm，壁厚 $t = 2.5$ mm，$[\tau] = 60$ MPa。试校核其强度。若改用实心轴，在 τ_{max} 具有同样数值的条件下，试确定实心圆轴的直径 D，并确定空心轴与实心轴的重量比。

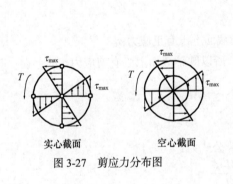

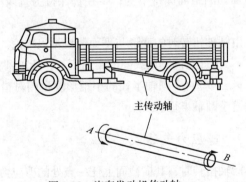

图 3-27　剪应力分布图　　　　图 3-28　汽车发动机传动轴

解：

① 校核空心轴强度

$$d = 90 - 2 \times 2.5 = 85 \text{ mm}, \quad \alpha = 85/90 = 0.944$$

该轴为光轴，各横截面的危险程度相同，最大剪应力为

$$\tau_{max} = \frac{T}{W_\rho} = \frac{1.5 \times 10^6}{\pi \times 90^3 (1-0.944^4)/16} \approx 50.9 \text{ N/mm}^2 < [\tau] = 60 \text{ N/mm}^2$$

空心轴是安全的。

② 若改为实心轴，则

$$\tau_{\max实心} = \frac{T}{W_\rho} = \frac{1.5 \times 10^6}{\pi \times D^4 / 16} = \tau_{\max}$$

$$D = \sqrt[3]{\frac{16T}{\pi \tau_{\max}}} = \sqrt[3]{\frac{16 \times 1.5 \times 10^6}{3.14 \times 50.9}} \approx 53.1\ \text{mm}$$

由于空心轴和实心轴的材料相同，长度相等，重量比即为横截面的面积比，则空心轴与实心轴的重量比：

$$\frac{A_{空心}}{A_{实心}} = \frac{\pi(90^2 - 85^2)}{\pi 53.1^2} = 0.31$$

汽车发动机上的主传动轴采用空心轴还是实心轴？为什么？

例 3-8　直径为 150 mm 的木制圆轴受扭矩如图 3-29（a）所示，木材顺纹方向的许用切应力 $[\tau]_a = 22$ MPa，横向方向的许用切应力 $[\tau]_t = 8$ MPa，求轴的许用载荷 M_x 的大小。

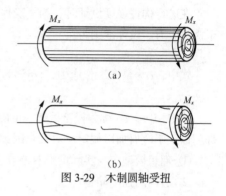

图 3-29　木制圆轴受扭

解：

根据切应力互等定理，圆轴横截面和纵截面（直径截面）上对应点处的切应力大小相等，而木材顺纹抗剪能力远小于横纹抗剪能力。故木轴超载使用时将沿纵向开裂，如图 3-29（b）所示。因此，应按顺纹许用切应力决定许用载荷的大小。

$$\tau_{\max} = T / Wp \leqslant [\tau]_a$$

$$M_x = T = [\tau]_a Wp = [\tau]_a \times \pi d^3 / 16$$

$$= 1.33\ \text{kN} \cdot \text{m}$$

故最大许用外力偶矩为 1.33 kN·m。

3.4.4　知识拓展——材料失效与强度设计准则

在许多工程结构中，杆件往往在复杂载荷的作用或复杂环境的影响下发生破坏。例如，杆件在交变载荷作用下发生疲劳破坏，在高温恒载条件下因蠕变而破坏，或受高速转动载荷的冲击而破坏等。这些破坏是使机械和工程结构丧失工作能力的主要原因。所以，材料力学还研究材料的疲劳性能、蠕变性能和冲击性能。

1. 材料失效与失效判据

材料失效有两种基本形式：屈服和断裂。这两种情况都是工程上不允许的，构件发生断裂显然丧失了工作能力，而屈服后产生的过大塑性变形也往往使构件不能正常工作。因此，屈服和断裂都不允许发生，这就要求应力不能超过某一极限应力 σ_u。

对于脆性材料，单向拉压下的失效形式为断裂，可取强度极限为极限应力，失效判据为：

$$\sigma = \sigma_b$$

对于塑性材料，通常认为发生屈服即为失效，一般取屈服极限为极限应力，失效判据为：

$$\sigma = \sigma_s$$

由于屈服极限与比例极限很接近，而多数脆性材料直到断裂前仍处于线弹性状态。因此，失效前大多数材料均处于线弹性状态。这就是我们采用理想弹性体这一力学模型来进行构件强度、刚度和稳定性分析计算的基本依据。

需要指出的是，上面所讨论的脆性材料发生断裂，塑性材料发生屈服都是常温静载下单向拉压试验的结果。材料采取哪种失效形式，不仅与材料本身的韧脆性能有关，还与材料所处的受力状态有关。

2. 构件强度失效与设计准则

构件的失效与材料失效不同，在常温静载作用下构件有 3 种基本失效形式：强度失效、刚度失效和失去稳定性。断裂和屈服产生的塑性变形就是构件强度失效的两种基本形式。

在进行构件强度设计时，为了确保安全，留有余地，必须使构件横截面上的最大工作应力小于极限应力。设计准则为：

$$\sigma \leqslant [\sigma]$$

式中，σ 为最大工作应力，$[\sigma]$ 称为许用应力，由下式规定。

$$[\sigma] = \sigma_u / n$$

式中，（$n > 1$）称为安全因数。正确选择安全因数是一项十分重要的工程任务，通常由各工业部门以至于政府加以规定。对安全因数应从两方面进行理解。

① 理想模型应与实际情形有差异。

② 适当的强度储备。

3. 疲劳破坏对材料性能的影响

有些零件，如轴、齿轮等，为什么有时会在应力低于静载荷作用下的抗拉强度时发生破坏？

许多机械零件，如轴、齿轮等，在工作过程中各点应力随时间作周期性的变化。这种随时间作周期性变化的应力称为交变应力。如轮齿在工作时，每旋转一周啮合一次，齿轮上的每一个齿，自开始啮合至脱离过程，齿根上的弯曲正应力就由零增至某一最大值，然后再逐渐减小到零。齿轮不停地旋转，应力就不断作周期性变化。

实践表明金属材料在交变应力作用下，其破坏形式与静载荷作用下不同，在交变应力作用下，构件所承受的应力虽低于静载荷作用下的抗拉强度，甚至低于屈服强度，但经过较长一段时间的工作会产生裂纹，金属的这种破坏过程称为疲劳破坏。

疲劳破坏是机械零件失效的主要原因之一，有 80%以上的机械零件的失效属于疲劳破坏。

4. 温度对材料力学性能的影响

为确定高温对材料力学性能的影响，可进行短期高温静载拉伸实验，即在不同温度下，按标准加载速度进行拉伸试验。图 3-30 表示在短期高温静载拉伸试验中低碳钢的弹性模量 E，强度指标 σ_s 和 σ_b，塑性指标 δ 和 ψ 随温度变化的情形。

从图中曲线可以看到，E 和 σ_s 随温度的升高而降低，而 σ_b，δ 和 ψ 的变化分两个阶段：250℃～300℃以前，随着温度升高，

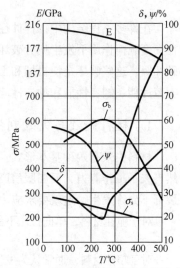

图 3-30　温度对材料力学性能的影响

σ_b 升高，δ、ψ 降低，此后则呈现相反趋势，即在 250℃～300℃之间存在强度的极大值和塑性极小值，即材料变脆。由于此时试样表面出现烤蓝现象，故称为"蓝脆性"。但这一现象为低碳钢所特有。

对于大多数碳钢、合金钢和有色金属，随着温度升高，强度单调降低，塑性单调增加。与此相反，温度降低使碳钢的强度提高，塑性降低。

高温对长期受载的材料的力学性能还有另一种重要的影响。试验结果表明，温度高于某一值时，静载作用下的材料的力学性能与时间有密切关系，即表现出黏性；低于这一值，材料的力学性能便是稳定的，与时间无关。这一温度值称为临界温度。不同材料的临界温度不同，低碳钢约为 300℃～350℃，软金属如铅，则在常温下其力学性能与时间也有关。在临界温度以上使温度保持不变，如果试件内的应力达到一定水平，则尽管应力保持不变，变形也将随时间增长而缓慢增大，这种现象称为蠕变。例如沥青块在自重作用下会缓慢地变形。图 3-31（a）所示的曲线是金属材料在不变温度和应力下典型的蠕变变形随时间 t 增长的曲线。曲线 AB 段蠕变速度不断减小，是不稳定的蠕变阶段；BC 段蠕变速度最小，且几乎保持不变，是稳定蠕变阶段；CD 段是蠕变加速阶段，过 D 点后蠕变速度急剧增大以致使试件断裂。金属材料在其熔点温度的一半左右时，蠕变现象就变得明显。在相同温度下，应力越大，蠕变变形增加越快；在相同应力水平下，温度越高，蠕变变形增加越快，甚至没有匀速阶段，较短时间内就发生断裂。

蠕变产生的变形是不可恢复的塑性变形。如果长期在高温下工作，虽然变形总量保持不变，但蠕变产生的塑性变形将逐步替代弹性变形，使预紧力不断降低以至消失。这种现象称为应力松弛，如图 3-31（b）所示。它可以使密封失效而发生泄漏，或使紧固件发生松脱。因此，对于长期在高温下工作的紧固件，必须定期再紧固或更换。综上所述，蠕变是长期处于高温下工作的构件破坏的重要原因。

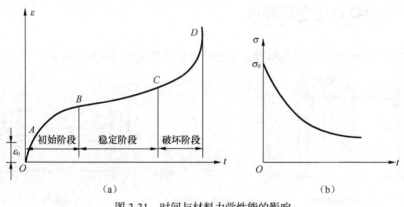

图 3-31 时间与材料力学性能的影响

5. 加载速度对材料力学性能的影响

与静载相比，动载指随时间变化较大的载荷，可分为冲击加载和循环加载（交变载荷）两类。冲击加载指载荷在极短的时间内达到其最大值，而且作用时间很短。循环加载指载荷随时间作某种周期性变化，且作用时间很长。

利用高速拉压试验机进行轴向拉伸试验可以测定冲击加载时材料的力学性能。如图 3-32 所示，给出了低碳钢（软钢）在不同的加载速度（用应变率 $d\varepsilon/dt$ 表示）下的动态单向拉伸 $\sigma-\varepsilon$ 曲线。试验结果表明，屈服极限随应变率的增加而增加，强度极限也随之增加，但增幅较小；而断裂时的应变减小，说明塑性降低，材料变脆，弹性模量则保持不变。也就是说，冲击载荷作用下的材料的强度提高，塑性降低，这种现象称为"应变率强化"，这也是黏性的一种表现形式。

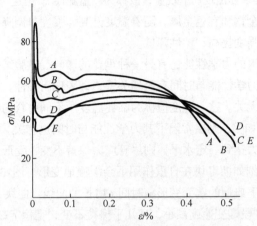

图 3-32　加载速度对材料力学性能的影响

3.5　梁的弯曲

梁是工程上常见的主要构件，其内力、应力和变形均比较复杂，故梁的研究在工程静力学中占有重要的地位，梁弯曲的工程理论是许多工程构件设计的基础。

3.5.1　受力特点与变形特点

观察图 3-33，分析图中起重机横梁、车轮轴及管架的受力情况和变形特点。

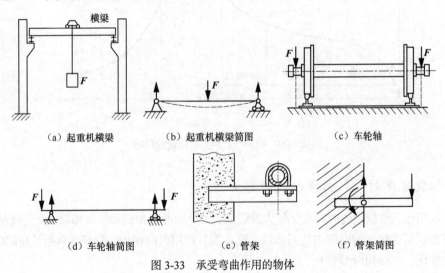

（a）起重机横梁　　　　（b）起重机横梁简图　　　　（c）车轮轴

（d）车轮轴简图　　　　（e）管架　　　　（f）管架简图

图 3-33　承受弯曲作用的物体

通过上述分析，总结梁的弯曲变形的特点如下。

① 起重机横梁受到重物的重力及支撑对其的反作用力作用，其中梁的一端为固定铰链支座，另一端为活动铰链支座，横梁发生弯曲变形。这种为简支梁。

② 车轮轴受到两个外力及支撑对其的反作用力作用，其中车轮轴的支撑也是一端为固定铰链，另一端为活动铰链，但梁的一端（或两端）向支座外伸出，并在外伸端有载荷。这种为外伸梁。

③ 管架受到重物的重力作用，同时不受到固定端对其反作用力的作用，管架的一端为固定端，而另一端为自由端。这种称为悬臂梁。

④ 3 个杆件的共同受力特点是：在通过杆轴线的面内，均受到力偶或垂直于轴线的外力作用。

⑤ 其变形特点是杆的轴线被弯成一条曲线，这种变形为弯曲变形。

⑥ 在外力作用下产生弯曲变形或以弯曲变形为主的杆件，习惯上称为梁。

⑦ 梁的轴线和横截面的对称轴构成的平面称为纵向对称面，如图 3-34 所示。当横向载荷作用在该平面内时，由于对称关系，变形后梁的轴线仍在对称面内，即与加载面共面，这种弯曲属于平面弯曲。

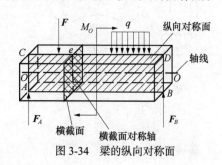

图 3-34　梁的纵向对称面

3.5.2　梁的内力—剪力与弯矩

梁在弯曲变形时，将同时在材料内部产生剪力和弯矩，受力比较复杂。

1.　计算梁内力的方法

计算梁内力的方法仍然是截面法，如图 3-35 所示。

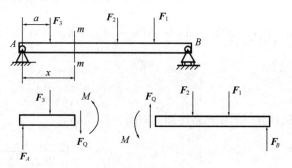

图 3-35　梁内力的计算

内力的计算

$$F_Q = F_A - F_3$$
$$M = F_A x - F_3(x - a)$$

工程实际中也常用直接求和法确定梁中任一截面的剪力和弯矩：截面的剪力等于截面任一侧的外力的代数和（主矢）；截面的弯矩等于截面任一侧的外力对截面形心的力矩的代数和（主矩）。此时，外力和外力矩的正负由剪力弯矩符号规定确定。这一方法实际上是从分离体的平衡条件直接派生出来的。

2.　受力方向的规定

确定受力方向，如图 3-36 所示，或从变形的角度来规定，如图 3-37 所示。

例 3-9　如图 3-38 所示的简支梁 AB，在点 C 处受到集中力 F 的作用，尺寸 a、b 和 L 均为已知，试做出梁的弯矩图。

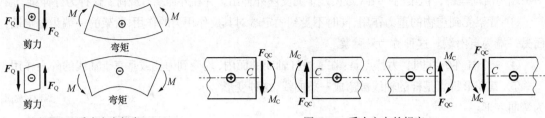

图 3-36 受力方向规定 1　　　　　　　　图 3-37 受力方向的规定 2

解:

① 求约束力。

$$\sum M_A = 0, \quad F_A = \frac{b}{l}F$$
$$\sum M_B = 0, \quad F_B = \frac{a}{l}F$$

② 分两段建立弯矩方程。

AC 段:

$$M = F_A x_1 = \frac{b}{l}Fx_1; \quad 0 \leqslant x_1 \leqslant a$$

当 $x_1 = 0$ 时, $M = 0$,

当 $x_1 = a$ 时, $M = \dfrac{ab}{l}F$ 。

CB 段:

$$M - F_A x_2 + F(x_2 - a) = 0; \quad M = -\frac{a}{l}Fx_2 + aF; \quad a \leqslant x_2 \leqslant l$$

当 $x_2 = a$ 时, $M = \dfrac{ab}{l}F$,

当 $x_2 = l$ 时, $M = 0$ 。

③ 画弯矩图。根据计算结果绘制弯矩图，如图 3-39 所示。

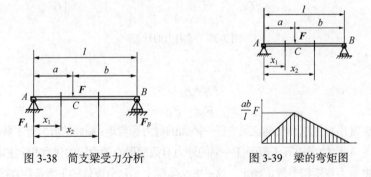

图 3-38 简支梁受力分析　　　　　　图 3-39 梁的弯矩图

3.5.3 梁的纯弯曲

如果某段梁的横截面上只有弯矩，没有剪力，这种情形称为纯弯曲。由符合理想弹性体模型的材料制成的对称截面梁的纯弯曲的是弯曲的最简单情形。

1. 变形特点和平截面假定

观察图 3-40 中梁的弯曲变形的特点。

该梁弯曲变形的特点如下。

① 横向线仍为直线，只是相对变形前转过了一个角度，但仍与纵向线正交。

② 纵向线弯曲成弧线，且靠近凹边的线缩短了，靠近凸边的线伸长了，而位于中间的一条纵向线既不缩短，也不伸长。

③ 平面假设：梁弯曲变形后，其横截面仍为平面，并且垂直于梁的轴线，只是绕截面上的某轴转动了一个角度。

如果设想梁是由无数层纵向纤维组成的，由于横截面保持平面，说明纵向纤维从缩短到伸长是逐渐连续变化的，其中必定有一个既不缩短也不伸长的中性层（不受压又不受拉）。中性层是梁上拉伸区与压缩区的分界面。中性层与横截面的交线，称为中性轴，如图 3-40 所示。变形时横截面是绕中性轴旋转的。

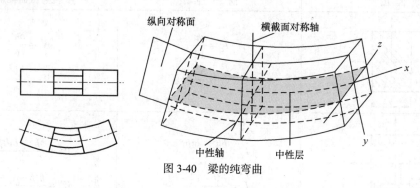

图 3-40　梁的纯弯曲

2. 梁的纯弯曲时的正应力

梁在弯曲时的正应力分布如图 3-41 所示。

① 由平面假设可知，纯弯曲时梁横截面上只有正应力而无切应力。

② 由于梁横截面保持平面，所以沿横截面高度方向纵向纤维从缩短到伸长是线性变化的，因此横截面上的正应力沿横截面高度方向也是线性分布的。

③ 以中性轴为界，凹边是压应力，使梁缩短；凸边是拉应力，使梁伸长。横截面上同一高度各点的正应力相等，距中性轴最远点有最大拉应力或最大压应力，中性轴上各点正应力为零。

在弹性范围内，梁纯弯曲时横截面上任意一点的正应力为

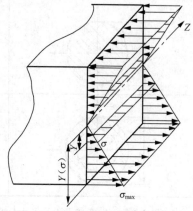

图 3-41　梁在弯曲时的正应力分布

$$\sigma = \frac{My}{I_z}\ \text{MPa}$$

式中，M 为截面上的弯矩，单位为 N·mm；y 为计算点到中性轴的距离，单位为 mm；I_z 为横截面对中性轴的惯性矩。

3. 惯性矩的计算和平行轴定理

对于矩形、圆形等简单图形的截面，其惯性矩可按定义直接用积分法计算。对于组合截面，根据惯性矩的定义，其对某一轴的惯性矩等于各组成部分对同一轴的惯性矩之和，因此可用组合法计算。这时，经常要用到如下的平行轴定理：

$$I_z = I_{zc} + a^2 A$$

式中 z 轴和 zc 轴为两根平行轴，其中 zc 轴过截面形心，两轴之间距离为 a。该定理可以用惯性矩的定义直接证明。由该定理可见，在互相平行的坐标轴中，截面对形心轴的惯性矩最小。

简单截面的惯性矩可以根据定积分运算求得，工程中常用的矩形，圆柱截面的惯性矩 I 和抗弯截面模量 W 的计算见表 3-1。

表 3-1 　　　　常用截面的惯性矩 I 和抗弯截面模量 W 的计算

截 面 图 形	轴 惯 性 距	抗弯截面模量
	$I_z = \dfrac{bh^3}{12}$　$I_y = \dfrac{hb^3}{12}$	$W_z = \dfrac{bh^2}{6}$　$W_y = \dfrac{hb^2}{6}$
	$I_x = \dfrac{bh^3 - b_1 h_1^3}{12}$　$I_y = \dfrac{b^3 h - b_1^3 - h_2}{12}$	$W_z = \dfrac{bh^3 - b_1 h_1^3}{6h}$　$W_y = \dfrac{b^3 h - b_1^3 - h_2}{6h}$
	$I_z = I_y = \dfrac{\pi D^4}{64} \approx 0.05 D^4$	$W_x = W_y = \dfrac{\pi d^3}{32} \approx 0.1 d^3$
	$I_z = I_y = \dfrac{\pi}{64}(D^4 - d^4)$ $= \dfrac{\pi}{64} D^4 (1 - a^4)$ $= 0.05 D^4 (1 - a^4)$	$W_x = W_y = \dfrac{\pi D^3}{33}(1 - a^4)$ $\approx 0.1 D^3 (1 - a^4)$ 式中，$a = \dfrac{d}{D}$

例 3-10 计算 T 形截面对中性轴 z 轴的惯性矩，如图 3-42 所示。

解：

首先要确定中性轴 z 轴的位置。z 轴必须过截面形心，故应先确定组合截面的形心。将截面划分为 I、II 两个矩形，取与截面底边重合的 z' 轴为参考轴。则两矩形面积及其形心 C_I 和 C_{II} 至 z' 轴的距离分别为：

$$A_I = 20\ \text{mm} \times 60\ \text{mm} = 1\,200\ \text{mm}^2$$

$$y_{\mathrm{I}} = 20 \text{ mm} + 60 \text{ mm} / 2 = 50 \text{ mm}$$

$$A_{\mathrm{II}} = 20 \text{ mm} \times 60 \text{ mm} = 1\,200 \text{ mm}^2$$

$$y_{\mathrm{II}} = 20 \text{ mm} / 2 = 10 \text{ mm}$$

整个截面的形心 C 至 z' 轴的距离为：

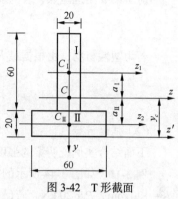

$$y_c = \frac{\Sigma A_i y_i}{\Sigma A_i} = \frac{1\,200 \text{ mm}^2 \times 50 \text{ mm} + 1\,200 \text{ mm}^2 \times 10 \text{ mm}}{1\,200 \text{ mm}^2 + 1\,200 \text{ mm}^2} = 30 \text{ mm}$$

即中性轴与 z' 轴相距 30 mm。

其次求两个矩形对 z 轴的惯性矩，用平行轴定理计算。

$$I_{z\mathrm{I}} = I_{z_1\mathrm{I}} + a_1^2 \, A_{\mathrm{I}} = 8.4 \times 10^5 \text{ mm}^4$$

$$I_{z\mathrm{II}} = I_{z_2\mathrm{II}} + a_{\mathrm{II}}^2 \, A_{\mathrm{II}} = 5.2 \times 10^5 \text{ mm}^4$$

最后得到整个截面对 z 轴的惯性矩：

图 3-42　T 形截面

$$I_z = I_{z\mathrm{I}} + I_{z\mathrm{II}} = 1.36 \times 10^6 \text{ mm}^4$$

4. 梁的强度设计计算

（1）强度设计准则

根据梁的横截面应力分析的结果，3 类危险点分别处于不同的应力状态，如图 3-43 所示。拉、压正应力最大的点处于单向应力状态，切应力最大的点处于纯剪切应力状态，第 3 类危险点则处于一般的平面应力状态。由应力分析不难得到 3 类危险点的主应力分别为：

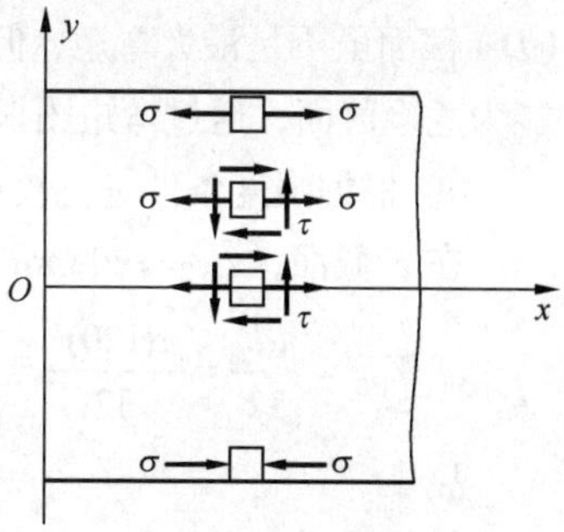

第 1 类危险点 $\sigma_1 = \sigma_{\max}$ ，　$\sigma_2 = \sigma_3 = 0$

（最大拉应力点）

第 2 类危险点 $\sigma_1 = \sigma_{\max}$ ，　$\sigma_2 = 0$ ，　$\sigma_3 = -\tau_{\max}$

第 3 类危险点 $\sigma_1 = \dfrac{\sigma}{2} + \dfrac{1}{2}\sqrt{\sigma^2 + 4\tau^2}$

$$\sigma_2 = 0$$

图 3-43　应力图

$$\sigma_3 = \frac{\sigma}{2} - \frac{1}{2}\sqrt{\sigma^2 + 4\tau^2}$$

根据材料的失效判据，可建立梁的强度设计准则。对于第一类危险点，各种失效判据均给出相同形式的强度设计准则，即正应力强度条件。

$$\sigma_{\max} \leqslant [\sigma]$$

对于拉压强度不同的材料，则采用

$$\sigma_{\max} \leqslant [\sigma_t] , \ |\sigma_{\min}| \leqslant [\sigma_c]$$

式中，$[\sigma_t]$ 和 $[\sigma_c]$ 分别为拉伸和压缩时的许用应力。

对于第 2 类危险点，若为脆性材料，根据最大拉应力准则，有：

$$\tau_{\max} \leqslant [\sigma]$$

若为塑性材料，则由最大切应力条件和畸变能密度条件分别得到：

$$\tau_{\max} \leqslant [\sigma]/2$$

$$\tau_{\max} \leqslant [\sigma]/\sqrt{3}$$

上述 3 个设计准则可统一写成切应力强度条件。

$$\tau_{\max} \leqslant [\tau]$$

对于第 3 类危险点，若为脆性材料，则有：

$$\frac{\sigma}{2} + \sqrt{\sigma^2 + 4\tau^2} \leqslant [\sigma]$$

若为塑性材料，由根据最大切应力条件和畸变能密度条件分别有：

$$\sqrt{\sigma^2 + 4\tau^2} \leqslant [\sigma]$$

$$\sqrt{\sigma^2 + 3\tau^2} \leqslant [\sigma]$$

（2）强度计算

下面结合实例说明梁的强度计算方法。

例 3-11 如图 3-44 所示的圆轴为一变截面轴，AC 及 DB 段直径为 $d_1 = 100$ mm，CD 段直径 $d_2 = 120$ mm，$P = 20$ kN。若已知 $[\sigma] = 65$ MPa，试对此轴进行强度校核。

解：

① 内力分析，作轴的弯矩图。

② 确定危险截面的位置。从弯矩图可见，作用在 E 截面处有最大弯矩 $M_{\max} = 10$ kN·m，而在 C（D）截面虽不是最大弯矩，但由于直径较小，也可能为危险截面，通过弯矩图求得：$M_c = 6$ kN·m。

③ 根据强度条件进行校核。

在 E 截面，$d_2 = 120$ mm，求得

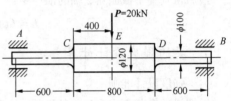

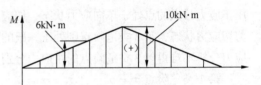

图 3-44 变截面圆轴受力分析

$$W_{\rho E} = \frac{\pi d_2^3}{32} = \frac{\pi (120)^3}{32} = 1.696 \times 10^5 \, \text{mm}^3$$

故

$$\sigma_{E\max} = \frac{M_E}{W_{\rho E}} = \frac{10 \times 10^6}{1.696 \times 10^5} = 58.96 \, \text{MPa}$$

对于 C 截面，$d_1 = 100$ mm

$$W_{\rho C} = \frac{\pi d_1^3}{32} = \frac{\pi (100)^3}{32} = 9.82 \times 10^4 \, \text{mm}^3$$

故

$$\sigma_{C\max} = \frac{M_C}{W_{\rho C}} = \frac{6 \times 10^6}{9.82 \times 104} = 61.1 \, \text{MPa}$$

通过计算，最危险点在 C 截面的上下边缘处。因 $\sigma_{\max} = 61$ MPa $\leqslant [\sigma] = 65$ MPa，所以此轴是安全的。

通过上例分析，可根据弯矩图、截面尺寸的变化情况确定危险截面的位置。对于同种材料制成的且拉、压强度相同的等直梁，最大弯矩所在截面即为危险截面。根据横截面上正应力线性分布的特点，即可确定危险截面上的危险点为距中性轴最远的点。

例 3-12 带槽钢板如图 3-45（a）所示。钢板宽 $B = 80$ mm，厚 $\delta = 10$ mm，半圆槽半径 $r = 10$ mm。钢板在其宽度中央受到一对轴向拉力 F 作用，$F = 80$ kN。材料的许用应力 $[\sigma] = 140$ MPa。对钢板进行强度校核。

解：

由于钢板上部有槽，故在这部分截面处产生偏心拉伸，使板产生拉伸和弯曲的组合变形。

图 3-45（a）中 1-1 截面的面积最小，载荷偏心距 e 最大，$e = r/2 = 5$ mm，因而弯矩也最大。所以 1-1 截面是危险截面，截面上的轴力 $F_N = F$，弯矩 $M = F_e$。截面正应力分布如图 3-45（b）所示，半圆槽底部 a 点为危险点，其正应力为拉伸应力与弯曲拉应力的叠加。

$$\sigma_{\max} = \frac{F_N}{A} + \frac{M y_{\max}}{I_z} = \frac{F}{\delta(b-r)} + \frac{F_e \cdot (b-r)/2}{\delta \cdot (b-r)^3 /12}$$

$$= \left(\frac{80 \times 10^3}{10 \times 70 \times 10^{-6}} + \frac{80 \times 10^3 \times 5 \times 10^{-3} \times 6}{10 \times 10^{-3} \times 70^2 \times 10^{-6}} \right) \text{MPa}$$

$$= 114.3 \text{ MPa} + 49.0 \text{ MPa} = 163.3 \text{ MPa} > [\sigma]$$

结果表明，1-1 截面处强度不够。其原因是偏心拉伸造成的附加弯曲正应力使 a 点处应力显著增大（增加 43%）。为了保证钢板具有足够的强度，在情况允许时，可在槽的对称位置开一个同样的槽，如图 3-45（c）所示。这样，截面面积虽然有所减少，但消除了载荷偏心现象，没有附加弯曲应力。截面 1-1 上的应力可按轴向拉伸计算。

$$\sigma = \frac{F_N}{A^*} = \frac{80 \times 10^3 \text{ N}}{10 \times 60 \times 10^{-6} \text{ m}^2} = 133.3 \text{ MPa} < [\sigma]$$

强度足够。这是由于应力均匀分布，降低了最大应力，如图 3-45（d）所示。

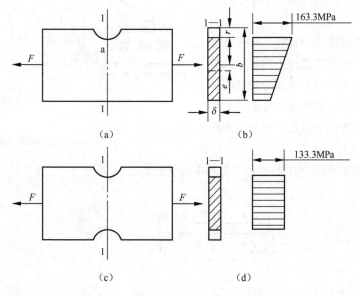

图 3-45　应力图

从上述例题得知梁的强度计算的一般步骤如下。

① 确定梁的横截面的几何性质参数：形心、惯性矩及有关部分的静矩。

② 根据梁的力学模型，计算约束力，画出剪力图和弯矩图，确定危险截面，计算危险截面上的弯矩和剪力。

③ 根据截面上的应力分布规律和材料性质（拉压强度是否相同）确定危险点，计算危险点的正应力和切应力。

3.6　组合变形和压杆稳定

组合变形是机械工程中常见的情形。一般传动轴在发生扭转的同时常伴随着弯曲，在弯曲较小的情形下可以只按扭转进行设计计算；在弯曲较大时就应按组合变形处理。

构件和结构的安全性大部分取决于构件的强度和刚度，在外界的条件下，因构件强度不够而发生断裂、屈服等现象，所以需要对构件的稳定性进行分析，本节主要对压杆的稳定性进行分析和讲解。

3.6.1　组合变形的基本原理

前面讨论了构件的拉压、剪切、扭转、弯曲等基本变形，在工程实际中，有许多构件在载荷作用下，常常同时产生两种或两种以上的基本变形，这种情况称为组合变形。

分析图 3-46 中车刀的变形，压力机立柱的变形。

车刀在切削力的作用下，产生弯曲与压缩变形。压力机立柱产生拉伸与弯曲的组合变形。

构件组合变形时的应力计算，在弹性范围内变形较小时，作用在构件上的任一载荷所引起的应力和变形一般不受其他载荷的影响，所以可分别计算出每种基本变形所引起的应力，然后将所得结果叠加，即得到构件在组合变形时的应力。

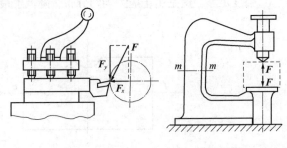

（a）车刀　　　　　　　　（b）压力机

图 3-46　组合变形实例

继续思考图 3-47 所示镗刀杆在加工过程中的受力情况。

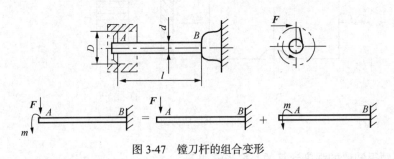

图 3-47　镗刀杆的组合变形

镗刀杆同时受到扭转和弯曲作用。构件的横截面上同时存在弯曲正应力和扭转切应力。强度计算时，不能简单地按正应力和切应力分别建立强度条件，应考虑两种应力对材料的综合影响。

3.6.2　组合变形的计算

例 3-13　如图 3-48 所示，折杆的 AB 段为圆截面，$AB \perp CB$，已知杆 AB 直径 $d = 100$ mm，材料的许用应力 $[\sigma] = 80$ MPa。试按第三强度理论由杆 AB 的强度条件确定许用载荷 $[F]$。

解：

① 外力分析。将作用于 C 点的力向 AB 杆轴线简化，结果如图 3-49 所示。F 使梁在竖向平面内发生弯曲变形。附加力偶为 $M_e=1.2F$，此外力偶矩使轴产生扭转变形。

② 内力分析。分别画出轴的弯矩图和扭矩图，如图 3-49 所示，可以判断危险截面在 A 端。危险截面上的弯矩 $M = 1.2F$，扭矩 $T = 1.2F$。

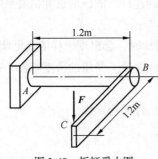

图 3-48　折杆受力图

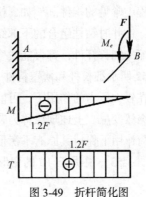

图 3-49　折杆简化图

③ 按第三强度理论确定许用载荷 $[F]$。

$$\sigma_{r3} = \frac{\sqrt{M^2 + T^2}}{W_z} = \frac{\sqrt{(1.2F)^2 + (1.2F)^2}}{\pi \times 0.1^3 \Big/ 32\, \text{m}^3} \leqslant [\sigma] = 80\ \text{MPa}$$

解得 $F \leqslant 4.63\text{kN}$，$[F] = 4.63\text{kN}$。

例 3-14　如图 3-50 所示，装在外直径 $D = 60\ \text{mm}$ 空心圆柱上的铁道标志牌，所受最大风载 $P = 2\ \text{kPa}$，柱材料的许用应力 $[\sigma] = 60\ \text{MPa}$。试按第四强度理论选择圆柱的内径 d。

解：

① 外力分析。将作用于标志牌上的风载（$F = PA = 2 \times \pi \cdot 0.25^2 = 392.7\ \text{N}$）向竖直空心圆柱形心简化，结果如图 3-51 所示，F 使圆柱发生弯曲变形。附加力偶矩为 $M_e = 0.6F$，此外力偶矩使圆柱产生扭转变形。

② 内力分析。分别画出圆柱的弯矩图和扭矩图，如图 3-51 右边两个所示。可以判断危险截面在 A 端。危险截面上的弯矩 $M = 0.8F = 314.1\ \text{N} \cdot \text{m}$，扭矩 $T = M_e = 0.6F = 235.6\ \text{N} \cdot \text{m}$

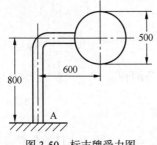

图 3-50　标志牌受力图

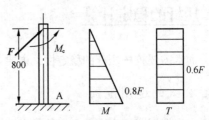

图 3-51　标志牌受力简化图

③ 按第四强度理论选择圆柱的内径 d。

$$\sigma_{r4} = \frac{\sqrt{M^2 + 0.75T^2}}{W_z} = \frac{\sqrt{(314.1\ \text{N} \cdot \text{m})^2 + 0.75 \times (235.6\ \text{N} \cdot \text{m})^2}}{W_z} \leqslant [\sigma] = 60\ \text{MPa}$$

解得 $W_z \geqslant 6242.54$ mm^3，因 $W_z = \pi \times D^3(1 - a^4)/32$，代入 $D = 60$ mm，
可得 $a = 0.916\,52$，内径 $d = 54.5$ mm。

3.6.3 压杆稳定性的概念

压杆是工程中常见的构件。例如，桥梁、钻井井架等各种桁架结构中的受压杆件，建筑物和结构中的立柱，钻井时钻柱组合的下部结构，内燃机中的连杆、液压油缸和活塞泵的活塞杆等。凡是受轴向压缩的细长杆件，都可能发生失稳。

观察图 3-52 所示细长杆和薄壁构件，思考当载荷增加时，会出现怎样的变形情况。

细长直杆在较大压力的作用下，可能突然由直线变成曲线。受压的薄壁容器，在较大的外压作用下，可能突然变扁。上述现象称为丧失稳定性。

构件在载荷作用下保持其原有平衡形态的能力称为构件的稳定性。

继续观察图 3-53，说明杆 AB 的变形。

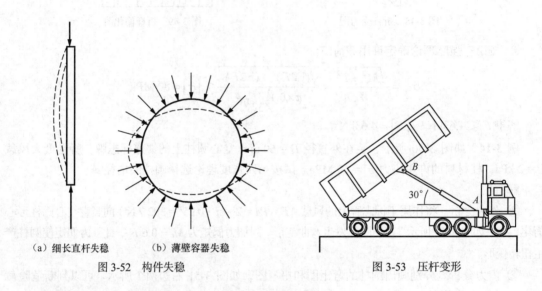

（a）细长直杆失稳   （b）薄壁容器失稳
图 3-52 构件失稳   图 3-53 压杆变形

杆 AB 受到压力，可能压断，也可能突然失稳。

3.6.4 压杆的稳定计算

生产中，通常需要校核压杆的稳定性，主要方法有以下两种。

1. 欧拉公式的适用范围

工程实际中习惯用应力来进行压杆的稳定性计算。$\sigma_{cr} = F_{cr}/A$ 称为压杆的临界应力，A 为压杆横截面积。将欧拉公式代入，可得：

$$\sigma_{cr} = \frac{\pi^2 EI}{(\mu l)^2 A} = \frac{\pi^2 E i^2 A}{(\mu l)^2 A} = \frac{\pi^2 E}{(\mu l / i)^2}$$

式中，$i = \sqrt{I/A}$ 为截面的惯性半径。引入 $\lambda = \mu l / i$，称为压杆的长细比或柔度，是与量纲一

致的量，它集中反映了压杆的几何条件（形状和尺寸）、约束条件和加载条件的影响。压杆的临界应力可表示为：

$$\sigma_{cr} = \pi^2 E / \lambda^2$$

上式是欧拉公式的另一种表达形式。由上式可见，压杆的柔度越大，临界应力越低，压杆越容易失稳；柔度越小，压杆越不容易失稳。所以，柔度 λ 是压杆抵抗失稳的能力的特征量，是压杆稳定计算中的一个重要参数。

2. 安全因数法

在机械设计中多采用安全因数法。它规定的压杆稳定条件为：

$$n = F_{cr} / F \geqslant n_{st}$$

式中，n 为工作安全因数；F 为工作压力；n_{st} 为稳定安全因数，稳定安全因数一般要高于强度安全因数。

用安全因数法进行压杆计算的步骤为：首先计算压杆的最大柔度，然后选择对应的临界应力公式计算 σ_{cr}，再计算 F_{cr}，最后用稳定条件进行稳定性校核或确定许可载荷，下面让我们来学习几个实例。

例 3-15　空气压缩机的活塞杆由 45 钢制成，材料的 $\sigma_p = 280$ MPa，$\sigma_s = 350$ MPa，$E = 210$ GPa，杆长 $l = 703$ mm，直径 $d = 45$ mm。最大工作压力 $F = 41.6$ kN。规定的稳定安全因数 $n_{st} = 8 \sim 10$。试校核其稳定性。

解：

活塞杆可简化为两端铰支压杆，$\mu = 1$，圆截面的惯性半径 $i = d/4$。压杆的柔度为：

$$\lambda = \mu l / i = 4\mu l / d = 4 \times 1 \times 703 / 45 = 62.5$$

45 钢的 λ_p 为：

$$\lambda_p = \sqrt{\frac{\pi^2 E}{\sigma_p}} = \pi\sqrt{\frac{210 \times 10^9\,\mathrm{Pa}}{280 \times 10^6\,\mathrm{Pa}}} = 86 > \lambda$$

因此，活塞杆不是大柔度杆，不能应用欧拉公式。45 钢为优质碳钢，如用直线经验公式，计算 λ_0：

$$\lambda_0 = (a - \sigma_s) / b = (461 - 350) / 2.568 = 43.2$$

可见，$\lambda_0 < \lambda < \lambda_p$，活塞杆为中柔度杆。由直线公式求出其临界应力为：

$$\sigma_{cr} = a - b\lambda = 461\,\mathrm{MPa} - 2.568\,\mathrm{MPa} \times 62.5 = 301\,\mathrm{MPa}$$

临界载荷为：

$$F_{cr} = \sigma_{cr} A = \sigma_{cr} \pi d^2 / 4 = 478\,\mathrm{kN}$$

活塞杆的工作安全因数为：

$$n = F_{cr} / F = 478 / 41.6 = 11.5 \geqslant n_{st}$$

故满足稳定性要求。

例 3-16　石油化工厂的油管托架如图 3-54 所示。杆 AB 直径 $d = 20$ mm，长 $l = 400$ mm，材料为 Q235 钢。如果取稳定安全因数 $n_{st} = 3$，试确定托架 D 端的许用载荷 P 的大小。

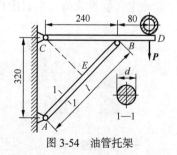

图 3-54　油管托架

解：

杆 AB 两端可简化为铰支压杆，忽略其自重，则可视为二力杆，受轴向压力 F 作用。以杆 CD

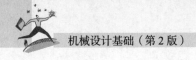

为研究对象，由平衡方程：

$$\Sigma Mc = 0, \quad P(240+80)\text{ mm} - F \cdot CE = 0$$

由几何关系（相似三角形）可得：

$$CE = (240 \times 320 / 400)\text{ mm} = 192\text{ mm}$$

由平衡方程解出：

$$F = (240+80)P/192 = 1.67\ P$$

杆 AB 的柔度为

$$\lambda = \mu l / i = 4\mu l / d = 4 \times 1 \times 400 / 20 = 80 < \lambda_c = 123$$

故杆 AB 为柔度杆。根据钢结构设计规范，用抛物线经验公式计算其临界应力：

$$\sigma_{cr} = a_1 - b_1\lambda^2 = 235\text{ MPa} - 0.006\ 8\text{ MPa} \times 80^2 = 191.5\text{ MPa}$$

临界载荷为：

$$F_{cr} = \sigma_{cr}A = \sigma_{cr}\pi d^2 / 4 = 60.1\text{ kN}$$

根据稳定条件：

$$n = F_{cr} / F \geqslant n_{st}$$
$$F \leqslant F_{cr} / n_{st}$$
$$P \leqslant F_{cr}/(1.67 n_{st}) = 12.0\text{ kN}$$

故托架 D 端的许用载荷不应超过 12.0 kN。

小结

材料力学研究物体受力时的变形情况及如何进行强度计算，为机械设备的零部件确定合适的材料、形状和尺寸，以达到安全及经济的目的。

梁弯曲时强度由危险截面上的危险点的应力水平控制，对梁来说，需考虑弯矩和剪力，存在着 3 类危险截面。相应的，由正应力和切应力考虑，存在着 3 类危险点。对工程上大多数细长梁，一般只按正应力强度条件进行强度计算，提高梁的强度的措施也是围绕着正应力强度采取的。特殊情况下应校核梁的切应力强度以及正应力和切应力均较大的点的强度。

压杆临界载荷的确定和稳定计算是重点，计算压杆的柔度是解决压杆稳定问题的关键。大柔度杆发生弹性屈曲，用欧拉公式确定其临界载荷。中柔度杆发生弹塑性屈曲，用经验公式确定其临界载荷。小柔度杆发生强度失效，可按轴向压缩的强度条件计算。

习题

一、简答题

1. 材料力学研究的任务是什么？

2. 构件变形的基本形式有哪些?

3. 什么是压杆稳定? 如何提高压杆的稳定性?

4. 火车停站时, 常见到铁路工人用小铁锤敲击车轮车轴的情景, 这是为什么?

5. 水管因冬天水结冰而胀裂, 而管内的冰却没有破坏, 试解释其原因。

二、计算题

1. 如图 3-55 所示, 起重机吊钩的上端用螺母固定。若吊钩螺栓部分的直径 $d = 55$ mm, 材料的许用应力$[\sigma] = 80$ MPa, 试校核螺栓部分强度。

2. 如图 3-56 所示, 零件受力 $F = 40$ kN, 其尺寸见图, 试求销杆上的剪应力和挤压应力。

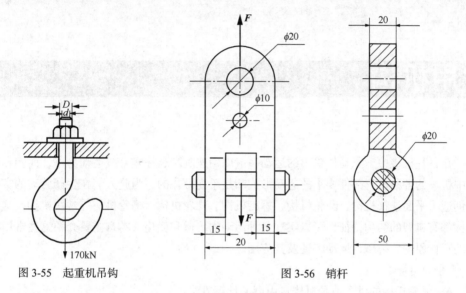

图 3-55　起重机吊钩　　　　　图 3-56　销杆

3. 阶梯轴 AB 尺寸如图 3-57 所示, 外力偶矩 $M_B = 1500$ M·m, $M_A = 600$ M·m, $M_C = 900$ N·m, 材料的许用应力$[\tau] = 60$ MPa, 试校核轴的强度。

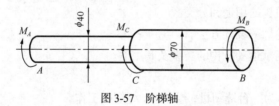

图 3-57　阶梯轴

4. 图 3-58 扭转切应力分布是否正确? (其中 M_n 为该截面的扭矩)

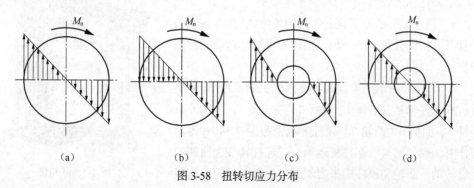

(a)　　　　　　　(b)　　　　　　　(c)　　　　　　　(d)

图 3-58　扭转切应力分布

第**4**章

常用机构

在各种机械中，原动件输出的运动一般以匀速旋转和往复直线运动为主，而实际生产中机械的各种执行部件要求的运动形式却是千变万化的，为此人们在生产劳动的实践中创造了平面连杆机构、凸轮机构、螺旋机构、棘轮机构、槽轮机构等常用机构，这些机构都有典型的结构特征，可以实现各种运动的传递和变化。本章主要介绍这些常用机构的工作原理、类型、运动特性及其应用。

【学习目标】

- 明确机构的概念以及机构自由度的计算方法。
- 明确铰链四杆机构的主要形式及其用途。
- 了解平面四杆机构的典型运动特性。
- 明确凸轮机构的用途和分类。
- 掌握凸轮轮廓的设计方法。
- 了解常用间歇运动机构的类型及其用途。

【观察与思考】

- 图 4-1 所示为一台缝纫机，想一想，缝纫机工作的关键是什么？主要通过什么机构来实现？完成本章的学习后验证你的观点。
- 图 4-2 所示为工业上常用的喷涂机械手，该机械手具有灵活的关节，想一想，怎样实现对其运动的控制操作。
- 图 4-3 所示为单缸四冲程内燃机的机构图。其主要构成元件包括气缸体 1、活塞 2、进气阀 3、排气阀 4、连杆 5、曲柄 6、凸轮 7、顶杆 8 以及齿轮 9 和 10 等。工作时，燃气推动活塞往复运动，经连杆转变为曲柄的连续转动，凸轮和顶杆用来启闭进气和排气阀门。这保

图 4-1　缝纫机

证了曲柄每转过两周，进气阀和排气阀各启闭一次，只有这样，内燃机各构件才能协调工作。想一想，要实现这样的运动协调性，需要解决哪些问题？

图 4-2　喷涂机械手

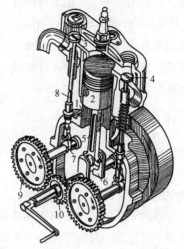

图 4-3　单缸四冲程内燃机的机构图

从上述实例可知，在各类机械中，为了传递运动或变换运动形式使用了各种类型的机构。机构由具有确定相对运动的构件组成，以实现确定的相对运动。

4.1　平面机构的结构分析

机器中大都包含了能够产生相对运动的零部件，不同机器上的零部件的运动形式和运动规律具有多样性，如转动、往复直线移动、摆动、间歇运动或者按照特定轨迹运动等。

图 4-4（a）所示为曲柄滑块机构，左侧曲柄转动时，右侧滑块在滑槽内作直线移动。

图 4-4（b）所示为滚动轴承，球形滚动体可以在轴承内外圈之间自由滚动。

图 4-4（c）所示为齿轮机构，啮合的一对渐开线轮齿的表面之间可以相互滑动。

（a）连杆机构　　　　　　　（b）滚动轴承　　　　　　　（c）一对齿轮

图 4-4　不同的运动构件

4.1.1　机构的组成

任何机器都是由许多零件组合而成的，如图 4-3 所示内燃机就是由气缸、活塞、连杆体、连杆头、曲柄、齿轮等一系列零件组成的。这些零件有的是作为一个独立的运动单元体而运动的，有的则需要与其他零件刚性地连接在一起作为一个整体而运动。图 4-5 所示的连杆就是由连杆体、衬套、螺栓、轴瓦、连杆盖、螺母、开口销等零件刚性地连接在一起作为一个整体而运动的。

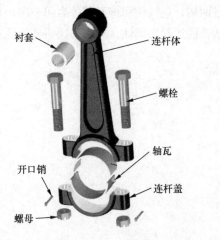

衬套　连杆体
螺栓
轴瓦
开口销　连杆盖
螺母

图 4-5　连杆

1. 构件

根据机器功能和结构的不同，一些零件需要固联成没有相对运动的刚性组合，成为一个独立的运动单元，这就是构件。

构件与零件的本质区别在于：构件是运动的基本单元，而零件是制造的基本单元。一个构件中可以包含多个固连在一起的零件，一个单独的零件可以是一个最简单的构件。

2. 运动副

一个典型的机械通常都由许多构件组合而成，这些构件彼此不是孤立的，而是通过一定的相互制约和接触构成保持确定相对运动的"可动连接"。这种由两个构件组成，既具有一定约束又具有一定相对运动的连接，称为运动副。

两构件组成的运动副，是通过点、线或面接触来实现的。

按照接触方式不同，通常把运动副分为低副和高副两类。这两种运动副都是平面运动副，构件工作时主要作平面运动。如果构件可以在三维空间中运动，则构成空间运动副。

（1）低副

通过面接触而构成的运动副称为低副，由于低副具有制造简便、耐磨损和承载力强等特点，在机械中应用最广。

根据组成运动副的两个构件之间相对运动性质不同，低副可分为转动副和移动副两类。

转动副的两个构件只能绕着某一轴线相对转动，如图 4-6 所示；移动副的两个构件只能沿着某一轴线方向相对移动，如图 4-7 所示。低副通常引入两个约束。

图 4-6　转动副

图 4-7　移动副

（2）高副

通过点或线接触而构成的运动副称为高副，常见的高副有凸轮副、齿轮副等，如图 4-8（a）和图 4-8（b）所示。

齿轮啮合时，两齿轮可沿接触处公切线 *t-t* 方向做相对移动，也能在回转平面内绕轴线转动，但沿接触处法线方向的相对移动受到约束。高副通常引入一个约束。

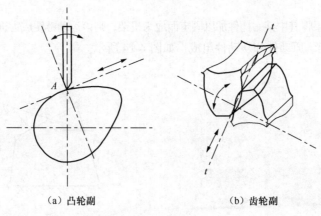

（a）凸轮副　　　　　　　　　　　（b）齿轮副

图 4-8　高副

（3）空间运动副

前面介绍的运动副中，组成运动副的两个构件通常做平面运动，因此是平面运动副。

在机械运动中通常还使用球面副和螺旋副等传动副。球面副中的构件可绕空间坐标系做空间转动，如图 4-9 所示；而螺旋副中的两构件同时作转动和移动的合成运动，通常称为螺旋运动，如图 4-10 所示。这些运动副中的两构件间的相对运动是空间运动，因而称为空间运动副。

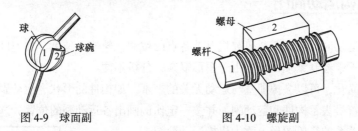

图 4-9　球面副　　　　　　　　　图 4-10　螺旋副

3．运动链

构件通过运动副的连接而构成的可相对运动的系统称为运动链。如果组成运动链的各构件构成了首末封闭的系统则为闭式运动链，如图 4-11 所示；如果组成运动链的构件未构成首末封闭的系统则为开式运动链，如图 4-12 所示。

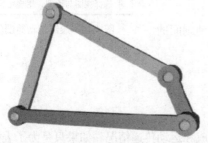

图 4-11　闭式运动链

图 4-12　开式运动链

4. 机构

在运动链中，如果将其中某一构件加以固定而成为机架，则该运动链便成为机构。如图 4-13 所示。机构通常由机架、原动件和从动件组成，如图 4-14 所示。

图 4-13 平面四杆机构

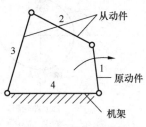

图 4-14 机构的组成

机构中的固定构件称为机架，工作时通常不做任何运动。

机构中按给定的已知运动规律独立运动的构件称为原动件，常在其上加箭头表示。

机构中的其余活动构件则为从动件，从动件的运动规律决定于原动件的运动规律和机构的结构及构件的尺寸。

4.1.2 机构运动简图

研究机械的运动时，通常需要研究机器上各点的位移、轨迹、速度、加速度等数值，如果使用实物结构图，不仅绘制繁琐，而且由于图形复杂，分析不便。

为了使问题简化，可以去掉那些与运动无关的因素，如构件的形状、运动副的具体构造等，仅用简单线条和符号表示构件和运动副，并按一定比例画出各运动副的位置，这种说明机构中各构件间相对运动关系的简单图形，称为机构运动简图。

绘制机构运动简图的主要步骤如图 4-15 所示。

例 4-1 画出如图 4-3 所示内燃机的机构运动简图。

解：

此内燃机由齿轮机构、凸轮机构和四杆机构构成，共有 4 个转动副、3 个移动副、1 个齿轮副和 2 个凸轮副。

最后确定绘图步骤如下。

① 选择视图平面。

② 选择比例尺，并根据机构运动尺寸确定各运动副间的相对位置。

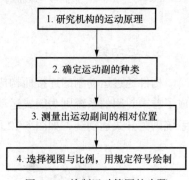

图 4-15 绘制运动简图的步骤

③ 画出各运动副和机构符号，并画出各构件。

④ 完成必要的标注。

完成后的机构运动简图如图 4-16 所示。

根据机构的运动简图，能分析出机构的主要构成和运动传递情况。如果只是为了表明机械的结构状况，也可以不按严格的比例来绘制简图，通常把这样的简图称为机构示意图。

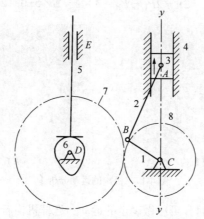

1—曲轴；2—连杆；3—活塞；4—缸体；

5—阀杆；6—凸轮；7，8—齿轮

图 4-16　内燃机的运动简图

4.1.3　机构具有确定运动的条件

一个机器要能够正常工作，组成机器的各个机构必须具有确定的运动。确定的运动是指机构首先必须具有运动，同时机构的运动形式是唯一确定的。

1. 平面机构的自由度及其计算

一本书放在桌面可以做哪些运动？

书在桌面上可以沿着桌面的长度和宽度两个方向移动，同时还可以绕垂直与桌面的轴线转动。因此，一个做平面运动的自由构件通常具有 3 个独立运动。我们把构件具有的独立运动称为构件的自由度。

若平面机构中的活动构件数为 n（不包括机架），在未用运动副连接前共有 $3n$ 个自由度。当用 P_L 个低副和 P_H 个高副连接组成机构后，每个低副引入 2 个约束，每个高副引入 1 个约束，共引入 $2P_L + P_H$ 个约束。

因此，平面机构的自由度的计算公式为

$$F = 3n - 2P_L - P_H$$

2. 机构具有确定运动的条件

我们首先学习一组实例。

例 4-2　分别计算图 4-17 所示四杆机构和五杆机构的自由度，并判断这些机构能否做确定的运动。

解：

四杆机构有 3 个活动构件，4 个转动副，没有高副，则自由度为

$$F = 3n - 2P_L - P_H = 3 \times 3 - 2 \times 4 - 0 = 1$$

五杆机构有 4 个活动构件，5 个转动副，没有高副，则自由度为

$$F = 3n - 2P_L - P_H = 3 \times 4 - 2 \times 5 - 0 = 2$$

（a）四杆机构

（b）五杆机构

图 4-17　机构的运动分析 1

四杆机构只有 1 个原动件时，可以做确定的运动；五杆机构若只有 1 个原动件，则五杆机构的运动不确定。

例 4-3　分别判断图 4-18 所示四杆机构和五杆机构能否做确定的运动。

（a）四杆机构

（b）五杆机构

图 4-18　机构的运动分析 2

解：

对于四杆机构，若有 2 个原动件，则机构不能产生任何运动，在不恰当的外力作用下机构还可能被破坏。

对于五杆机构，若有 2 个原动件，则五杆机构具有确定的运动。

最后总结机构具有确定运动的条件如下。

① 机构自由度大于 0。

② 机构原动件数目等于机构自由度数目。

3. 计算平面机构自由度应注意的事项

实际工作中，机构的组成更加复杂，这时采用公式：$F = 3n - 2P_L - P_H$ 计算自由度时可能出现差错，这是由于机构中常常存在一些特殊的结构形式，计算时需要特殊处理。

（1）复合铰链

两个以上的构件同时在一处用转动副相连接时构成复合铰链。

如有 m 个构件在一处组成复合铰链，应含有（$m-1$）个转动副。

例 4-4　观察图 4-19 所示摇杆机构的运动简图，计算其自由度。

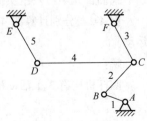

图 4-19　摇杆机构

解：

粗看该机构包括 4 个活动构件以及 A、B、C、D、E 和 F 等 6 个铰链组成 6 个回转副，从而计算自由度为

$$F = 3n - 2P_L - P_H = 3 \times 5 - 2 \times 6 - 0 = 3$$

这样，似乎机构必须具有 3 个原动件才具有确定的运动，但是这与实际情况并不相符。

这种计算忽略了构件 2、3、4 在铰链 C 构成了复合铰链，组成了 2 个同轴回转副，因此，该机构总的回转副应该是 7 个。

重新计算自由度为

$$F = 3n - 2P_L - P_H = 3 \times 5 - 2 \times 7 - 0 = 1$$

这样，机构在一个原动件驱动下即可具有确定的运动。

（2）局部自由度

机构中与输出构件运动无关的自由度称为局部自由度，这种自由度不影响输入和输出构件之间的运动关系，在计算时应予以排除。

例 4-5　计算图 4-20（a）所示凸轮机构中的自由度，其中凸轮为原动件。

解：

该机构中有 3 个活动构件（凸轮、滚子和推杆），2 个转动副，1 个移动副，1 个高副。

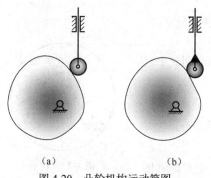

（a）　　　　　　（b）

图 4-20　凸轮机构运动简图

计算其自由度为

$$F = 3n - 2P_L - P_H = 3 \times 3 - 2 \times 3 - 1 = 2$$

按照计算结果，原动件数量小于自由度，没有确定的运动。但实际上该凸轮机构具有确定的运动，这是为什么？

思考在凸轮机构中滚子的作用，其运动对推杆的运动并无直接影响。

在实际计算中，可以假想将滚子与从动件焊在一起，如图 4-20（b）所示，此时减少 1 个活动构件，减少 1 个转动副，其自由度为

$$F = 3n - 2P_L - P_H = 3 \times 2 - 2 \times 2 - 1 = 1$$

这样，机构由一个原动件驱动，具有确定的运动，与实际运动相符。

局部自由度的存在对机构的正常运行往往具有一定的实际意义，如凸轮中的滚子绕其自身轴线的自由转动不但可以减小滚子与凸轮之间的摩擦力，还可以使滚子的磨损均匀，避免过大的形变。

（3）虚约束

在机构引入的约束中，有些约束对机构自由度的影响与其他约束重复，这些重复的约束称为虚约束，在计算自由度时应予以去除。

下面举例说明虚约束的主要形式。

① 导路平行或重合的移动副：如果机构的两构件构成多个导路相互平行的移动副，在计算时只能按一个移动副计算，其余的则作为虚约束处理。

在图 4-21 所示曲柄滑块机构中，D 均为机架，与杆只有一个起约束作用，组成一个移动副，另一个则为虚约束。

② 轨迹重合：如果在特定约束下的运动轨迹与在没有该约束作用下的运动轨迹一致，则该约束为虚约束。

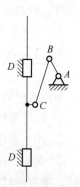

图 4-21　曲柄滑块机构

例 4-6 观察图 4-22 所示的平行四边形机构，计算其自由度，判断是否具有确定的运动？

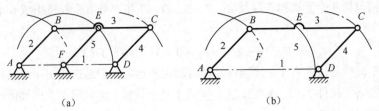

（a）　　　　　　　　　　　　　　　　（b）

图 4-22　平行四边形机构

解：

该机构具有 4 个活动构件，6 个低副，没有高副。

计算其自由度为

$$F = 3n - 2P_L - P_H = 3 \times 4 - 2 \times 6 - 0 = 0$$

从计算结果得到：该平行四边形机构不能运动，与实际不相符。

分析机构特点不难发现，平行机构中杆件 3 做平移运动。由于杆 EF 与杆 AB 和 CD 平行且等长，因此杆 EF 对机构的运动不产生任何影响。所以在计算该机构自由度时，应将该构件 EF 及转动副 E、F 按虚约束去掉，如图 4-22（b）所示。

重新计算其自由度为

$$F = 3n - 2P_L - P_H = 3 \times 3 - 2 \times 4 - 0 = 1$$

最后得到的结果与实际运动情况相符合。

③ 对称结构：如果机构中具有结构完全相同的对称结构，则其中对传递运动不起独立作用的对称部分形成虚约束。

如图 4-23 所示的轮系，为了受力均衡安装了 3 个行星轮，但从机构运动传递来看，仅有一个行星轮即可实现既定的运动，而其余两个行星轮并不影响机构的运动传递，故为虚约束。

机构中的虚约束虽然不会对机构的运动特点产生影响，但是能够增加系统的刚度，平衡受力，从而改善机构的受力情况，减小机构的运动负荷。

图 4-23　轮系

4.2　平面连杆机构

平面连杆机构由若干个刚性构件通过转动副或移动副连接而成，也称平面低副机构，组成平面连杆机构的各构件的相对运动均在同一平面或相互平行的平面内。

4.2.1　平面连杆机构的特点

平面连杆机构在机械设计中应用广泛，其主要特点如下。

① 连杆机构为低副机构，运动副为面接触，压强小，承载能力大，耐冲击。

② 用平面连杆机构传递力时，应力小，便于润滑，且磨损较轻。

③ 在原动件运动规律不变情况下，通过改变各构件的相对长度可以使从动件得到不同的运动规律，能方便地实现转动、移动等基本运动形式及各种运动形式的转换等。

④ 运动副元素的几何形状多为平面或圆柱面，便于加工制造和保证精度。

⑤ 可以通过改变连杆结构以满足不同运动轨迹的设计要求。

⑥ 由于运动积累误差较大，因而影响传动精度，故平面连杆机构难以实现精确和较复杂的运动。

⑦ 由于惯性力不好平衡，因此连杆机构不适于高速传动。

⑧ 连杆机构的设计方法比较复杂。

平面连杆机构的构件形状多样，但大多数是杆状，故常把平面连杆机构中的构件称为"杆"。其中最常用的是由 4 个构件组成的平面连杆机构——平面四杆机构，简称"四杆机构"，它不仅得到广泛应用，而且还是分析多杆机构的基础。

4.2.2　铰链四杆机构的基本形式

平面四杆机构种类繁多，其中可以包含一个或多个转动副和移动副。全部用转动副相连的平面四杆机构称为铰链四杆机构，是四杆机构中最常见和最基础的类型，如图 4-24 所示。

1. 铰链四杆机构的组成

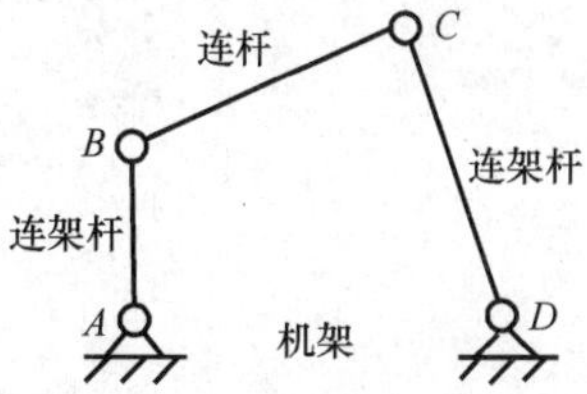

铰链四杆机构的主要组成部分如下。

① 机架：机构中固定不动的构件，如杆 AD。

② 连架杆：与机架相连的构件，如杆 AB 和 CD。

③ 连杆：不与机架直接相连的构件，如杆 BC。

④ 曲柄：连架杆中，能作整周回转的杆件称为曲柄。

⑤ 摇杆：连架杆中，只能作往复摆动的杆件称为摇杆。

图 4-24　铰链四杆机构

根据两连架杆中曲柄（或摇杆）的数目，铰链四杆机构可分为曲柄摇杆机构、双曲柄机构和双摇杆机构。

2. 曲柄摇杆机构

两个连架杆中，一个是曲柄，另一个是摇杆的铰链四杆机构称为曲柄摇杆机构。通常曲柄作为主动件，可以将曲柄的连续转动转化为摇杆的往复摆动，而连杆则作平面复杂运动。

图 4-25 所示为食品设备中的物料搅拌机构，当曲柄旋转时，利用连杆上 E 点的运动可以实现对物料的搅拌操作。

（a）搅拌机构　　　　　　　　　　　（b）搅拌过程

图 4-25　物料搅拌机构

【思考】

在曲柄摇杆机构中，摇杆能否作为原动件？

75

若以摇杆为原动件时，可将摇杆的摆动转变为曲柄的整周转动。在图4-1所示的缝纫机驱动机构中，当踏板做往复摆动时，通过连杆带动曲柄上的皮带轮做整周旋转，驱动缝纫机头的机构工作。

【练习】

① 想一想，图4-26所示雷达天线俯仰搜索机构是如何工作的？

② 想一想，图4-27所示飞剪机构是如何工作的？

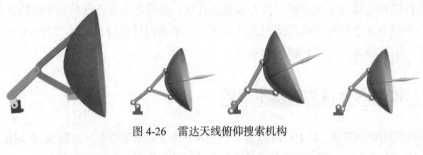

图4-26　雷达天线俯仰搜索机构

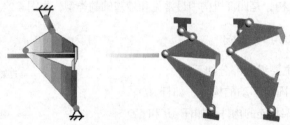

图4-27　飞剪机构

3．双曲柄机构

在铰链四杆机构中，如果两个连架杆都是曲柄，该机构则为双曲柄机构。

惯性筛工作原理如图4-28所示，当主动曲柄AB转动时，带动连杆BC、从动曲柄CD和连杆BC，再通过连杆CE带动滑块E（筛）做水平往复移动。该机构由双曲柄机构添加了一个连杆和一个滑块所组成。

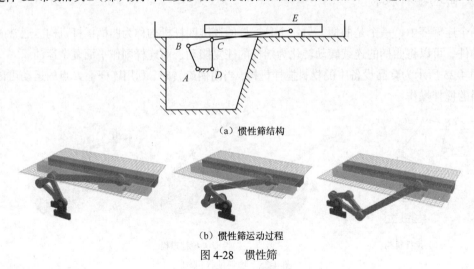

（a）惯性筛结构

（b）惯性筛运动过程

图4-28　惯性筛

双曲柄机构运动特点为：如果两个曲柄的长度不相等，则当主动曲柄作匀速转动时，从动曲柄作周期性的变速运动。

在双曲柄机构中，如果两个曲柄的长度相等，且机架与连杆的长度也相等，则为平行双曲柄机构，当机架与连杆平行时，也称为正平行四边形机构。图 4-29 所示机车车轮联动机构中的 *ABCD* 就是一个正平行四边形机构，主动曲柄 *AB* 与从动曲柄 *CD* 作同速同向转动，连杆 *BC* 则作平移运动。

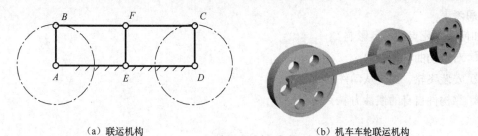

（a）联运机构　　　　　　　　　　　　　　（b）机车车轮联运机构

图 4-29　机车车轮联动机构

【练习】

① 取消连杆 *EF*，对两个车轮的运动是否有影响？

② 该机构中，连杆 *BC* 做什么运动？

取消连杆 *EF*，对两个车轮的运动没有影响。当平行双曲柄机构的 4 个铰链中心处于同一直线上时，将出现运动的不确定状态。为避免这种现象发生，可在从动杆上附加一个有一定转动惯量的飞轮等辅助装置来加以解决，如机车车轮中的 *EF* 即可当作一个辅助曲柄。

4. 双摇杆机构

若铰链四杆机构的两个连架杆都是摇杆，则称为双摇杆机构。

图 4-30 所示鹤式起重机中，*ABCD* 为一双摇杆机构，当主动摇杆 *AB* 摆动时，从动摇杆 *CD* 也随着摆动，从而使连杆延长线上的重物悬挂点 *E* 做平面运动。

图 4-31 所示的飞机起落架中，*ABCD* 构成一个双摇杆机构。工作时，摇杆 *AB* 摆动，带动摇杆 *CD* 摆动，将飞机轮放下。

此时，*AB* 与 *BC* 连线，主动件 *AB* 通过连杆作用于从动件 *CD* 上的力恰好通过其回转中心，出现了不能使构件 *CD* 转动的"顶死"现象，机构的这种位置称为"死点"。这时无论飞机施加在 *AB* 上的力有多大，都不能使 *BC* 转动，不会影响飞机的正常着陆。

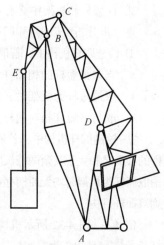

图 4-30　鹤式起重机

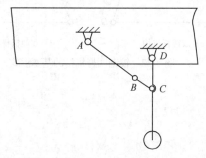

（a）飞机起落架原理　　　　　　　　　　（b）飞机起落架的结构

图 4-31　飞机起落架

死点位置会使机构的从动件出现卡死或者使运动出现不确定性现象。为了消除这种现象，可以给从动摇杆施加外力或利用飞轮及构件自身的惯性作用，使机构顺利通过死点位置。但有些机构需要利用死点位置，如飞机的起落架和某些夹紧装置的防松机构。

【思考】

如何消除死点的不良影响？

① 对从动曲柄加外力。

② 安装飞轮，加大从动件的惯性力。

③ 靠构件自身的惯性力。

4.2.3　铰链四杆机构存在曲柄的条件

在铰链四杆机构中，通常需要判断是否存在能够作整周回转运动的曲柄。有的机构具有一个或多个曲柄，有的机构则没有曲柄存在。

通过理论分析得知，在铰链四杆机构中，若以下两个条件同时满足时，则存在曲柄。

① 最短杆与最长杆的长度之和小于或等于其他两杆长度之和。

② 连架杆和机架中必有一个是最短杆。

进一步分析可以得到以下重要结论。

① 铰链四杆机构中，若最短杆与最长杆的长度之和小于或等于其余两杆长度之和。

- 当取最短杆的相邻杆为机架时，得曲柄摇杆机构。
- 取最短杆为机架时，得双曲柄机构。
- 取与最短杆相对的杆为机架时，得双摇杆机构。

② 铰链四杆机构中，若最短杆与最长杆的长度之和大于其余两杆长度之和，则不论取何杆为机架时均无曲柄存在，而只能得到双摇杆机构。

例 4-7　图 4-32 所示机构的尺寸满足杆长条件，且 AB 为最短杆。试分析当取不同构件为机架时各得到什么机构？

解：

图（a）、（b）所示为以与最短杆相邻的杆件为机架，均为曲柄摇杆机构。

图（c）所示为以与最短杆相对的杆件为机架，为双摇杆机构。

图（d）所示为以最短杆为机架，为双曲柄机构。

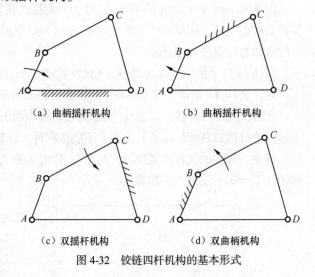

(a) 曲柄摇杆机构　　　　(b) 曲柄摇杆机构

(c) 双摇杆机构　　　　(d) 双曲柄机构

图 4-32　铰链四杆机构的基本形式

4.2.4　平面四杆机构的基本特性

平面四杆机构工作时，由于构件的长度不同以及各构件的用途不同，其形式具有多样性，同时，机构也表现出一些重要特性，掌握这些特性有利于我们更好地使用这些机构。

1. 急回特性

如图 4-33 所示，当曲柄顺时针方向匀速从 AB 旋转到 AB_2 时，转过的角度为

$$\varphi_1 = 180° + \theta$$

所用时间为 t_1

$$t_1 = \varphi_1 / \omega$$

此时，摇杆从 C_1D 摆到 C_2D，摆角为 ψ。则摇杆 C 点的平均速度为

$$v_1 = \frac{C_1C_2}{t_1}$$

当曲柄继续匀速从 AB_2 转到 AB_1，转过的角度为

$$\varphi_2 = 180° - \theta$$

所用时间为 t_2

$$t_2 = \varphi_2 / \omega$$

此时，摇杆从 C_2D 摆回到 C_1D，摆角仍为 ψ，则摇杆 C 点的平均速度为

$$v_2 = \frac{C_2C_1}{t_2}$$

显然，$v_1 < v_2$。

从以上分析不难得知，这种主动件作等速运动，从动件空回行程平均速度大于工作行程平均速度的特性，称为连杆机构的急回特性。

牛头刨床、往复式运输机等机械就是利用这种急回特性来缩短非生产时间，提高生产效率的。

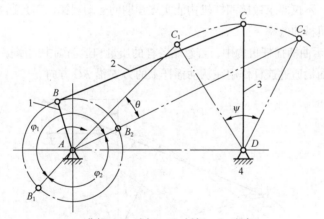

1—曲柄；2—连杆；3—摇杆；4—机架

图 4-33　曲柄摇杆机构急回运动的性质

2. 行程速比系数和极位夹角

从动摇杆的急回运动程度可用行程速比系数 K 来描述，即

$$K = \frac{v_2}{v_1} = \frac{t_1}{t_2} = \frac{\varphi_1}{\varphi_2} = \frac{180° + \theta}{180° - \theta}$$

或

$$\theta = 180° \frac{K-1}{K+1}$$

此时的 θ 称为极位夹角，如图 4-33 所示。

由此可见，平面连杆机构有无急回特性取决于有无极位夹角，$\theta = 0$，则机构没有急回特性。而机构急回运动的程度取决于极位夹角 θ 的大小，θ 越大，K 越大，机构的急回特性越显著。

观察图 4-34 的两种机构，判断其是否具有急回特性？

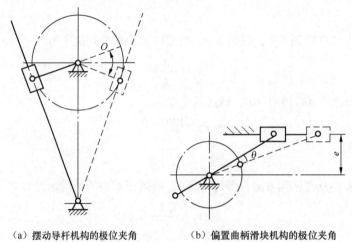

（a）摆动导杆机构的极位夹角　　（b）偏置曲柄滑块机构的极位夹角

图 4-34　两个运动机构

3．压力角和传动角

在生产实际中，不仅要求铰链四杆机构能实现预期的运动规律，而且还希望机构具有较好的传力性能，以提高机械的效率。

在如图 4-35 所示曲柄摇杆机构中，若忽略各杆的质量和运动副中的摩擦，连杆 BC 是二力共线的构件，原动件曲柄通过连杆作用在从动摇杆上的力 F 沿 BC 方向。

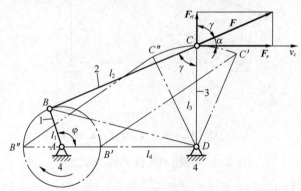

1—曲柄；2—连杆；3—摇杆；4—机架

图 4-35　四杆机构的传动角与压力角

从动件所受压力 F 与受力点速度 v_c 之间所夹的锐角 α 称为压力角。显然，压力角越小，机构的传力性能越好，驱动力能够更多地转化为机构直接推力。

在实际应用中，为度量方便，常以压力角 α 的余角 $\gamma = 90° - \alpha$ 来判断连杆机构的传力性能。γ

称为传动角，显然，γ 越大，机构的传力性能越好。

机构在什么位置时，对传动最有利？当机构处于连杆与从动摇杆垂直状态时，即 $\gamma = 90°$，对传动最有利。

在机构运转过程中，传动角 γ 是变化的，为了保证机构能正常工作，常取最小传动角 γ_{min} 大于或等于许用传动角 $[\gamma]$，$[\gamma]$ 的选取与传递功率、运转速度、制造精度和运动副中的摩擦等因素有关。对于一般传动，可取 $[\gamma] = 40°$；而高速和大功率传动时，可取 $[\gamma] = 50°$。

4. 死点位置

图 4-36 所示曲柄摇杆机构中，若以摇杆 3 作为原动件，而曲柄 1 为从动件，在摇杆处于极限位置 C_1D 和 C_2D 时，连杆与曲柄两次共线，此时传动角为 0°。

若忽略各杆质量，则这时连杆传动给曲柄的力，将通过铰链中心 A，此力对 A 点不产生力矩，因此，不能使曲柄转动，机构的该位置称为死点位置。

当机构处于死点位置时，从动件将发生自锁，出现卡死现象；或受到突然外力的影响，从动件则会出现运动方向不确定现象。

在日常生活中，有许多利用机构死点的实例，如前面讲过的飞机起落架，以及生活中使用的折叠椅等。

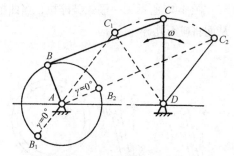

图 4-36　曲柄摇杆机构中的死点

4.2.5　铰链四杆机构的演化形式

除了前面讲述的曲柄摇杆、双曲柄和双摇杆机构外，在机械中还广泛地采用其他形式的四杆机构，不过，这些形式的四杆机构可认为是由基本形式演化而来的。

1. 改变构件的形状和运动尺寸

改变已有机构上构件的形状以及主要构件的尺寸，可以获得一系列具有特殊特性的机构。

（1）具有曲线导轨的曲柄滑块机构

如图 4-37 所示曲柄摇杆机构运动时，铰链 C 将沿圆弧 β-β 往复运动。如果将摇杆 3 做成滑块，铰链四杆机构就演化为具有曲线导轨的曲柄滑块机构。

（2）曲柄滑块机构

将图 4-38 中摇杆 3 的长度增至无穷大，则曲线导轨将变成直线导轨，于是机构就演化为曲柄滑块机构，其中 e 为偏心距。

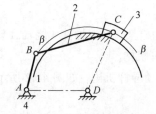

图 4-37　具有曲线导轨的曲柄滑块

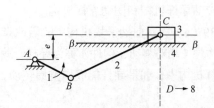

图 4-38　曲柄滑块机构

如果偏心距 $e = 0$，则可得到对心曲柄滑块机构。曲柄滑块机构在冲床、内燃机、空压机等中得到了广泛的应用。

2. 改变运动副的尺寸

图 4-39 所示曲柄滑块机构中，当曲柄很短时，可将转动副 B 的尺寸扩大到超过曲柄长度，则曲柄演化成几何中心 B 不与转动中心 A 重合的圆盘，该圆盘称为偏心轮，含有偏心轮的机构称为偏心轮机构。

偏心轮机构可认为是由曲柄滑块机构中的转动副 B 的半径扩大，使之超过曲柄的长度演化而成。

偏心轮机构的运动特性与曲柄滑块机构完全相同，在锻压设备和柱塞泵等中应用较广。

图 4-40 所示为一颚式破碎机，当曲柄 1 绕轴心 A 连续回转时，动颚板 3 绕轴心 B 往复摆动，从而将矿石轧碎。

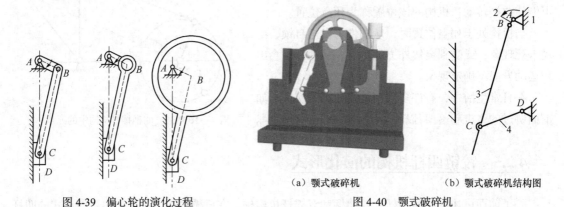

图 4-39　偏心轮的演化过程

（a）颚式破碎机　　　（b）颚式破碎机结构图

图 4-40　颚式破碎机

【练习】

若将图 4-39 中的移动副 D 的尺寸扩大，将出现什么机构？

图 4-41 所示为滑块内置式偏心轮机构，该机构可认为是由将图 4-39 所示移动副 D 的滑块尺寸扩大，使之超过整个偏心轮机构的尺寸演化所得。

 　当曲柄很短，曲柄销需承受较大冲击而工作行程小时，增大轴颈尺寸，提高偏心轴的强度和刚度，该结构广泛用于传力较大的剪床、冲床等机械中。

3. 选用不同的构件为机架

选运动链中不同构件作为机架以获得不同机构的演化方法称为机构的倒置。

（1）转动导杆机构和摆动导杆机构

图 4-39（a）所示曲柄滑块机构中，若改选构件 AB 为机架，此时构件 4 绕轴 A 转动，而构件 3 则沿构件 4 相对移动，构件 4 称为导杆，此机构为导杆机构。

在导杆机构中，如果导杆能够作整周转动，则称为转动导杆机构，如图 4-42 所示的回转柱塞泵。

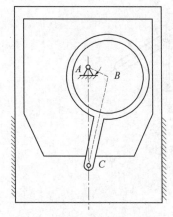

图 4-41　滑块内置式偏心轮机构

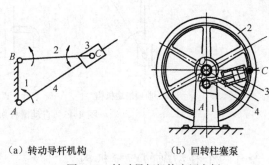

（a）转动导杆机构　　　　（b）回转柱塞泵

图 4-42　转动导杆机构应用实例

如果导杆仅能摆动，则称为摆动导杆机构，图 4-43 所示牛头刨床的导杆机构就是摆动导杆机构的一个应用。

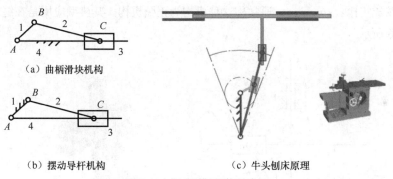

（a）曲柄滑块机构

（b）摆动导杆机构　　　　　　　（c）牛头刨床原理

图 4-43　摆动导杆机构的应用

（2）曲柄摇块机构

曲柄滑块机构中，若改选连杆 *BC* 为机架，则演化为曲柄摇块机构。其中，滑块仅能绕中心 *C* 摇摆。自动卡车翻斗机构就是曲柄摇块的应用实例，当油缸 3 中压力油推动活塞 4 运动时，车厢 1 边绕 *B* 轴转动，达到自动卸车的目的，如图 4-44 所示。

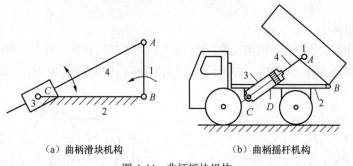

（a）曲柄滑块机构　　　　　　　（b）曲柄摇杆机构

图 4-44　曲柄摇块机构

（3）移动导杆机构

曲柄滑块机构中，若改选滑块 3 为机架，则机构演化为直动滑杆机构，此时的构件 4 称为导杆，抽水用的手摇汲筒就是移动导杆机构的应用实例，如图 4-45 所示。

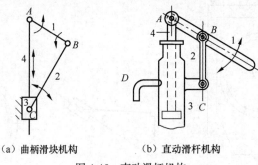

（a）曲柄滑块机构   （b）直动滑杆机构

图 4-45　直动滑杆机构

4. 含有两个移动副的四杆机构

含有两个移动副的四杆机构也称为双滑块结构。

（1）正弦机构

两个移动副相邻，且其中一个移动副与机架相关联，这种机构中从动件 3 的位移与原动件的转角 φ 的正弦成正比：$s = a\sin\varphi$，通常称这种机构为正弦机构。其典型应用是在缝纫机的跳针机构，如图 4-46 所示。

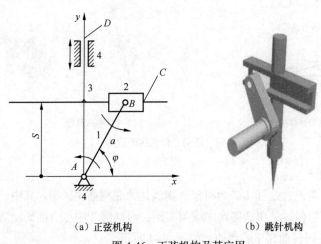

（a）正弦机构   （b）跳针机构

图 4-46　正弦机构及其应用

（2）双转块机构

两个移动副相邻，且均不与机架关联，此时，主动件 1 与从动件 3 具有相等的角速度。图 4-47 所示滑块联轴器就是这种机构的应用实例，可以用来连接中心线平行但不重合的两根传动轴。

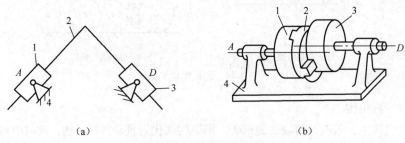

（a）   （b）

图 4-47　双转块机构

（3）双滑块机构。两个移动副都与机架相关联。图 4-48 所示椭圆仪中，当滑块 1 和滑块 3 沿着机架的十字槽滑动时，连杆 2 上各点可以绘制出长、短轴不同的椭圆。

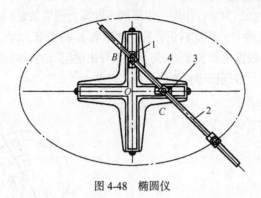

图 4-48　椭圆仪

4.2.6　平面四杆机构的设计

平面四杆机构中的运动副都是低副，接触压力小，不易磨损且易于加工。四杆机构中作复杂运动的连杆能够实现较复杂的运动规律，因此在各类设备中应用广泛。

四杆机构的设计实际上是运动设计，即根据从动件要求的运动规律来设计机构的主要尺寸。其中最常用的方法有图解法、解析法以及实验法等。

1.　图解法

图解法直观性强、简单易行，是连杆机构设计的一种基本方法。但是其设计精度低，并且对于不同的设计要求，图解的方法差异也较大。对于较复杂的设计要求，图解法很难解决。图解法主要解决机构的位置设计问题，简单直观，能快速获得理想的设计方案。

2.　解析法

解析法精度较高，但计算量大，在早期的设计中设计工作量大。但是随着计算机及数值计算方法的迅速发展，解析法已得到广泛应用。

3.　实验法

实验法通常用于设计运动要求比较复杂的连杆机构，或者用于对机构进行初步设计。

下面举例说明使用图解法设计平面四杆机构的基本过程。

例 4-8　在四杆机构中，已知摇杆 CD 的长度 l_{CD}、摆角 φ，行程速比系数 K 的大小，试设计该四杆机构。

解：

① 根据公式计算出极位夹角为

$$\theta = 180° \frac{K-1}{K+1}$$

② 选定作图比例尺 μ_1，任意选取一点作为回转副 D 的位置，按照给定摇杆长度 l_{CD} 及摆角 φ

做出摇杆的两个极限位置 C_1D 和 C_2D。

③ 连接 $\overline{C_1C_2}$，并作 $\angle C_1C_2O=\angle C_2C_1O=90°-\theta$ 的两条直线，使其相交于 O 点，则 $\angle C_1OC_2=2\theta$。

④ 以 O 点为圆心，$\overline{OC_1}$ 为半径作圆，由于同一圆弧上圆周角是圆心角的一半，在此圆上任取一点 A 作为曲柄的回转中心，均能满足行程速比系数 K 的要求，即：使得 $\angle C_1AC_2=\theta$，因此本例应该有多解。然后再根据机架长度 l_{AD} 等其他条件来确定 A 点的准确位置。

⑤ 确定 A 点位置后，根据极限位置曲柄与连杆共线原理可得到方程为

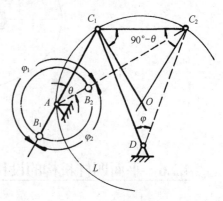

$$l_{Ac_1} = \overline{C_1A} \cdot \mu_l = l_{BC} - l_{AB}$$

$$l_{Ac_2} = \overline{C_2A} \cdot \mu_l = l_{BC} + l_{AB}$$

求解得到：

$$l_{AB} = \frac{l_{AC_2} - l_{AC_1}}{2}$$

$$l_{BC} = \frac{l_{AC_2} + l_{AC_1}}{2}$$

整个设计的作图过程如图 4-49 所示。

图 4-49　作图过程

4.3　凸轮机构

图 4-50 所示为汽车配气机构，图 4-51 所示为分度转位机构，思考其中用到的典型机构及其工作原理。观察图 4-52 所示的凸轮实物图片，认识凸轮机构。

图 4-50　汽车配气机构　　　　　　　图 4-51　分度转位机构

图 4-52　凸轮实物

4.3.1　凸轮机构的组成

前面介绍的平面连杆机构是低副机构，只能近似地实现给定的运动规律，而且设计较为困难和复杂，当要求从动件必须严格按照预定规律运动时，采用凸轮机构可以使设计、加工变得简便。凸轮机构是通过凸轮与从动件之间的直接接触来传递运动和动力的，是一种常用的高副机构，在机械中应用广泛。如前例所示，汽车发动机的配气机构就是利用凸轮来控制气门的启闭，在其他一些自动机械和自动控制机构中，凸轮机构也得到了广泛的应用。

观察图 4-53，明确凸轮机构的组成和特点。

① 凸轮机构由凸轮 1、从动件 2 和机架 3 这 3 个基本构件及锁合装置（如弹簧等）组成，是一种高副机构。

② 凸轮是一个具有曲线轮廓或凹槽的构件，通常作为原动件作连续等速转动，通过其曲线轮廓或凹槽与从动件形成高副接触，使从动件在凸轮轮廓的控制下按预定的运动规律作往复移动或摆动。

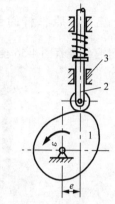

图 4-53　凸轮机构的组成

4.3.2　凸轮机构的特点

凸轮机构是一种结构简单且易于实现各种复杂运动规律的高副机构，广泛应用于自动化和半自动化机械中。其特点如下。

① 结构简单、紧凑。

② 只要适当地设计凸轮轮廓，就可以使从动件实现预期的运动规律。

③ 凸轮与从动件是高副接触，易磨损，制造困难，适用于传力不大的控制机构。常应用于自动机械、仪表和自动控制系统中。

4.3.3　凸轮机构的类型

凸轮机构的类型很多，可以按凸轮、推杆和它们不同的运动形式来分类。

1. 按照凸轮形状分类

观察图 4-54 和图 4-55 所示凸轮，注意比较它们的区别。

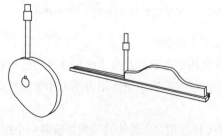

（a）盘形凸轮机构　　（b）移动凸轮机构

图 4-54　两种凸轮机构　　　　　　　图 4-55　圆柱凸轮机构

通过上述对比可知，凸轮按形状可分为以下两种类型。

① 盘形凸轮。这种凸轮是一个具有变化直径的盘形构件，绕固定轴线回转，该凸轮的从动件与凸轮在同一平面内运动，并与凸轮轴线垂直。

② 圆柱凸轮。这种凸轮是一个在圆柱面上开有曲线凹槽，或是在圆柱端面上做出曲线轮廓的构件。该凸轮与推杆的运动不在同一平面内，所以是一种空间凸轮机构。

2. 按照推杆的形状分类

仔细观察图 4-56 至图 4-61 所示的盘形凸轮，注意其推杆的形状及运动规律。

图 4-56　尖顶移动从动杆盘形凸轮机构　　　　图 4-57　尖顶摆动从动杆盘形凸轮机构

图 4-58　滚子移动从动杆盘形凸轮机构　　　　图 4-59　滚子摆动从动杆盘形凸轮机构

图 4-60　平底移动从动杆盘形凸轮机构　　　　图 4-61　平底摆动从动杆盘形凸轮机构

通过上述对比可知，凸轮按照推杆的形状可分为以下几种类型。

① 尖顶推杆。如图 4-56 和图 4-57 所示，这种推杆的构造最简单，尖顶能与复杂的凸轮轮廓保持接触，因而能实现任意预期的运动规律，但易磨损，所以只适用于作用力不大和速度较低的场合，如用于仪表等机构中。

② 滚子推杆。如图 4-58 和图 4-59 所示，为了减轻尖顶磨损，从动件的顶尖处安装一个滚子，这种推杆由于滚子与凸轮轮廓之间为滚动摩擦，所以磨损较小，故可用来传递较大的动力，滚子

常采用特制结构的球轴承或滚子轴承。

③ 平底推杆。如图 4-60 和图 4-61 所示，这种推杆的从动件与凸轮轮廓表面接触处的端面做成平底，结构简单，且这种推杆的优点是凸轮与平底的接触面间易形成油膜，润滑较好，所以常用于高速传动中。

根据推杆的运动形式的不同，有作往复直线运动的直动推杆和作往复摆动的摆动推杆。在直动推杆中，若其轴线通过凸轮的回转轴心，则称其为对心直动推杆，否则称为偏置直动推杆。

3. 按照凸轮与推杆保持接触的方式分类

根据凸轮与推杆保持接触的方法不同，凸轮机构可分为以下两种类型。

① 力封闭的凸轮机构。其利用推杆的重力、弹簧力来使推杆与凸轮保持接触，如图 4-53 所示。

② 几何封闭的凸轮机构。其利用凸轮或推杆的特殊几何结构使凸轮与推杆保持接触。

图 4-62 所示的沟槽凸轮机构中，利用凸轮上的凹槽和置于槽中的推杆上的滚子使凸轮与推杆保持接触。

图 4-63 所示的等宽凸轮机构中，因与凸轮轮廓线相切的任意两平行线间的宽度 B 处处相等，且等于推杆内框上、下壁间的距离，所以凸轮和推杆可始终保持接触。

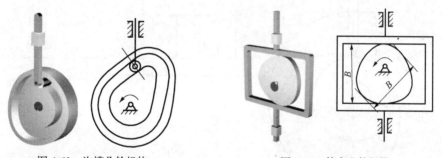

图 4-62　沟槽凸轮机构　　　　　图 4-63　等宽凸轮机构

图 4-64 所示的等径凸轮机构中，因凸轮理论廓线在径向线上两点的距离 D 处处相等，故可使凸轮与推杆始终保持接触。

图 4-65 所示的共轭凸轮机构中，用两个固结在一起的凸轮控制同一推杆，从而使凸轮与推杆始终保持接触。

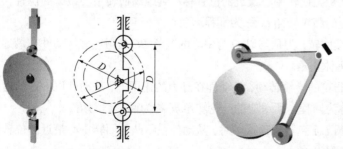

图 4-64　等径凸轮机构　　　　　图 4-65　共轭凸轮机构

4.3.4 从动件的常用运动规律

凸轮机构工作时，随着凸轮的转动，在向径逐渐变化的凸轮轮廓作用下，从动件沿固定直线往复移动或绕固定点往复摆动。下面以如图 4-66 所示的尖顶直动从动件盘形凸轮机构为例，说明从动件的运动规律与凸轮轮廓线之间的关系。

1. 基本术语

首先介绍几个与凸轮机构相关的术语。

① 基圆。凸轮轮廓是由 $ABCD$ 所围成的凸形曲线和圆弧组成，其上以最小向径 r_b 为半径所作的圆称为凸轮的基圆，r_b 为凸轮的基圆半径。

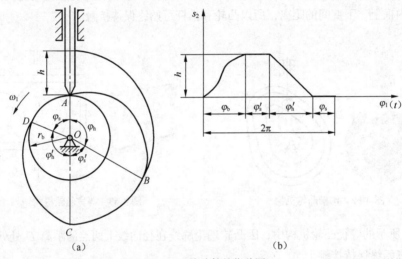

图 4-66　从动件的位移图

② 推程和推程角。随着凸轮的转动，在向径渐增的 AB 段凸轮轮廓作用下，从动件按照一定运动规律被凸轮推向远方，从距离回转中心最近的位置移动到距离回转中心最远的位置，从动件的这一行程称为推程，相对应的凸轮转角 φ_h 称为推程运动角。

③ 远休止角。当凸轮继续回转，尖顶与以 O 为中心的圆弧 BC 接触时，从动件在最远位置停留，此间转过的角度 φ_s' 称为远休止角。

④ 回程和回程角。随着凸轮的继续转动，从动件在外力的作用下，从动件以一定的运动规律降回到初始位置，这一行程称为回程，所对应的凸轮转角 φ_h' 称为回程运动角。

⑤ 近休止角。随后当基圆 DA 弧与尖顶接触时，从动件在距凸轮回转中心最近的位置停留不动，此间转过的角度 φ_s 称为近休止角。

⑥ 行程。从动件在推程或回程中径向移动的最大距离 h 称为行程。

凸轮连续回转，从动件将重复前面所述的"升—停—降—停"的运动循环。

2. 从动件的常用运动规律

从动件的运动规律是凸轮设计中必须重点确定的设计内容，下面介绍几种在生产中广泛使用的从动件运动规律。

① 等速运动规律。当凸轮等速运动时，从动件在运动过程中的速度为常数，这种运动规律称为等速运动规律。图 4-67 为从动件作等速运动时的位移、速度和加速度线图。

在 A 点和 B 点处，从动件的加速度应怎样变化?

由于从动件的速度为常数，则加速度为 0。但在运动开始速度由 0 变为 v_0，而在终止时，速度由 v_0 变为 0，速度发生了突变，理论上将产生无穷大的加速度值，因而产生无穷大的惯性力，使凸轮机构产生强烈冲击，这种冲击称为刚性冲击。因此等速运动规律一般只用于低速和从动件质量较小的凸轮机构中。

② 等加速等减速运动规律。等加速等减速运动规律是指从动件在一个行程中，前半行程等加速运动，后半行程等减速运动，加速度和减速度的绝对值相等。

图 4-68 所示为从动件按等加速等减速规律运动的位移、速度和加速度线图。

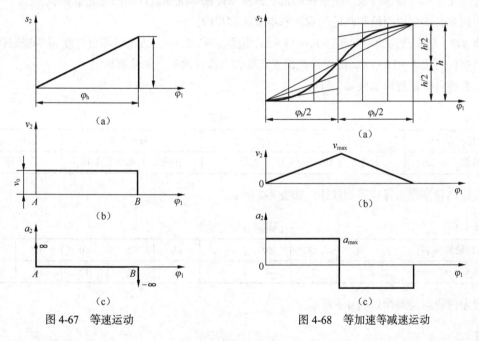

图 4-67　等速运动　　　　　　　图 4-68　等加速等减速运动

在等加速等减速运动规律中，速度线图是连续的，但在运动开始、终止和等加速等减速变换的瞬间，加速度出现有限值的突变，因此产生有限惯性力，从而导致柔性冲击。所以等加速等减速运动规律适用于中速、轻载的场合。

4.3.5　按已知运动规律绘制凸轮轮廓

在根据工作要求和结构条件选定了凸轮结构的形式、基本尺寸、推杆的运动规律和凸轮的转向后，就可进行凸轮轮廓曲线的设计。

1. 反转法原理

凸轮轮廓曲线设计所依据的基本原理是反转原理，现以偏置直动尖顶推杆盘形凸轮机构为例进行说明。

图 4-69 所示为偏置直动尖顶推杆盘形凸轮机构，推杆距转轴有一偏距 e，当凸轮以角速度 ω 绕轴 O 转动时，推杆在凸轮的推动下实现预期的运动。

现在整个凸轮机构上加一公共角速度 $-\omega$，使其绕轴心 O 转动，此时凸轮将静止不动，而推杆则一方面随其导轨以角速度 $-\omega$ 绕轴心 O 转动，

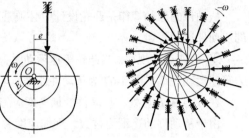

图 4-69　偏置直动尖顶推杆盘形凸轮机构

一方面又在导轨内作预期的往复移动。这样推杆的尖顶的运动轨迹即为凸轮轮廓曲线。

2. 偏置直动尖顶从动件盘形凸轮轮廓的绘制

凸轮机构设计的根本任务是根据工作要求选定选择合适的机构型式以及从动件的运动规律，并合理确定基圆半径等参数，然后根据选定的从动件基本规律设计出凸轮轮廓曲线。

下面结合实例说明绘制凸轮轮廓的基本方法和步骤。

例 4-9　已知凸轮的基圆半径 $r_0 = 15$ mm，偏距 $e = 7.5$ mm，凸轮以等角速度 ω 沿逆时针方向回转，推杆行程 $h = 16$ mm，试设计此偏置直动尖顶推杆盘形凸轮轮廓线。

已知推杆运动规律如表 4-1 所示。

表 4-1　　　　　　　　　　　　　　　　推杆运动规律

凸轮转角 $\varphi/°$	0～120	120～180	180～270	270～360
推杆位移 s/mm	匀速上升 16	上停	按照特定规律下降 16	下停

设定凸轮推程为等速运动规律，如表 4-2 所示。

表 4-2　　　　　　　　　　　　　　　凸轮推程运动规律

凸轮转角 $\varphi/°$	0	15	30	45	60	75	90	105	120
推杆位移 s/mm	0	2	4	6	8	10	12	14	16

设定回程运动规律如表 4-3 所示。

表 4-3　　　　　　　　　　　　　　　凸轮回程运动规律

凸轮转角 $\varphi/°$	0	15	30	45	60	75	90
推杆位移 s/mm	16	15.5	12.9	8	3.1	0.5	0

解：

① 推程段凸轮轮廓曲线。

● 作基圆和偏距圆。设定比例尺，按已知尺寸作出基圆和偏距圆，如图 4-70 所示。

● 做反转运动。在基圆上从起始位置点 A 出发，沿着 $-\omega$ 回转方向将推程运动角均匀分为 9 等份。等分线与基圆分别相交于 A、1、2…8 点。

● 确定推杆在反转运动中占据的位置。过等分点 1、2、3…8 依次作基圆的切线，这些放射线即为反转运动中推杆所占据的一系列位置，如图 4-71 所示。

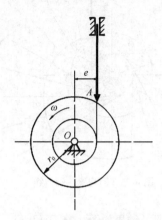

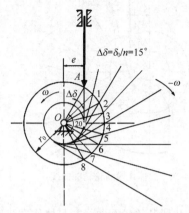

图 4-70　绘制基圆和偏距圆　　　　　　　图 4-71　确定推杆在反转运动中占据的位置

● 确定推杆在反转运动中的预期位移。在每条放射线上，从基圆开始按照表 4-2 中对应的数值量取推杆的位移量，得到一系列位置点 1′、2′…8′，如图 4-72 所示。

● 获得轮廓曲线。按照顺序，光滑连接 A、1′、2′…8′，即为凸轮推程的轮廓曲线，如图 4-73 所示。

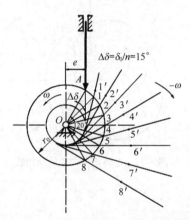

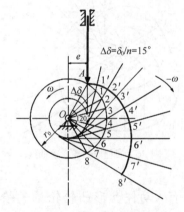

图 4-72　确定推杆在反转运动中的预期位移　　　　　图 4-73　获得轮廓曲线

② 远休止段凸轮轮廓曲线。在远休止段内，推杆保持静止状态。绘图时，首先确定远休止 60° 运动角内推杆在反转运动中占据的位置，由于此时推杆保持静止，因此不必对运动角进行细分，只需作出两极限位置的放射线即可，得到点 9。

然后确定推杆在反转运动中的预期位移，9′ 的位置与 8′ 相同，然后光滑连接 8′9′，如图 7-74 所示。

③ 回程段凸轮轮廓曲线。具体作图步骤同推程段，结果如图 4-75 和图 4-76 所示。

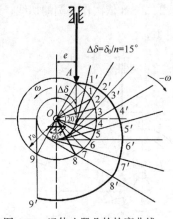

图 4-74 远休止段凸轮轮廓曲线

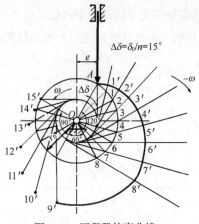

图 4-75 回程段轮廓曲线

④ 近休止段凸轮轮廓曲线。具体作图步骤同远休止段，结果如图 4-76 所示。完成后的凸轮轮廓曲线如图 4-77 所示。

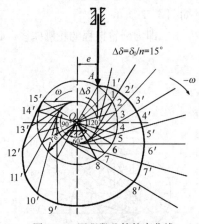

图 4-76 回程段凸轮轮廓曲线

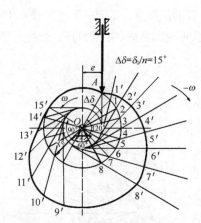

图 4-77 近休止段凸轮轮廓曲线

3. 滚子从动件盘形凸轮轮廓的绘制

若将上例中的尖顶从动件改为滚子从动件，则按照下面的步骤绘制轮廓曲线。

① 首先把滚子中心当成尖顶从动件的尖顶，按照尖顶从动件的设计方法设计出凸轮轮廓，该轮廓称为理论轮廓线。

② 再以理论轮廓线上各点为圆心，以滚子半径为半径作出多个圆，最后作出这些圆的包络线，便得到滚子从动件凸轮的实际轮廓线。如图 4-78 所示。

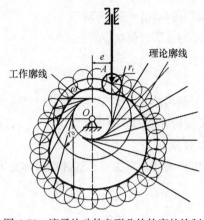

图 4-78 滚子从动件盘形凸轮轮廓的绘制

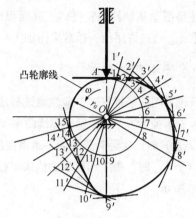

图 4-79 平底从动件盘形凸轮轮廓的绘制

4. 平底从动件盘形凸轮轮廓的绘制

若将上例中的尖顶从动件改为平底从动件，则按照下面的步骤绘制轮廓曲线。

① 将平底与导路的交点视为从动件的尖顶，过尖顶画出平底。

② 作这些直线的包络线，便得到所求的凸轮轮廓。

4.3.6 凸轮机构设计中应注意的几个问题

使用凸轮机构可以实现比较准确的运动规律。要使凸轮机构获得理想的设计结果，除了正确设计轮廓曲线外，还必须注意以下几方面的问题。

1. 压力角的选择

凸轮机构的压力角是指推杆所受正压力的方向与推杆上点 B 的速度方向之间所夹之锐角，如图 4-80 所示，常以 α 表示。压力角是影响凸轮机构受力情况的一个重要参数。

W 为作用在推杆上的载荷，F 为作用在推杆上的推动力。将该力分别沿着推杆方向和垂直于运动方向分解为有效分力 $F_y = F\cos\alpha$，以及有害分力 $F_x = F_y\tan\alpha$。

显然，当有效分力 F_y 一定时，α 越大，有害分力 F_x 将越大，凸轮推动推杆就越费力。若 α 大至使有害分力 F_x 增至无穷大时，机构将自锁，此时的压力角为临界压力角，用 α_c 表示。

在生产实际中，为了提高机构的效率，改善其受力情况，通常规定：凸轮机构的最大压力角 α_{max} 应小于某一许用压力角 $[\alpha]$，即 $\alpha_{max} < [\alpha]$。一般设计中，许用压力角 $[\alpha]$ 的推荐值有以下两种情况

① 直动从动件凸轮机构，推程中 $[\alpha] = 30° \sim 35°$。

② 摆动从动件凸轮机构，推程中 $[\alpha] = 40° \sim 45°$。

从动件在回程中一般不承受工作载荷，只是在重力或弹簧力等作用下返回，所以回程发生自锁的可能很小，因此不论是直动

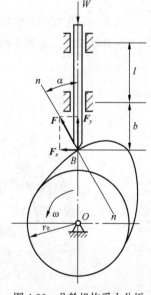

图 4-80 凸轮机构受力分析

从动件还是摆动从动件凸轮机构，其回程许用压力角均可取$[\alpha] = 70° \sim 80°$。

如果α_{max}超过许用值，通常采用加大凸轮基圆半径的方法，使α_{max}减小。

2. 滚子半径的选择

当凸轮采用滚子推杆时，应注意选择滚子半径，否则可能无法实现预期的运动规律。

设滚子半径为r_t，凸轮理论廓线曲率半径为ρ，实际轮廓线的曲率半径为ρ_a。

① 若$\rho > r_t$时，实际轮廓线为一平滑曲线，如图 4-81 所示。

② 若$\rho = r_t$时，则工作廓线的曲率半径为零。即工作廓线出现尖点，这种现象称变尖现象，如图 4-82 所示。

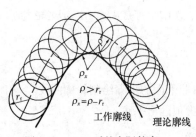

图 4-81　$\rho > r_t$时的实际轮廓

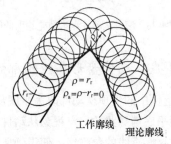

图 4-82　$\rho = r_t$时的实际轮廓

③ 若$\rho < r_t$时，则工作廓线的曲率半径ρ_a为负值，即工作廓线出现交叉，实际上部分实体已被切去，致使推杆不能按预期的运动规律运动，这种现象称为失真现象，如图 4-83 所示。

根据以上分析，对滚子半径的选择说明如下。

首先，应使滚子半径r_t不小于理论廓线的最小曲率半径ρ_{min}。

其次，要求凸轮工作廓线的最小曲率ρ_{min}不应小于 1～5 mm。若不能满足此要求时，应增大r_0或减小r_t，或用适当的曲线代替工作廓线出现尖点的地方。

3. 基圆半径

对于一定形式的凸轮机构，在推杆的运动规律选定后，该凸轮机构的压力角与凸轮基圆半径的大小直接相关，如图 4-84 所示。

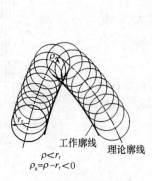

图 4-83　$\rho < r_t$时的实际轮廓

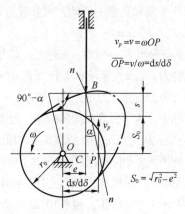

图 4-84　偏置直动尖顶推杆盘形凸轮机构

$$\tan\alpha = [(\mathrm{d}s/\mathrm{d}\delta)-e]/[(r_0^2-e^2)^{1/2}+s]$$

所以在偏距一定，推杆的运动规律已知的条件下，加大基圆半径 r_0，可减小压力角 α，从而改善机构的传力特性，但此时机构的尺寸会增大。为此，应在保证最大压力角不超过许用值的条件下，缩小凸轮机构尺寸。基圆半径推荐为：

$$r_b = (0.8\sim1)d + r_T$$

式中，d 为凸轮轴的直径，r_T 为滚子半径。

4.4 间歇运动机构

日常生活中，你见过哪些间歇运动的实例？

电影放映机的工作原理如图 4-85 所示，思考其间歇运动的工作原理。

4.4.1 棘轮机构

生产实际中有时要求某些构件做周期性时动时停的间歇运动，实现这种间歇运动的机构称为间歇运动机构，用以把主动件的连续运动变为从动件的间歇运动。棘轮机构是一种最重要的间歇运动机构。

图 4-85　电影放映机的工作原理

1．棘轮机构的构成

棘轮机构主要由棘轮、棘爪、止回棘爪和摇杆组成，如图 4-86 所示，其中左侧为外棘轮机构，右侧为内棘轮机构。

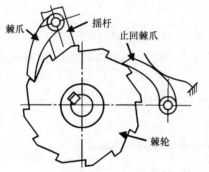

图 4-86　棘轮机构

棘轮机构的特点如下。

① 棘轮上的齿大多做在棘轮的外缘上，构成外接棘轮机构；若做在棘轮的内缘上，则构成内接棘轮机构。

② 棘轮用键连接在机构的传动轴上，而主动杆则空套在主传动轴上，驱动棘爪与主动杆用转动副相连接。

③ 当主动杆逆时针方向摆动时，驱动棘爪借助弹簧或自重插入棘轮齿槽内，使棘轮转过一定角度。

④ 当主动杆顺时针方向摆动时，制动棘爪阻止棘轮顺时针转动，驱动棘轮在棘爪齿背上滑过，而棘轮静止不动，从而使主动杆作连续的往复摆动，而棘轮作单向间歇转动。

⑤ 棘轮机构的结构简单、制造方便、运动可靠，而且棘轮轴每次转过角度的大小可以在较大的范围内调节。但其缺点是工作时有较大的冲击和噪声，而且运动精度较差，所以棘轮机构常用于速度较低和载荷不大的场合。

上述两种棘轮机构均用于单向间歇传动，如需要棘轮做不同转向的间歇运动时，用什么办法实现?

2. 单向棘轮机构

如图 4-87 所示，把棘轮的齿制成矩形，而棘爪制成可翻转的。思考当棘爪处在 B、B′ 两位置时，棘轮可获得什么样的单向间歇运动。

通过分析可得如下结论。

① 当需要棘轮做不同转向的间歇运动时，把棘轮的齿制成矩形，而棘爪制成可翻转的。

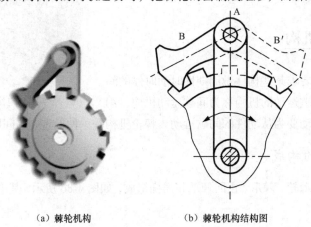

（a）棘轮机构　　　　（b）棘轮机构结构图

图 4-87　单向间歇运动机构

② 当棘爪处在图示位置 B 时，棘轮可获得逆时针单向间歇运动。

③ 当把棘爪绕其轴销 A 翻转到虚线所示位置 B′时，棘轮即可获得顺时针单向间歇运动。

3. 双向棘轮机构

观察如图 4-88 所示的棘轮机构怎样运动。

该机构为双动式棘轮机构，此种机构的棘爪可制成钩头的或直推的。

4. 棘轮机构的应用——牛头刨床工作台的横向进给机构

牛头刨床工作台的横向进给机构的工作原理如图 4-89 所示。

此机构的工作原理是通过齿轮（1、2），曲柄摇杆机构（2、3、4），棘轮机构（4、5、7）来使与棘轮固连的丝杠 6 作间歇转动，从而使牛头刨床的工作台实现横向间歇进给。

① 改变工作台横向进给量大小。若要改变工作台横向进给量的大小，可通过改变曲柄 $\overline{O_2A}$ 的长度来实现。

② 使棘轮反向转动。当棘爪处在图 4-89 所示状态时，棘轮 5 沿逆时针方向做间歇进给。若将棘爪 7 拨出，绕本身轴线转 180° 后再放下，由于棘爪工作面的改变，棘轮将改为沿顺时针方向间歇进给。

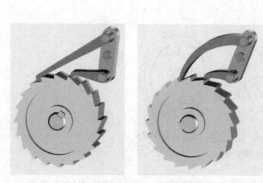

图 4-88　双动式棘轮机构

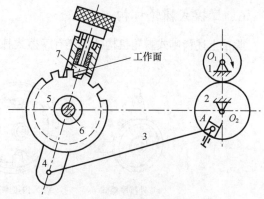

1、2—齿轮；3—连杆；4—摇杆；
5—棘轮；6—丝杆；7—棘爪

图 4-89　牛头刨床工作台的横向进给机构

③ 改变棘轮每次转过角度的大小。为了改变棘轮每次转过角度的大小，可采用图 4-90 和图 4-91 所示的方法。

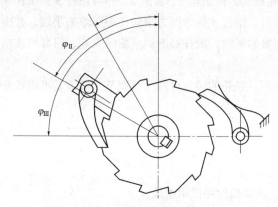

图 4-90　调整棘轮转角 1

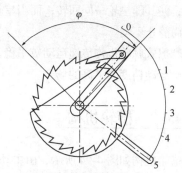

图 4-91　调整棘轮转角 2

● 在图 4-90 中，改变摇杆的摆角大小，使其逐渐增大，棘轮转角随之增大。

● 在图 4-91 中，在棘轮外加装一个棘轮罩，用以遮盖摇杆摆角范围内的一部分棘齿。这样，当摇杆逆时针摆动时，棘爪先在罩上滑动，然后才嵌入棘轮的齿间来推动棘轮转动。被棘轮罩遮住的齿越多，棘轮每次转过的角度就越小。

5. 棘轮机构的主要参数

设计棘轮机构时，注意确定以下几个主要参数。

① 棘轮齿面的倾斜角。为了保证棘轮机构工作的可靠性，在工作行程时，棘爪应能顺利地滑入棘轮齿面而不致从棘轮轮齿上滑脱出来，棘轮轮齿应具有一定的倾斜角 α，即棘齿的倾斜角 α 应大于摩擦角 φ，如图 4-92 所示。

② 棘轮齿数。棘轮齿数 z 是根据工作条件选定的。在一般棘轮机构中 $z = 12 \sim 60$；带棘轮的制动器 $z = 16 \sim 25$；起重机中 $z = 8 \sim 46$；手动千斤顶 $z = 6 \sim 8$。

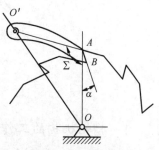

图 4-92　棘轮齿面的倾斜角

6. 摩擦式棘轮机构

除了上述齿啮式棘轮机构外，还有摩擦式棘轮机构，如图4-93所示。

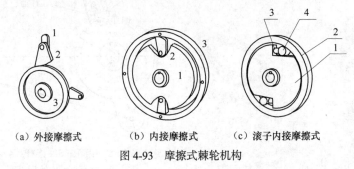

（a）外接摩擦式　　　（b）内接摩擦式　　　（c）滚子内接摩擦式

图4-93　摩擦式棘轮机构

图4-93（a）所示为外接摩擦式、图4-93（b）所示为内接摩擦式，两种棘轮机构都是通过凸块2与从动轮3间的摩擦力推动从动轮间歇转动，其克服了齿啮式棘轮机构冲击噪声大、棘轮每次转过角度的大小不能无级调节的缺点，但其运动准确性较差。

图4-93（c）所示为滚子内接摩擦式棘轮机构，由星轮1、套筒2、弹簧顶杆3及滚柱4等组成。若星轮1为主动件，当星轮逆时针回转时，滚柱4借摩擦力滚向楔形空隙的小端，并将套筒楔紧，使其随星轮一同回转；而当星轮顺时针回转时，滚柱被滚到空隙的大端，将套筒放松，这时套筒静止不动。

摩擦式棘轮机构传递运动较平稳、无噪声、棘轮的转角可做无级调节，但运动准确性差，不宜用于运动精度要求高的场合。

4.4.2　槽轮机构

槽轮机构如图4-94所示，由主动拨盘、从动槽轮和机架组成。

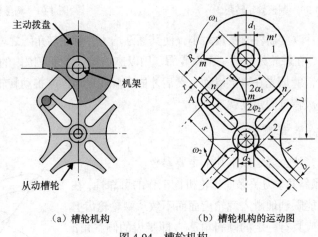

（a）槽轮机构　　　　　（b）槽轮机构的运动图

图4-94　槽轮机构

1. 槽轮机构的工作原理

槽轮机构的工作原理如下。

① 如图 4-94（b）所示，拨盘 1 以等角速度作连续回转，当拨盘上的圆销 A 未进入槽轮的径向槽时，由于槽轮的内凹锁止弧 *nn* 被拨盘 1 的外凸锁止弧 *mm'm* 卡住，故槽轮不动。圆销 A 刚进入槽轮径向槽时的位置时，锁止弧 *nn* 也刚被松开，此后，槽轮受圆销 A 的驱使而转动。

② 当圆销 A 在另一边离开径向槽时，锁止弧 *nn* 又被卡住，槽轮又静止不动。直至圆销 A 再次进入槽轮的另一个径向槽时，又重复上述运动。所以槽轮做时动时停的间歇运动。

③ 槽轮机构的结构简单，外形尺寸小，机械效率高，并能较平稳、间歇地进行转位。但因传动时尚存在柔性冲击，故常用于速度不太高的场合。

2. 外槽轮和内槽轮

观察图 4-95 所示的两种槽轮机构，对比外槽轮机构和内槽轮机构中，槽轮与拨盘转动方向的区别。

① 槽轮分为外槽轮机构和内槽轮机构。它们都用于平行轴的间歇传动，但外槽轮机构中槽轮与拨盘转向相反，而内槽轮机构中槽轮与拨盘转向相同。

② 槽轮机构工作时，在主动拨盘转动一周中，槽轮的运动次数与主动拨盘的圆销个数相同，槽轮每次的转动角度为 $\dfrac{360°}{n}$（ n 为槽轮的径向槽个数）。

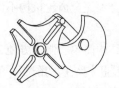

（a）外槽轮机构　　　　　（b）内槽轮机构

图 4-95　槽轮机构

图 4-95（a）所示的外槽轮机构中，槽轮上开有 4 条径向槽，拨盘为单销，所以拨盘转动一周时，槽轮运动一次，且每次转动角度为 90°。

【练习】

观察图 4-96 所示双销式外啮合槽轮机构，说明拨盘转动一周时，槽轮运动几次，且每次转过的角度为多少。

3. 槽轮机构的应用——蜂窝煤制作机的传动系统

槽轮机构在生产实际中应用广泛，如图 4-97 所示为其在蜂窝煤制作机的传动系统中的应用。

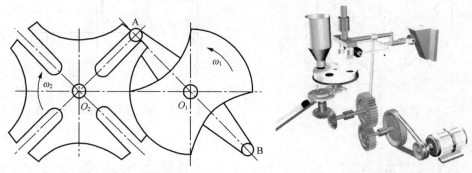

图 4-96　双销式外啮合槽轮机构　　　　图 4-97　蜂窝煤制作机工作原理

此蜂窝煤制作机的模盘转位机构采用了单销四槽槽轮机构，可满足其模盘完成制煤 4 道工序的停歇与转位的运动要求。

【练习】

思考蜂窝煤制作机还用了哪些机构。

4.4.3 不完全齿轮机构

不完全齿轮机构由具有一个或多个轮齿的不完全齿轮1（其上有锁止弧 s_1）、正常从动齿轮2（其上有锁止弧 s_2）以及机架组成，如图4-98所示。

工作时，不完全齿轮等速连续旋转，其上的轮齿与从动轮正常啮合时，主动轮驱动从动轮转动，当主动轮上的锁止弧 s_1 与从动齿轮上的锁止弧 s_2 接触时，从动轮停止转动并停留在确定的位置上，从而实现周期性的单向间歇运动。

如图4-98所示，主动轮转过一周，从动轮仅转过 1/4 周。

图4-99所示为内啮合不完全齿轮机构。与外啮合不完全齿轮机构相比，内啮合不完全齿轮机构不但结构紧凑，而且两轮的转向相同。

不完全齿轮机构结构简单、制造方便，从动轮运动时间和静止时间的比例不受机构结构的限制，但是从动轮在转动开始和结束时，角速度有突变，冲击较大，一般用于低速轻载的工作场合。

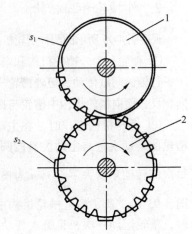

图4-98　外啮合不完全齿轮机构

图4-100所示为用于铣削乒乓球拍周缘的专用铣床上的不完全齿轮机构工作原理图。工作时，主动轴1带动铣刀轴2转动，另一个主动轴3上的不完全齿轮4和5分别使工件轴作正向和反向转动。工件轴转动时，在靠模凸轮7和弹簧作用下，铣刀轴上的滚轮8紧靠在靠模凸轮7上，以保证加工出工件的周缘。

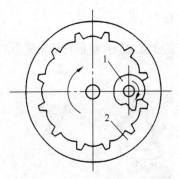

图4-99　内啮合不完全齿轮机构

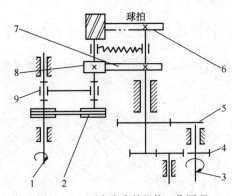

图4-100　不完全齿轮机构工作原理

小结

在各类机械中，为传递运动或变换运动形式，应用了各种类型的机构，机构是由具有确定相对运动的构件组成的。在对机构运动进行分析及设计时，由于不涉及机构的强度与结构，其相对运动的性质仅与其接触部分的几何形状有关。

本章主要讨论了平面构件，其上所有构件都在同一平面或相互平行的平面内。平面四杆机构是最简单的平面机构，选用不同的构件作为原动件或机架可以得到不同类型的运动形式，获得多种各具特点的典型机构。凸轮机构中，凸轮是一个具有曲线轮廓或凹槽的构件，凸轮的等速旋转可以转换为从动件按照规律的运动，其设计核心是确定凸轮轮廓曲线的形状。棘轮机构和槽轮机构等都是间歇运动机构，主动件连续运动，而从动件间歇运动，这种机构适合于工作时需要周期性停顿的机械。

习题

1. 构件和零件有何不同？

2. 试述四杆机构中曲柄、摇杆、连杆和机架的特性。

3. 简要总结四杆机构中曲柄存在的条件。

4. 在四杆机构中满足什么条件可以组成曲柄摇杆机构、双曲柄机构和双摇杆机构？

5. 什么是"死点"？在什么情况下发生？"死点"与"自锁"有何区别？

6. 什么是连杆机构的急回特性，什么是极位夹角，二者有何联系？

7. 某一四杆机构如图 4-101 所示，各杆尺寸为 $AB = 150$ mm、$BC = 240$ mm、$CD = 400$ mm、$DA = 500$ mm，问：（1）该机构属何种类型？（2）写出 AB、BC、CD、DA 四杆的名称。

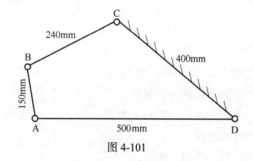

图 4-101

8. 试述凸轮机构的组成、分类及其在机构中的作用。

9. 凸轮从动件的运动规律主要有哪几种？各有何应用场合？

10. 凸轮的常用材料有哪些？

11. 棘轮机构和槽轮机构是怎样实现间歇运动的，各应用于什么场合？

12. 不完全齿轮机构和槽轮机构在运动过程中的传动比是否可变？

第5章

挠性传动

带传动与链传动都是采用挠性件（带或链）来传递运动和动力的机械传动方法，带传动是通过传动带把主动轴的运动和动力传给从动轴的一种机械传动形式，而链传动则通过链条与链轮轮齿的相互啮合来传递运动和动力的。这两种传动形式适用于两轴中心距较大的场合，在现代机械中应用广泛。

【学习目标】

- 了解带传动的类型、特点和应用。
- 掌握带传动的形式及传动比计算。
- 了解 V 带的型号及选用、带轮的结构。
- 掌握带传动的张紧装置及安装维护。
- 了解链传动与带传动不同的特点及类型。
- 了解链轮的结构和材料。
- 掌握链传动的布置、张紧与维护。

【观察与思考】

在学习本章之前，我们先来看几个带传动和链传动的例子。

- 观察如图 5-1 所示的两种带传动，思考它们是靠什么传递动力的。

（a）平带

（b）啮合带

图 5-1　两种带传动

● 我们日常生活中使用的自行车采用的是链传动，如图 5-2 所示，想一想使用链传动有什么优势？

图 5-2　自行车的链传动

5.1　带传动

带传动是两个或多个带轮之间用带作为中间挠性零件的传动，工作时借助带与带轮之间的摩擦（或啮合）来传递运动和动力，它适用于带速较高和圆周力较小的场合。

5.1.1　带传动的分类

带传动一般由主动带轮、从动带轮、紧套在两带轮上的传动带及机架组成。当主动带轮转动时，通过带和带轮间的摩擦力，驱使从动带轮转动并传递动力。根据带传动传递力的方式不同，带传动分为摩擦型（见图 5-3）和啮合型（见图 5-4）两类。

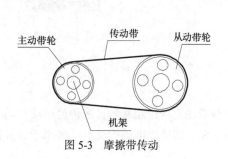

图 5-3　摩擦带传动

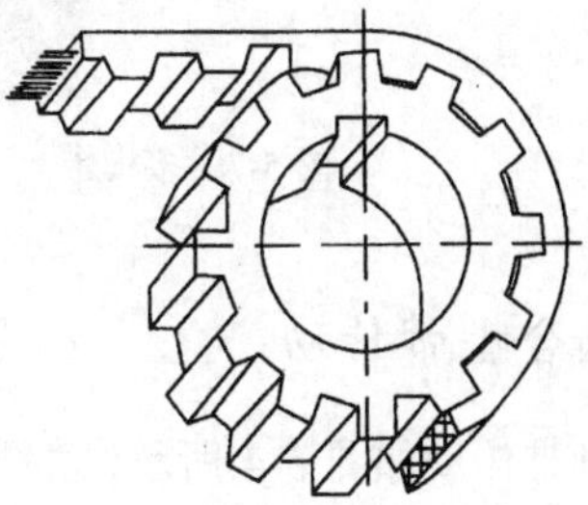

图 5-4　啮合带传动

1．摩擦型带传动

摩擦型带传动如图 5-3 所示，传动带紧套在两个带轮上，使带与带轮的接触面之间产生正压力，当主动轮旋转时，依靠摩擦力使传动带运动而驱动从动轮转动。

摩擦型带传动主要包括以下类型。

（1）平带传动

平带是由多层胶帆布构成，其横截面形状为扁平矩形，工作面是与轮面相接触的内表面。平带结构简单，主要用于两轴平行、转向相同的较远距离的传动，如图 5-5 所示。

（2）V 带传动

V 带的横截面形状为等腰梯形，工作面是与轮槽相接触的两侧面，V 带与底槽不接触。由于轮槽的楔形效应，预拉力相同时，V 带传动较平带传动能产生更大的摩擦力，可传递较大的功率，结构更紧凑。V 带传动在机械传动中应用最广泛，如图 5-6 所示。

图 5-5　平带　　　　　　　　　　　　　图 5-6　V 带

（3）多楔带传动

以扁平部分为基体，下面有几条等距纵向槽，其工作面为楔的侧面，这种带兼有平带的弯曲应力小和 V 带的摩擦力大的优点。多楔带可取代若干根 V 带，故常用于传递动力大，且要求结构紧凑的场合，如图 5-7 所示。

（4）圆带传动

圆带的截面为圆形，一般用皮革或棉绳制成，只能用于低速轻载的仪器或家用机械，如缝纫机等，如图 5-8 所示。

图 5-7　多楔带　　　　　　　　　　　　　图 5-8　圆带

2. 啮合型带传动

啮合型带传动如图 5-4 所示，主要靠传动带与带轮上的齿相互啮合来传递运动和动力，啮合带除保持了摩擦带传动的优点外，还具有传递功率大、传动比准确等优点，多用于如录音机、数控机床等要求传动平稳、传动精度较高的场合。

5.1.2　带传动的特点和应用

带传动是具有中间挠性件的一种传动，其具有以下特点。

① 带具有挠性和良好的弹性，能够缓冲和吸振，因此传动平稳、噪声小。

② 过载时带与带轮间产生打滑，可防止其他零件损坏，起到过载保护的作用。

③ 带传动适合于主、从动轴间中心距较大的传动。

④ 带的结构简单，制造和安装精度要求不高，不需要润滑，维护方便，成本低廉。

⑤ 带在工作时会产生弹性滑动，传动比不恒定。

⑥ 带传动的轮廓尺寸大，传动效率低，带传动的一般功率为 50～100 kW，带速为 5～25 m/s，传动比不超过 5，效率为 92%～97%。

⑦ 带传动和齿轮传动相比，还有以下缺点。

● 摩擦型带传动不能保持准确的传动比。

● 传递同样大的圆周力时，轮廓尺寸和轴上的压力都较大。

● 带的使用寿命较短，在高温、易燃及有油和水的场合不能使用。

总之，带传动多用于传递功率不大、速度适中、传动比要求不严格，且中心距较大的场合；不宜用于高温、易燃等场合。在多级传动系统中，通常将它置于高速级（直接与原动机相连），这样可起过载保护作用，同时可减小其结构尺寸和重量。

5.1.3　带传动的工作情况分析

带传动多用于两轴平行，且主动轮、从动轮回转方向相同的场合，这种传动亦称开口传动。通过本节的学习，我们将学会对带传动的工作情况进行分析并进行相关计算。

1. 带传动的受力分析

如图 5-9 所示，安装带时，需以一定的初拉力 F_0 紧套在带轮上，带两边的拉力均等于初拉力 F_0，当带传动传递动力时，由于带和带轮间的摩擦作用，带绕入主动轮一边的拉力由 F_0 增大到 F_1，称为紧边，F_1 为紧边拉力；另一边拉力由 F_0 减少到 F_2，称为松边，F_2 为松边拉力。假设带的总长度不变，紧边拉力的增量等于松边拉力的减量，即：

$$F_1 - F_0 = F_0 - F_2$$

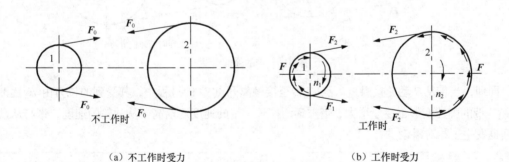

（a）不工作时受力　　　　　　　（b）工作时受力

图 5-9　带传动的受力分析

带紧边拉力和松边拉力之差 $F = F_1 - F_2$ 称为有效拉力，也就是带传递的圆周力。而圆周力与传递功率的关系为：

$$P = \frac{Fv}{1\,000}$$

式中，P 为传递功率，单位 kW；F 为圆周力，单位 N；v 为带速，单位 m/s。

【思考】

为什么通常将带传动置于机械传动系统的高速级？

从上式可见，当传递功率 P 一定时，有效拉力 F 与带速 v 成反比，所以通常将带传动置于机械传动系统的高速级。

2. 带轮的包角

带轮的包角 α 是带与带轮接触面的弧长所对应的圆心角，如图 5-10 所示。包角越大，接触的弧就越长，接触面间的摩擦力也就越大。一般要求包角 $\alpha \geq 120°$，因大带轮包角比小带轮包角大，故仅计算小带轮的包角即可。

相同条件下，包角 α 越大，带的摩擦力和能传递的功率也越大。

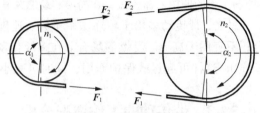

图 5-10　带轮的包角

3. 弹性滑动与打滑

带传动中具有弹性滑动和打滑两种物理属性。

（1）弹性滑动

带是弹性带，受拉后会产生弹性变形。

如图 5-11 所示，当带从主动轮接触进入点 A 转至接触离开点 B 的过程中，其受到的拉力由 F_1 逐渐降至 F_2，带的弹性变形也随之逐渐减小，带在逐渐缩短，带的速度便逐渐落后于主动轮的速度，即带与主动轮之间产生了相对滑动。

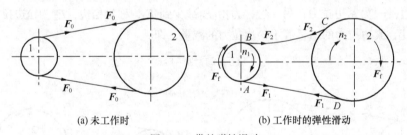

(a) 未工作时　　　　　　　　　　(b) 工作时的弹性滑动

图 5-11　带的弹性滑动

同理，当带从从动轮接触进入点 C 转至接触离开点 D 的过程中，其受到的拉力由 F_2 逐渐增至 F_1，带的弹性变形也逐渐增大，带被逐渐拉长，带的速度逐渐高于从动轮的速度，带与从动轮之间也发生了相对滑动。

这种由于带的弹性变形而引起的带与带轮之间的相对滑动，称为带的弹性滑动。弹性滑动现象是摩擦型带传动正常工作时固有的特性，是不可避免的。

弹性滑动会引起下列后果。

- 从动轮的圆周速度总是落后于主动轮的圆周速度。
- 损失一部分能量，降低了传动效率，会使带的温度升高，并引起传动带磨损。

（2）打滑

当带传动的工作载荷超过了带与带轮之间摩擦力的极限值时，带与带轮之间会发生剧烈的相对滑动，从动轮转速急速下降，甚至停转，带传动失效，这种现象称为打滑。

（3）弹性滑动与打滑的区别

① 弹性滑动和打滑是两个完全不同的概念。弹性滑动是由于拉力差引起的，只要传递圆周力，就必然会发生弹性滑动，是不可以避免的。而打滑是由于过载引起的全面滑动，是传动失效时发生的现象，是可以避免的。

② 若传递的基本载荷超过最大有效圆周力，带在带轮上发生显著的相对滑动即打滑，打滑造成带的严重磨损并使带的运动处于不稳定状态，所以发生打滑后应尽快采取措施克服。

③ 带在大轮上的包角大于小轮上的包角，所以打滑总是在小轮上先开始的，打滑是由于过载引起的，避免过载就可以避免打滑。

4. 带的传动比

由于弹性滑动的存在，导致从动轮的圆周速度 v_2 低于主动轮的圆周速度 v_1，其降低程度由滑动率 ε 来表示。

$$\varepsilon = \frac{v_1 - v_2}{v_1} \times 100\%$$

所以带传动的传动比表示为：

$$i = \frac{n_1}{n_2} = \frac{d_{a2}}{d_{a1}(1-\varepsilon)}$$

式中，d_{a1} 为小带轮基准直径（mm）；d_{a2} 为大带轮基准直径（mm）。

5. 应力分析

带传动工作时，带中的应力有以下几种。

① 拉应力：由带的拉力所产生。

② 弯曲应力：带绕过带轮时，因弯曲变形而产生弯曲应力。两个带轮直径不同时，带在小带轮上的弯曲应力比在大带轮上的大。

③ 离心应力：当带绕过带轮时，带随带轮轮缘作圆周运动，其本身的质量将引起离心力，由此引起离心应力存在于全部带长的各截面上。

观察图 5-12，分析带传动时最大应力出现在什么地方？

由图 5-12 可见，传动带各截面上的应力随运动位置作周期性变化，各截面应力的大小用自该处引出的径向线（或垂直线）的长短来表示。由图 5-12 可知，在运转过程中，带经受变应力。小带轮为主动轮，最大应力发生在紧边开始绕上小带轮处。

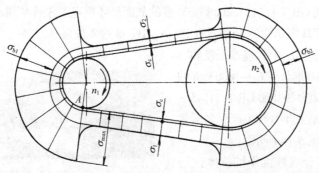

图 5-12　带工作时应力分析示意图

当带的应力循环次数达到一定值时，带将发生疲劳破坏，如脱层、松散、撒裂或拉断。

5.1.4　V带的设计

V带传动在一般机械传动中应用最为广泛，在同样张紧力下，V带比平带传动能产生更大的摩擦力、更高的承载能力、更大的传动功率，除此以外V带传动还具有标准化程度高、传动比大、结构紧凑等优点，使V带传动比平带传动应用的领域更为广泛。

1．V带的结构与标准

V带有普通V带、窄V带、宽V带、联组V带、齿形V带等类型。其中普通V带应用最广，近年来窄V带应用也越来越多。V带已标准化，它通常是无接头的环形带，其结构如图5-13所示。

V带已标准化，观察图5-13，想一想V带的截面结构由哪几部分组成，帘布结构与线绳结构在哪部分不同？

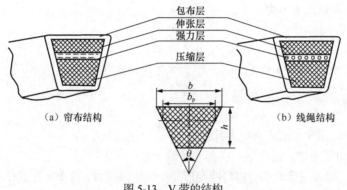

图5-13　V带的结构

① 普通V带的截面结构由顶胶、抗拉体、底胶和包布组成。按抗拉体又分为帘布芯结构和绳芯结构两种。

② 帘布芯结构的V带，其强力层是由2～10层布（化学纤维或棉织物）贴合而成，制造方便、抗拉强度好。

③ 绳芯结构的V带，其强力层仅有一层线绳，柔韧性好、抗弯强度高，适用于带轮直径小、转速较高的场合。

④ 我国国家标准GB/T 11545—2008按V带的截面尺寸规定了普通V带有Y、Z、A、B、C、D、E这7种型号，但线绳结构的V带只有Z、A、B、C这4种型号。

⑤ 普通V带的标记由型号、基准长度和标准号3个部分组成。如基准长度$L_d = 1800$ mm的B型普通V带，其标记为B 1800 GB/T 11545—2008。V带的标记、制造年月和生产厂名通常压印在带的顶面，如图5-14所示。

⑥ 窄V带采用合成纤维作抗拉体，与普通V带相比，当高度相同时，窄V带的

图5-14　V带的标记

宽度约缩小 1/3，而承载能力可提高 1.5～2.5 倍，它适用于传递动力大而又要求传动装置紧凑的场合。

V 带各型号的截面尺寸如表 5-1 所示。

表 5-1　　　　　　　　　　　　　　　　　　V 带各型号的截面尺寸

结　构　图	型　　号	Y	Z	A	B	C	D	E
	节宽 b_p/mm	5.3	8.5	11.0	14.0	19.0	27.0	32.0
	顶宽 b/mm	6.0	10.0	13.0	17.0	22.0	32.0	38.0
	高度 h/mm	4.0	6.0	8.0	11.0	14.0	19.0	25.0
	楔角 α/°	40						
	单位长度质量 q/kg/m	0.02	0.06	0.10	0.17	0.30	0.62	0.90

2. 带轮的材料与结构

带轮常用的材料是铸铁，带速 $v < 25$ m/s 时用 HT150；$v = 25 \sim 30$ m/s 时用 HT 200；速度更高的带轮，多采用钢或铝合金。

带轮直径 $D \geqslant 500 \sim 600$ mm 时，带轮采用钢板焊接而成。小功率传动时，带轮可采用铝或塑料等制造。

常用带轮的结构如图 5-15 所示。

（a）实心式　　　　（b）腹板式　　　　（c）孔板式　　　　（d）轮辐式

图 5-15　普通 V 带带轮结构

带轮的结构特点有以下几点。

① 带轮通常由轮缘、轮辐和轮毂 3 个部分组成。

② 根据轮辐的结构不同，可以分为实心式、腹板式、孔板式和轮辐式等类型。

③ 直径较小的带轮（$D \leqslant 2.5 \sim 3d$），其轮缘与轮毂直接相连，没有轮辐的部分，即采用实心式带轮，如图 5-15（a）所示。

④ 中等直径的带轮（$D \leqslant 300$ mm）采用腹板式或孔板式，如图 5-15（b）、（c）所示。

⑤ 大带轮（$D > 300$ mm）采用轮辐式带轮，如图 5-15（d）所示。

3. 普通 V 带的设计及参数选择

带传动设计计算准则为：在保证带传动不打滑的条件下，具有一定的疲劳强度和使用寿命。

（1）确定计算功率 P_c

计算功率是根据传递功率 P 并考虑到载荷性质和每天运转时间长短等因素的影响而确定的。即

$$P_c = K_A P \qquad (5-1)$$

式中，P_c 为计算功率，单位为 kW；K_A 为工作情况系数（见表 5-2）；P 为传递的功率，单位为 kW。

表 5-2　　　　　　　　　　　　　工作情况系数 K_A

工作机载荷性质	原动机（一天工作时数 h）					
	Ⅰ 类			Ⅱ 类		
	< 10	10～16	> 16	< 10	10～16	> 16
工作平稳	1	1.1	1.2	1.1	1.2	1.3
载荷变动小	1.1	1.2	1.3	1.2	1.3	1.4
载荷变动较大	1.2	1.3	1.4	1.4	1.5	1.6
冲击载荷	1.3	1.4	1.5	1.5	1.6	1.8

注：Ⅰ类—直流电动机，Y 系列三相异步电动机、汽轮机、水轮机。

　　Ⅱ类—交流同步电动机、交流异步滑环电动机、内燃机、蒸汽机。

（2）初选带的型号

根据计算功率 P_c 和小带轮的转速 n_1，由图 5-16 选择 V 带的型号。

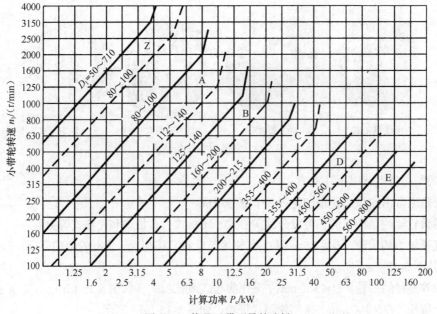

图 5-16　普通 V 带型号的选择

（3）确定带轮基准直径 D_1、D_2

带轮越小，传动结构越紧凑，但弯曲应力越大，使带的寿命降低。设计时应取小带轮的基准直径 $D_1 \geqslant D_{min}$，D_{min} 的取值见表 5-3。大带轮基准直径 D_2 由下式确定。

$$D_2 = iD_1 = \frac{n_1}{n_2}D_1 \qquad (5-2)$$

D_1、D_2 应尽量按表 5-3 带轮的基准直径系列调整。

表 5-3　　　　　　　普通 V 带带轮最小基准直径及带轮基准直径系列　mm

V 带型号		Y	Z	A	B	C	D	E
D_{min}		20	50	75	125	200	355	500
推荐直径		≥28	≥71	≥100	≥140	≥200	≥355	≥500
常用 V 带轮基准直径系列	Z	50，56，63，71，80，90，100，112，125，140，150，160，180，200，224，250，280，315，355，400，500						
	A	75，80，90，100，112，125，140，150，160，180，200，224，250，280，315，355，400，450，500，560						
	B	125，140，150，160，180，200，224，250，280，315，355，400，450，500，560，630，710，800						
	C	200，210，224，236，250，280，300，355，400，450，500，560，600，630，710，750，800，900，1000						

（4）验算带速 v

带速计算公式为

$$v = \frac{\pi D_1 n_1}{60 \times 1\,000} \qquad (5-3)$$

带速太高，则离心力大，带与带轮间的正压力减小，传动能力下降；带速太低，会使传递的圆周力增大，带的根数增多。一般应选择 $v = 5 \sim 25$ m/s 为宜，当 $v = 10 \sim 20$m/s 时为最佳。

（5）确定中心距 a 和基准带长 L_d

带传动的中心距不宜过大，否则将由于载荷变化引起带的颤动。中心距也不宜过小，过小时虽然结构紧凑，但带的传动能力将过小，疲劳寿命大大缩短。设计时可以按下式初定中心距 a_0。

$$0.7(D_1 + D_2) \leqslant a_0 \leqslant 2(D_1 + D_2) \qquad (5-4)$$

由带传动的几何关系可得到带的基准长度计算公式。

$$L_{d_0} = 2a_0 + \frac{\pi}{2}(D_1 + D_2) + \frac{(D_1 + D_2)^2}{4a_0} \qquad (5-5)$$

L_{d_0} 为带的基准计算值，从图 5-17 可选定带的基准长度 L_d。实际中心距可由下式近似确定。

$$a \approx a_0 + \frac{L_d - L_{d_0}}{2} \qquad (5-6)$$

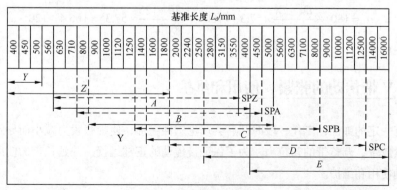

图 5-17　V 带的基准长度

考虑安装调整和补偿张紧力（如胶带伸长而松弛后的张紧）的需要，中心距的调整范围为：

$$(a-0.015\,L_d) \sim (a+0.03\,L_d)$$

（6）检验小带轮包角 α_1 和传动比 i

$$\alpha_1 = 180° - \frac{D_2 - D_1}{a} \times 57.3° \tag{5-7}$$

一般要求 α_1 不小于 $120°$，个别情况下可小到 $70°$。传动比 i 通常不大于 7，个别情况下可以到 10。

例 5-1 计算一鼓风机用普通 V 带传动。动力机为 Y 系列三相异步电动机，功率 $P = 7.5$ kW，转速 $n_1 = 1440$ r/min。鼓风机转速 $n_2 = 630$ r/min，每天工作 16 h。希望中心距不超过 700 mm。

解：

① 计算功率 P_c。由表 5-2 查得，$K_A = 1.2$，故

$$P_c = K_A P = 1.2 \times 7.5 = 9 \text{ kW}$$

② 选择带型。根据 $P_c = 9$kW 和 $n_1 = 1\,440$ r/min，由图 5-15 初步选用 A 型 V 带。

③ 选取带轮基准直径 D_1 和 D_2。由表 5-3 取 $D_1 = 125$ mm，由公式（5.2）得

$$D_2 = iD_1 = \frac{n_1}{n_2}D_1 = \frac{1440}{630} \times 125 = 286 \text{ mm}$$

由表 5-3 取直径系列值，$D_2 = 280$ mm

④ 验算带速 v。

$$v = \frac{\pi D_1 n_1}{60 \times 1000} = \frac{\pi \times 125 \times 1440}{60 \times 1000} = 9.4 \text{ m/s}$$

带速在 $5 \sim 25$ m/s 范围内，带速合适。

⑤ 确定中心距 a 和带的基准长度 L_d。

由式（5.4）初定中心距 $a_0 = 650$ mm。

由式（5.5）得带长

$$L_{d_0} = 2a_0 + \frac{\pi}{2}(D_1 + D_2) + \frac{(D_1 + D_2)^2}{4a_0} = 2 \times 650 + \frac{\pi}{2}(125 + 280) + \frac{(125 + 280)^2}{4 \times 650} = 1999 \text{ mm}$$

由图 5-12 查得 A 型带基准长度 $L_d = 2\,000$ mm，计算实际中心距

$$a \approx a_0 + \frac{L_d - L_{d0}}{2} = 650 + \frac{2\,000 - 1999}{2} = 650.5 \text{ mm} < 700 \text{ mm}$$

⑥ 验算小带轮包角

$$\alpha_1 = 180° - \frac{D_2 - D_1}{a} \times 57.3° = 180° - \frac{280 - 125}{650.5} \times 57.3° = 166.4° > 120°$$

包角合适。

5.1.5　V 带传动的张紧、使用和维护

V 带具有一定的弹性，工作一段时间后会产生塑性变形，使带张紧力减小而导致带松弛。因此需重新张紧胶带，调整带的初拉力。为了保证带传动的正常运行，并延长带的使用寿命，必须重视带的正确使用和维护。

1. 带传动的张紧装置

为了获得和控制带的初拉力，保证带传动能正常工作，带传动工作一定的时间后，必须对其重新张紧。常见的张紧装置如图 5-18 所示。

（1）定期张紧

如图 5-18（a）所示，通过调整螺栓来改变电动机在滑道上的位置，以增大中心距，从而达到张紧的目的。此方法常用于水平布置的带传动。

如图 5-18（b）所示，通过调整螺栓来改变摆架的位置，以增大中心距，从而达到张紧的目的。此方法常用于近似垂直布置的带传动。

（2）自动张紧

如图 5-18（c）所示，靠电动机和机座的自重，使带轮绕固定轴摆动，以自动调整中心距达到张紧的目的。此方法常用于小功率近似垂直布置的带传动。

（3）张紧轮张紧

如图 5-18（d）所示，是利用张紧轮张紧，张紧轮一般安装在带的松边内侧，尽量靠近大带轮，以避免使带受双向弯曲应力作用及带轮包角 α_1 减小过多。此方法常用于中心距不可调节的 V 带传动场合。

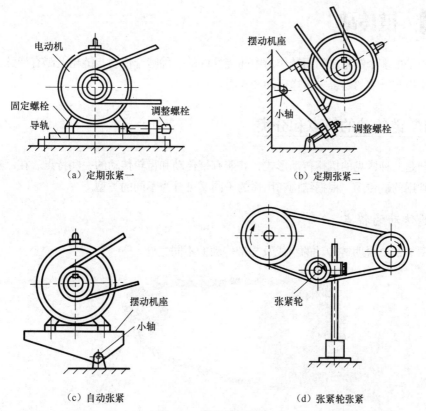

图 5-18　带传动的张紧

2. 带传动安装与维护

在带传动的安装和维护过程中，注意以下要点。

① 安装时，两带轮轴线应平行，轮槽应对齐，其误差不得超过 20′。

② 安装时，应先缩小中心距，将带套入带轮槽中后，再增大中心距并张紧，严禁硬撬，避免损坏带的工作表面和降低带的弹性。

③ 为了使每根带受力均匀，同组带的型号、基准长度、公差等级及生产厂家应相同，且新旧不同的带不能同时使用。

④ 安装时，还应保证适当的初拉力，一般可凭经验来控制，即在带与两带轮切点的跨度中点，以大拇指能按下 15 mm 为宜，如图 5-19 所示。

⑤ 为使带传动正常工作，V 带的外边缘应与带轮的轮缘取齐，新安装时可略高于轮缘。若高出轮缘太多，则接触面积减少，其传动能力降低；若陷入轮缘太深，会导致 V 带的两工作侧面接触不良，也对传动不利。

⑥ 带传动要加防护罩，以免发生意外，并保证通风良好和运转时带不擦碰防护罩。

图 5-19 实验初拉力

5.2 链传动

链传动是由多个链轮之间用链作为中间挠性件的一种啮合传动，链轮上制有特殊齿形的齿，依靠链轮轮齿与链节的啮合来传递运动和动力。

5.2.1 链传动的特点和分类

链传动是一种常见的机械传动形式，其兼有带传动和齿轮传动的一些特点。在一般机械传动装置中，常用的链传动，根据结构和用途的不同又可分为不同的类型。

1. 链传动的特点

观察图 5-20，说明链传动的组成及与带传动的不同之处。

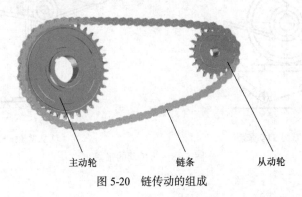

主动轮   链条   从动轮

图 5-20 链传动的组成

链传动由主动链轮、从动链轮和绕在链轮上的链所组成。工作时通过链条与链轮轮齿的啮合来传递运动和动力。与带传动相比，链传动具有以下特点。

① 链传动是啮合传动，无弹性滑动和打滑现象。

② 与带传动相比，链传动的承载能力大，效率高，能保持准确的平均传动比，工作可靠，效率高，过载能力强。

③ 带传动所需张紧力小，作用在传动轴上的压力小。

④ 能在高温、潮湿、多尘、有污染等恶劣环境下工作。

⑤ 仅能用于两平行轴之间的传动。

⑥ 易磨损，传动平稳性较差。

⑦ 传动时有附加载荷，瞬时的传动比不稳定，工作时有噪声，易脱链。

⑧ 链传动安装精度要求高。

2. 链传动的分类

链传动应用广泛，按用途不同可分为传动链、起重链和牵引链。传动链是制造得较精密的链条，用于机械中传递运动和动力；起重链用在各种起重机械中，用以提升货物；牵引链主要在运输机械中用来输送物料或机件等。

传动链的类型主要有齿形链（见图 5-21）和滚子链（见图 5-22）。一般机械传动中，常用的是滚子传动链。

图 5-21　齿型链

图 5-22　滚子链

齿形链有圆销铰链式、轴瓦式、滚柱铰链式等几种。如图 5-21 所示为圆销铰链式齿形链，其由套筒、齿形板、销轴和外链板组成。这种铰链承压面窄，故比压大，易磨损，成本较高。但其比套筒滚子链传动平稳，噪声小，多用于转速较高的场合。

滚子链又称套筒滚子链，如图 5-23 所示，由内链板、外链板、销轴、套筒和滚子组成。内链板与套筒、外链板与轴为过盈配合，套筒与销轴、滚子与套筒则为间隙配合，以使内、外链板构成可相对转动的活动环节，并减少链条与链轮间的摩擦与磨损。

相邻两滚子中心线的距离称为节距，用 P 表示，它是链条的主要参数，节距越大，链条各零件的尺寸也越大，传递的功率也越大。

观察图 5-24，说明链节数最好为偶数还是奇数？

链节数最好为偶数。因为将链连成环形时，正好是内外链板相接。大节距可用开口销锁紧，小节距可用弹簧夹锁紧，如图 5-24（a）、（b）所示；若链节数为奇数，则接头处应采用链板

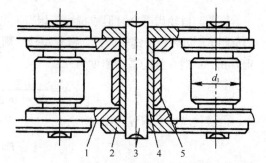

1—内链板；2—外链板；3—销轴；4—套筒；5—滚子

图 5-23　滚子链结构

弯曲的过渡链节，如图 5-24（c）所示，工作时要承受附加弯矩作用，所以最好避免链节数为奇数。

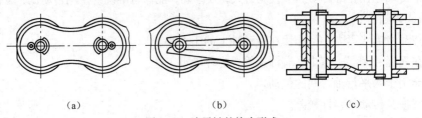

（a）   （b）   （c）

图 5-24　滚子链的接头形式

滚子链已标准化（GB/T 1243—2006），分为 A、B 两种系列，常用的是 A 系列。

5.2.2　滚子链传动的设计方法

在设计选用滚子链传动时，主要用到以下基本参数。

1. 链轮齿数 z

链轮齿数对传动平稳性和工作寿命影响很大，因此，链轮齿数要适当，不宜过多或过小。链的齿数太多时，链的使用寿命将缩短；链轮齿数过小，链轮的不均匀性和动载荷都会增加，同时当链轮齿数过小时，链轮直径过小，会增加链节的负荷和工作频率，加速链条磨损。

为此，要限制小链轮的最小齿数，通常可取最小齿数 $z_{\min} \geqslant 9$。一般小链轮齿数 z_1 可根据链速由表 5-4 选取，然后再按传动比确定大链轮齿数 z_2（$z_2 = iz_1$）。

因链节常为偶数，为磨损均匀，链轮齿数一般应取奇数。

表 5-4　　　　　　　　　　　　　　　链轮齿数的确定

链速 v（m/s）	0.6～3	>3～8	>8
z_1	≥17	≥21	≥25

2. 平均传动比

链节与链轮齿啮合时形成折线，相当于将链绕在正多边形的轮上，该正多边形的边长等于链的节距 p，边数等于链轮齿数。链轮每转一周，随之绕过的链长为 zp。因此，当两链轮的转速分别为 n_1、n_2 时，链的平均速度为

$$v = \frac{z_1 p n_1}{60 \times 1\,000} = \frac{z_2 p n_2}{60 \times 1\,000} \,(\text{m/s})$$

故链传动的平均传动比为

$$i = \frac{n_1}{n_2} = \frac{z_2}{z_1}$$

式中，p 为链节距（mm）；n_1、n_2 为主、从动轮转速（r/min）；z_1、z_2 为主、从动轮齿数。

一般传动比 $i \leqslant 7$，当 $v \leqslant 2$ m/s 且载荷平稳时可达 10，推荐 $i = 2 \sim 3.5$。传动比过大则链在小链轮上包角过小，将加速轮齿的磨损，通常包角应不小于 $120°$。

3. 链节距 p

链节距 p 是链传动中最主要的参数。链节距越大其承载能力越高，但传动中的附加动载荷、冲击和噪声也都会越大，运动的平稳性就越差。因此，在满足传递功率的前提下，应尽量选取小节距的单排链；若传动速度高、功率大时，则可选用小节距多排链，但为确保承载均匀，一般不超过 4 排。这样可在不加大节距 p 的条件下，增加链传动所能传递的功率。

4. 中心距 a 和链节数 L_p

中心距 a 是主、从两链轮中心线之间的距离。

在链速不变的情况下，若链传动中心距过小，链节在单位时间内承受变应力的次数增多，会加速疲劳和磨损；另外，小链轮的包角也会减小，同时参与啮合的齿数也就减少，传动能力就会下降。

反之，若中心距过大，易使链传动时链条发生过大的抖动现象，增加了传动的不平稳性。一般可取中心距 $a=（30\sim50）p$，最大中心距 $a_{max}\leqslant80p$。

链条的长度以链节数 L_p 表示

$$L_p = \frac{2a}{p} + \frac{z_1 + z_2}{2} + \frac{p}{a}(\frac{z_2 - z_1}{2\pi})^2$$

按上式计算得到的 L_p 应圆整为相近的整数，且最好为偶数，然后根据圆整后的链节数 L_p，计算实际的中心距 a

$$a = \frac{p}{4}\left[(L_p - \frac{z_1 + z_2}{2}) + \sqrt{(L_p - \frac{z_1 + z_2}{2})^2 - 8(\frac{z_2 - z_1}{2\pi})^2}\right]$$

另外，为了便于安装链条和调节链的张紧程度，中心距一般都做成可调的。一般取中心距调节量 $a\geqslant2p$。若中心距不可调，为使链的松边有一定的初垂度，安装中心距应比计算出的实际中心 a 小 $2\sim5$ mm。

例 5-2　设计一压气机用链传动，电动机转速 $n_1=970$ r/min，压气机转速 $n_2=330$ r/min，传动功率 $P=10$ kW，链节距 $p=15.875$ mm，中心距可以调。

解：

① 选择链轮齿数。

链传动传动比

$$i = \frac{n_1}{n_2} = \frac{970}{330} = 2.94$$

设链速 $v=3\sim8$ m/s，由表 5-4 选小链轮齿数 $z_1=23$，得大链轮齿数

$$z_2 = iz_1 = 2.94\times23 = 67$$

② 初定中心距 a，取定链节数 L_p。

初定中心距 $a=（30\sim50）p$，取 $a=40p$，则

链节数有

$$L_p = \frac{2a}{p} + \frac{z_1 + z_2}{2} + \frac{p}{a}(\frac{z_2 - z_1}{2\pi})^2$$

$$= \frac{2\times40p}{p} + \frac{23+67}{2} + \frac{p}{40p}(\frac{67-67}{2\pi})^2$$

$$= 126.23\ 节$$

取 $L_p = 126$ 节（取偶数）

确定中心距

$$a = \frac{p}{4}\left[\left(L_p - \frac{z_1 + z_2}{2}\right) + \sqrt{\left(L_p - \frac{z_1 + z_2}{2}\right)^2 - 8\left(\frac{z_2 - z_1}{2\pi}\right)^2}\right]$$

$$= \frac{15.875}{4}\left[\left(126 - \frac{23 + 67}{2}\right) + \sqrt{\left(126 - \frac{23 + 67}{2}\right)^2 - 8\left(\frac{67 - 23}{2\pi}\right)^2}\right]$$

$$= 633 \text{ mm}$$

中心距的调整量 $a \geqslant 2p = 2 \times 15.875 = 31.75$ mm

实际安装中心距 $a' = 633 - 31.75 = 601.25$ mm

取 $a' = 600$ mm

设计结果：链轮齿数 $z_1 = 23$，$z_2 = 67$，传动中心距 $a = 633$ mm。

5.2.3 滚子链链轮

为了保证链与链轮的良好啮合并提高传动的性能和寿命，应该合理设计链轮的齿形和结构，适当地选取链轮材料。

1. 链轮的齿形

链轮齿形应保证链节顺利地啮入和退出，啮合时接触良好，因磨损而节距增大时不易脱链，并便于加工。GB/T 1243—2006 中没有规定具体的链轮齿形，图 5-25 所示为滚子链链轮常用的端面齿形。按国家标准规定，用标准刀具加工的链轮，只需给出链轮的节距 p、齿数 z 和链轮的分度圆直径 d。端面齿形由 aa、ab 和 cd 三段圆弧和一条直线 bc 构成，简称"三圆弧一直线"齿形。链轮的轴向齿形呈圆弧状，便于链节的进入和退出。其尺寸见有关手册。

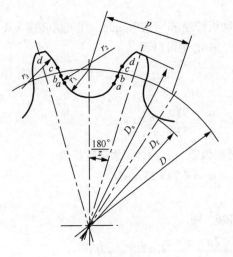
（a）三圆弧一直线

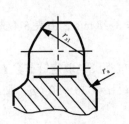
（b）齿形端面图

图 5-25 链轮齿形

2. 链轮的结构

链轮的主要结构形式如图 5-26 所示。小直径链轮可制成实心式，如图 5-26（a）所示；中等直径链轮采用孔板式，如图 5-26（b）所示；大直径链轮，为了提高轮齿的耐磨性，常将齿圈和齿心用不同材料制造，然后将它们焊接在一起，如图 5-26（c）所示；也可用螺栓连接在一起，如图 5-26（d）所示。

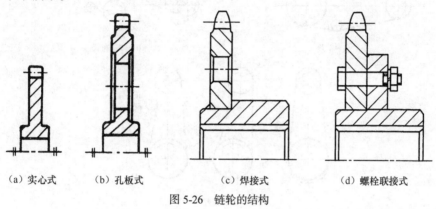

（a）实心式　　　（b）孔板式　　　　　（c）焊接式　　　　　（d）螺栓联接式

图 5-26　链轮的结构

3. 链轮的材料

链轮的材料应能保证齿有足够的强度和耐磨性。常用碳素钢、合金钢、灰铸铁等材料，小功率高速链轮也可用夹布胶木。齿面通常经过热处理，使其达到一定硬度。由于小链轮啮合次数多，磨损和冲击也较严重，所用材料常优于大链轮。

根据链轮的具体工作情况，常用的材料有 20、35、40、45 等碳素钢，HT150、HT200 等灰口铸铁，ZG310-570 等铸钢，以及 20 Cr、35 CrMo、40Cr 等合金钢。

含碳量低的钢适宜用作承受冲击载荷的链轮，铸钢等适宜于易磨损但无剧烈冲击振动的链轮，要求强度高且耐磨的链轮须由合金钢制作。

5.2.4　链传动的使用与维护

为了达到预期的设计要求，应该对链传动进行合理布置、张紧和正确的使用维护。

1. 链传动的布置

链传动的常见布置形式如图 5-27 所示。

这些布置方式的特点和用途如下。

① 水平布置时应保持两链轮的回转平面在同一铅垂平面内，并保持两轮轴线相互平行，否则易引起脱链和产生不正常磨损。

② 倾斜布置时两链轮中心线与水平线夹角 φ 尽量小于 45°，以免下方的链轮啮合不良或脱离啮合。

③ 垂直布置时要避免两链轮的中心线成 90°，可使上下链轮左右偏移一段距离。

当中心距 $a < 30p$，传动比 $i > 2$，且两轮轴线不在同一水平面上时，或当 $a > 60p$，$i < 1.5$ 且两轮轴线在同一水平面上时，尽量使松边在下面，以免松边垂度过大时出现链与轮齿钩住或两链边

相碰。当 $a = (30\sim50)\,p$、$i = 2\sim3$ 时，两轮中心连线最好成水平，或水平面成 60° 以下倾角。松边在上面或在下面均可，但在下面较好。

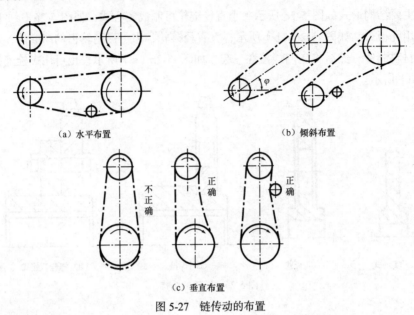

（a）水平布置　　　　　　　　　　（b）倾斜布置

（c）垂直布置

图 5-27　链传动的布置

2. 链传动的张紧

链条在使用过程中会因磨损而逐渐伸长，为防止松边垂度过大而引起啮合不良、松边抖动和跳齿等现象，应使链条张紧。常用的张紧方法有调整中心距和采用张紧轮装置，张紧轮一般设在松边。

常用的链条张紧形式如图 5-28 所示。

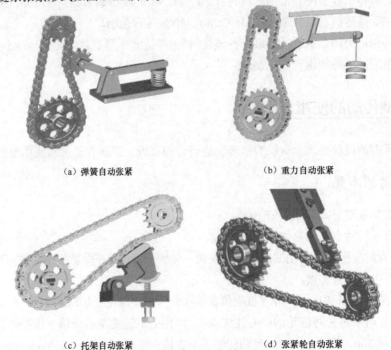

（a）弹簧自动张紧　　　　　　　　　（b）重力自动张紧

（c）托架自动张紧　　　　　　　　　（d）张紧轮自动张紧

图 5-28　链传动的张紧形式

3. 链传动的润滑

① 人工定期润滑：用油壶或油刷，每班注油一次。适用于低速 $v \leqslant 4$ m/s 的不重要链传动。

② 滴油润滑：用油杯通过油管滴入松边内、外链板间隙处，每分钟 5～20 滴。适用于 $v \leqslant 10$ m/s 的链传动。

③ 油浴润滑：将松边链条浸入油盘中，浸油深度为 6～12 mm，适用于 $v \leqslant 12$ m/s 的链传动。

④ 飞溅润滑：在密封容器中，甩油盘将油甩起，沿壳体流入集油处，然后引导至链条上。但甩油盘线速度应大于 3 m/s。

⑤ 压力润滑：当采用 $v \geqslant 8$ m/s 的大功率传动时，应采用特设的油泵将油喷射至链轮链条啮合处。

润滑油牌号按机械设计手册选（普通机械油），精度为 20 ～ 40 st。

小结

带传动和链传动是挠性传动中应用最广泛的传动形式，其主要作用是传递转矩和改变转速。

在带传动的学习中，主要讲述了带传动的类型、工作原理、特点及应用，带传动的受力情况、带的应力、弹性滑动和打滑，以及普通 V 带传动的设计准则和设计方法等。最后对带传动的张紧、使用和维护做了简要介绍。

在链传动的学习中，介绍了链传动的工作原理、特点及其应用范围；然后以滚子链传动为对象，重点介绍了滚子链传动的设计计算方法及其主要参数选择；简要介绍了链传动的布置、张紧和润滑。

习题

1. 带传动有哪些主要类型？各有什么特点？

2. 与平带传动相比，V 带传动有何优缺点？

3. 带传动中，紧边和松边是如何产生的？怎样理解紧边和松边的拉力差即为带传动的有效拉力？

4. 带的工作速度一般为 5～25 m/s，带速为什么不宜过高又不宜过低？

5. 为什么说弹性滑动是带传动的固有特性？弹性滑动对传动有什么影响？是什么原因引起的？

6. 带传动的打滑是怎样产生的？打滑多发生在大轮上还是小轮上？为什么？刚开始打滑前，紧边拉力与松边拉力有什么关系？

7. 一磨床的电动机和主轴箱之间采用垂直布置的普通 V 带传动。电动机功率 $P = 7.5$ kW，转速 $n_1 = 1450$ r/min，传动比 $i = 2.1$，试设计此普通 V 带传动。

8. 与带传动和齿轮传动相比，链传动有哪些优缺点？它主要适用何种场合？

9. 链条在工作时所受的是何种性质的载荷？链传动的主要失效形式有哪几种？设计计算准则是什么？

10. 为什么链节数常取偶数？而链轮齿数多取为奇数？

11. 在链传动设计中，选择链轮齿数和传动比各受哪些条件限制？

12. 链传动为什么要适当张紧？常用哪些张紧方法？

13. 链传动有哪些润滑方法？各在什么情况下采用？

14. 设计一螺旋输送机用的链传动。已知传递功率 $P = 4$ kW，主动链轮转速 $n_1 = 720$ r/min，从动链轮转速 $n_2 = 240$ r/min，单班制工作，水平布置，要求中心距不小于 650 mm，并且可调。

第6章

齿轮传动和蜗杆传动

齿轮是生活中最常见的机械零件之一，用于实现机械运动和动力的传递，齿轮传动结构紧凑，使用范围广，传动效率高。蜗杆蜗轮可以实现传动比较大的减速运动，也是一种重要的传动零件。本章将深入介绍齿轮机构的传动原理，介绍齿轮传动家族各主要成员的特点、用途，最终达到能够灵活使用齿轮机构进行机械设计的目的。

【学习目标】

- 了解齿轮的特点及分类。
- 掌握渐开线齿轮的特点及正确传动、连续传动的条件。
- 掌握齿轮传动比的计算及直齿各部分尺寸的计算。
- 掌握直齿圆柱齿轮传动的强度计算。
- 了解齿轮加工方法及失效形式。
- 了解斜齿轮、锥齿轮等类型齿轮的特点及应用。
- 了解蜗杆传动的特点及应用。

【观察与思考】

① 钟表是我们生活中的日常用品，如图 6-1 所示为钟表的构造图。

- 想一想，手表走时准确的关键因素在哪里。
- 找出其中的齿轮零件，并思考其主要功能是什么。
- 思考齿轮的制造精度与手表走时准确度之间的关系。

② 如图 6-2 所示是一个发动机附件传动系统的原理图。

- 思考这个系统是如何工作的。
- 思考这个系统的主要工作任务是什么。
- 观察图中齿轮在外形上有何不同，理解齿轮种类的多样性。

图 6-1　钟表的构造

③ 减速器是机械中的常用部件，图6-3所示为减速器的剖视图。

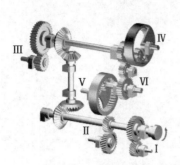

图6-2　发动机附件传动系统图

图6-3　减速器

- 思考这个系统中的哪个部分是工作的核心。
- 观察图中哪个部件是蜗杆蜗轮机构。
- 思考蜗杆蜗轮传动是怎样达到减速目的的。

6.1　齿轮传动综述

齿轮在现代机械领域中使用十分广泛，从平时的生活和学习中分析，齿轮传动有哪些特点？观察齿轮传动有哪些类型，并思考齿轮传动分类的依据。

6.1.1　齿轮传动的特点

齿轮传动用于传递任意两轴之间的运动和动力，是现代机械中应用最广泛的传动形式之一，目前在机床和汽车变速器等机械中已普遍使用。下面对齿轮传动的特点进行分析。

1. 齿轮传动的优点。

① 工作可靠。
② 寿命较长。
③ 传动比稳定。
④ 效率高。
⑤ 可实现平行轴、任意角相交轴、任意角交错轴之间的传动。
⑥ 适用功率和速度范围广。

2. 齿轮传动的缺点。

① 加工和安装精度要求较高。
② 制造成本较高。
③ 不适宜于远距离两轴之间的传动。

6.1.2　齿轮传动的类型

齿轮传动种类丰富，可以从不同角度对其进行分类。

1.　按照传动轴的几何特性分

按照传动轴的几何特性分，齿轮传动分为以下 3 种类型。

① 圆柱齿轮传动：两轴线相互平行，如图 6-4 所示。

② 圆锥齿轮传动：两轴线相交，如图 6-5 所示。

③ 螺旋齿轮传动：两轴线交错在空间既不平行也不相交，如图 6-6 所示。

图 6-4　直齿圆柱齿轮传动　　　　图 6-5　圆锥齿轮传动　　　　图 6-6　螺旋齿轮传动

2.　按轮齿形状分

按照传动齿轮的轮齿类型，齿轮传动分为以下 3 种类型。

① 直齿轮传动：其径向齿形为直线，制造方便，成本低，如图 6-4 所示。

② 斜齿轮传动：其径向齿形为斜线，传动平稳，如图 6-7 所示。

③ 人字齿轮传动：相当于两个斜齿轮的组合，负载能力更强，如图 6-8 所示。

3.　按照啮合形式分

按照齿轮啮合形式，齿轮传动可以分为以下 3 种类型。

① 外啮合传动：两齿轮均为外齿轮，制造安装方便，如图 6-4 所示。

② 内啮合传动：有一个齿轮为内齿轮，结构紧凑，如图 6-9 所示

③ 齿轮齿条传动：一个齿轮变为齿条，可以对移动和转动进行变换，如图 6-10 所示。

齿轮传动按照轴间的相互位置、齿向和啮合情况分类结果如图 6-11 所示。

图 6-7　斜齿轮传动

图 6-8　人字齿轮传动

图 6-9　内啮合传动

图 6-10　齿轮齿条传动

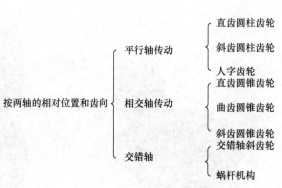

图 6-11　齿轮传动的分类

6.2　齿轮的齿廓曲线

思考一对齿轮传动时，其基本要求是什么。如果一对齿轮在转动过程中速度不均匀，将有什么不利影响？

6.2.1　齿轮啮合的基本定律

通过思考得知：一对齿轮传动必须保证主、从动轮匀角速度转动，否则将会产生惯性力，影响齿轮的强度和寿命。

如图 6-12 所示为一对啮合齿轮的啮合过程，其特点如下。

① 轮齿 E_1、E_2 在 K 点接触。

② 主、从动轮分别以 ω_1、ω_2 转动。

1.　基本概念

先介绍几个齿轮传动中的基本概念。

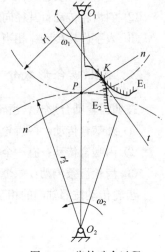

图 6-12　齿轮啮合过程

（1）公法线

过 K 点作两齿廓的公切线 $t - t$，与之相垂直的直线 $n - n$ 即为两齿廓在 K 点处的公法线。

（2）节点

公法线与连心线 O_1O_2 的交点为 P，称为节点。

（3）瞬时传动比

两齿轮的瞬时传动比为

$$i_{12} = \frac{\omega_1}{\omega_2} = \frac{\overline{O_2P}}{\overline{O_1P}} = \frac{r_2'}{r_1'}$$

式中，r_1'、r_2' 分别为过 P 点所作的两个相切圆的半径。

（4）节圆

过 P 点所作的两个相切圆被称为节圆。

2. 齿廓啮合基本定律

通过分析可知：若 $\overline{O_2P}/\overline{O_1P}$ 为定值，则可保证齿轮瞬时传动比不变，即不论两齿廓在哪一点接触，过接触点的公法线与连心线的交点 P 都为一固定点，这一关系称为齿廓啮合基本定律。

6.2.2 齿廓曲线的选择

凡能按预定传动比规律相互啮合传动的一对齿廓称为共轭齿廓。一般说来，对于预定的传动比，只要给出一轮的齿廓曲线，就可根据齿廓啮合基本定律求出与其啮合传动的另一轮上的共轭齿廓曲线。因此，能满足一定传动比规律的共轭齿廓曲线是很多的。

但是在生产实践中，选择齿廓曲线时，不仅要满足传动比的要求，还必须从设计、制造、安装和使用等多方面予以综合考虑。对于定传动比传动的齿轮来说，目前最常用的齿廓曲线是渐开线，其次是摆线（见图 6-13）和变态摆线，近年来还有圆弧齿廓（见图 6-14）和抛物线齿廓等。

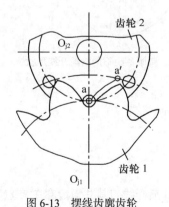

图 6-13 摆线齿廓齿轮

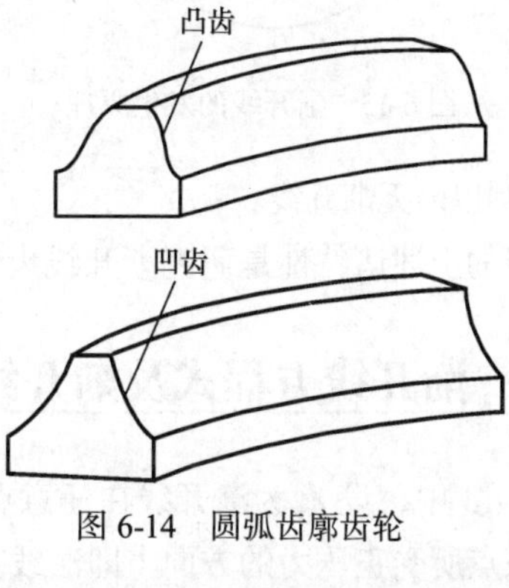

图 6-14 圆弧齿廓齿轮

由于渐开线齿廓具有良好的传动性能，而且便于制造、安装、测量和互换使用，因此它的应用最为广泛，故本章着重对渐开线齿廓的齿轮进行介绍。

6.3　渐开线齿廓的啮合性质

渐开线齿廓应用广泛，在我们的生活工作中也经常见到。请根据平时看到的渐开线齿廓，思考渐开线是怎么形成的，有哪些特性？

6.3.1　渐开线的形成及其特性

如图 6-15 所示，当一直线 BK 沿一圆周作纯滚动时，直线上任意一点 K 的轨迹 AK 就是该圆的渐开线（Involute）。该圆称为渐开线的基圆（Base Circle），它的半径用 r_b 表示，直线 BK 称为渐开线的发生线（Generating Line），角 θ_K 称为渐开线上 K 的展角（Evolving Angle）。

根据渐开线的形成过程，可知渐开线具有下列特征。

① 发生线上 $\overline{BK}$ 线段长度等于基圆上被滚过的弧长 $\widehat{AB}$，即 $\overline{BK} = \widehat{AB}$。

② 发生线 $\overline{BK}$ 即为渐开线在 K 点的法线，又因发生线恒切于基圆，故知渐开线上任意点的法线恒与其基圆相切。

③ 发生线与基圆的切点 B 也是渐开线在 K 点处的曲率中心，线段 $\overline{BK}$ 就是渐开线在 K 点处的曲率半径。故渐开线越接近基圆部分的曲率半径越小，在基圆上其曲率半径为零。

④ 渐开线的形状取决于基圆的大小。在展角相同处，基圆半径越大，其渐开线的曲率半径也越大，如图 6-16 所示。当基圆半径为无穷大时，其渐开线就变成一条直线，故齿条的齿廓曲线为直线。

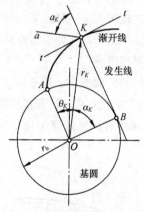

图 6-15　渐开线的发生原理

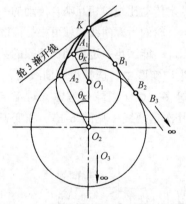

图 6-16　基圆半经不同的渐开线形状

⑤ 基圆以内无渐开线。

渐开线的上述诸特性是研究渐开线齿轮啮合传动的基础。

6.3.2　渐开线方程式及渐开线函数

在图 6-13 中，设 r_k 为渐开线在任意点 K 的径向。当此渐开线与其共轭齿廓在 K 点啮合时，此齿廓在该点所受正压力的方向（即法线方向）与该点的速度方向（沿 α_K 方向）之间所夹的锐角 α_K，称为渐开线在该点的压力角。由 ΔBOK 可知

$$\cos\alpha_k = r_b/r_k \tag{6-1}$$

又因

$$\tan\alpha_K = \frac{\overline{BK}}{r_b} = \frac{\hat{AB}}{r_b} = \frac{r_b(\alpha_K + \theta_K)}{r_b} = \alpha_K + \theta_K$$

故得

由上式可知，展角 θ_K 是压力角 α_K 的函数，称其为渐开线函数（Involute Function）。用 $\mathrm{inv}\alpha_k$ 来表示，即

$$\mathrm{inv}\alpha_K = \theta_K = \tan\alpha_K - \alpha_K \tag{6-2}$$

由式（6-1）及式（6-2）可得渐开线的极坐标方程式为

$$\left. \begin{array}{l} r_K = r_b / \cos\alpha_K \\ \theta_K = \mathrm{inv}\alpha_K = \tan\alpha_K - \alpha_K \end{array} \right\} \tag{6-3}$$

6.3.3　渐开线齿轮齿廓的啮合特性

要对渐开线齿轮的传动有更深的认识和理解，我们必须理解渐开线齿轮齿廓的啮合特性。下面将对这一内容进行讲述。

1. 渐开线齿廓能保证定传动比传动

如图 6-17 所示为两基圆半径分别为 r_{b1}、r_{b2} 的渐开线齿廓在任一点 K 啮合的示意图。

① 过 K 点作两齿廓的公法线 N_1N_2 交两轮的连心线 O_1O_2 于 P 点。

② 公法线 N_1N_2 为两基圆的内公切线。

③ 由于两基圆大小、位置不变，故同一方向上的内公切线只有 1 条，即 N_1N_2 为一条直线，其与连心线的交点 P 为一固定点。

分析得知：渐开线齿廓满足齿廓啮合基本定律，且传动比为

$$i_{12} = \frac{\omega_1}{\omega_2} = \frac{O_2P}{O_1P} = \frac{r_2'}{r_1'} = \frac{r_{b2}}{r_{b1}} = 常数 \tag{6-4}$$

式中，r_{b1}、r_{b2} 为两齿轮的基圆半径；r_1'、r_2' 为两齿轮的节圆半径。

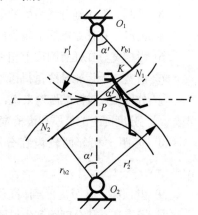

图 6-17　渐开线齿廓的啮合特性

2. 渐开线齿轮具有可分性

由式 6-4 可知，两齿轮的传动比不仅与节圆半径成反比，也与两基圆的半径成反比。而一对渐开线齿轮制成后，其基圆半径不变，即使两轮的中心距略有改变，也不会影响其传动比。这个特性就称为渐开线齿轮的可分性。

在实际生产中，由于制造误差、安装误差和轴承的磨损等因素，常导致齿轮中心距的微小变化，由于渐开线具有可分离性，故传动比仍保持不变，渐开线齿轮的这一特性给齿轮制造、安装和使用带来很大的方便。

3. 渐开线齿廓正压力方向恒定不变

如图 6-17 所示，两齿廓的接触点称为啮合点，啮合点的轨迹线为 N_1N_2，N_1 与 N_2 点为啮合极限点，N_1N_2 称为理论啮合线段。啮合线 N_1N_2 与两节圆公切线 t-t 所夹的锐角为啮合角 α'。

由于啮合线 N_1N_2 既是两基圆的内公切线，又是两齿廓接触点的公法线，故齿轮的传力方向始终沿着 N_1N_2 方向，即啮合角为定值，因此渐开线齿轮传动平稳。

6.4 渐开线标准直齿圆柱齿轮的结构

齿轮是一种精密机械零件，其结构的准确性和精确性将影响其使用性能，要完整描述一个渐开线标准直齿圆柱齿轮，必须明确其结构以及各部分的功用。

6.4.1 渐开线直齿圆柱齿轮各部分名称

如图 6-18 所示为一渐开线直齿圆柱齿轮的结构要素图。下面来认识该齿轮上的重要结构要素。

① 齿顶圆。过齿轮齿顶所作的圆称为齿顶圆，直径用 d_a 表示（半径用 r_a 表示）。

② 齿根圆。过齿轮齿根所作的圆称为齿根圆，直径用 d_f 表示（半径用 r_f 表示）。

③ 基圆。发生渐开线齿廓的圆称为基圆，直径用 d_b 表示（半径用 r_b 表示）。

④ 齿厚。在任意圆周上轮齿两侧间的弧长，用 s_i 表示。

⑤ 齿槽宽。在任意圆周上相邻两齿反向齿廓之间的弧长，用 e_i 表示。

⑥ 齿宽。沿齿轮轴线量得齿轮的宽度称为齿宽，用 b 表示。

⑦ 分度圆。对标准齿轮来说，齿厚与齿槽宽相等的圆称为分度圆，其直径用 d 表示（半径用 r 表示）。分度圆上的齿厚和齿槽宽分别用 s 和 e 表示，$s = e$。分度圆是设计和制造齿轮的基圆。

⑧ 齿距。相邻两轮齿在分度圆上同侧齿廓对应点间的弧长称为齿距，用 p 表示：$p = s + e$，$s = e = \dfrac{p}{2}$。

⑨ 齿顶高。从分度圆到齿顶圆的径向距离，用 h_a 表示。

⑩ 齿根高。从分度圆到齿根圆的径向距离，用 h_f 表示。

⑪ 全齿高。从齿顶圆到齿根圆的径向距离，用 h 表示：$h = h_a + h_f$。

⑫ 齿顶间隙。当一对齿轮啮合时，一个齿轮的齿顶圆与配对齿轮的齿根圆之间的径向距离，用 c 表示，$c = h_f - h_a$。这个径向距离可避免一个齿轮的齿顶与另一个齿轮的齿根相碰，并能储存润滑油，有利于齿轮传动装配和润滑。

【练习】

结合如图 6-19 所示的齿条结构要素图，在齿条上找到与渐开线圆柱齿轮相对应的各个结构要素。

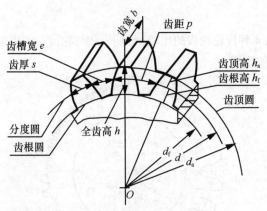

图 6-18　渐开线直齿圆柱齿轮的结构要素

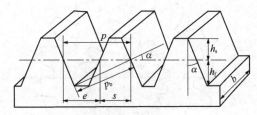

图 6-19　齿条的结构要素

6.4.2　渐开线直齿圆柱齿轮的基本参数

观察如图 6-20 所示 3 个齿轮，找出它们的主要区别。

生产中使用的齿轮不但种类多样，而且参数众多，同一种类的齿轮也具有不同的齿数、大小和宽度等参数。直齿圆柱齿轮的基本参数有齿数 z、模数 m、压力角 α、齿顶高系数 h_a^* 和顶隙系数 c^* 共 5 个。这些基本参数是齿轮各部分几何尺寸计算的依据。

1.　齿数 z

一个齿轮的轮齿总数称为齿数，用 z 表示。齿轮设计时，齿数是按使用要求和强度计算确定的。

2.　模数 m

齿轮传动中，齿距 p 除以圆周率π所得到的商称为模数，即 $m = \dfrac{p}{\pi}$，单位 mm。

使用模数和齿数可以方便计算齿轮的大小，用分度圆直径表示：$d = mz$。

【思考】

齿数相同的情况下，改变齿轮的模数，齿轮的大小如何变化？模数相同的情况下，改变齿轮的齿数，齿廓的形状如何变化？

① 当齿轮的模数一定时，齿数不同，齿形也有差异，齿数越多，齿轮的几何尺寸越大，轮齿渐开线的曲率半径也越大，齿廓曲线越趋平直，当齿数趋于无穷大时，齿轮的齿廓已经变为直线，齿轮演变为齿条，如图 6-19 所示。

图 6-20　齿轮对比

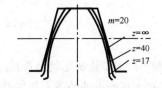

图 6-21 不同齿数时的齿形

② 模数的大小反映了轮齿的大小。模数越大，轮齿越大，齿轮所能承受的载荷就大；反之，模数越小，轮齿越小，齿轮所能承受的载荷就小，如图 6-22 所示。

【练习】

图 6-23 所示为分度圆直径相同而模数不同的 4 种齿轮轮齿的比较，说明模数与轮齿大小和齿数的关系。理解模数越小，轮齿就小，齿数就多的道理。

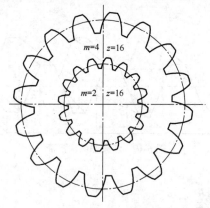

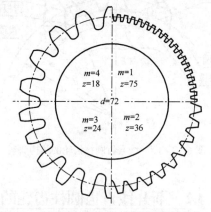

图 6-22 不同模数的齿轮　　　　图 6-23　分度圆直径相同，模数不同的齿轮

为了使用的方便，我们人为将 m 规定为有理数，并且其取值已经标准化，具体如表 6-1 所示。

表 6-1　　　　　　　　　　　　　　渐开线齿轮模数（部分）

第一系列	0.8　1　1.25　1.5　2　2.5　3　4　5　6　8　10　12　16　20　25　32　40　50
第二系列	0.9　1.75　2.25　2.75　（3.25）　3.5　（3.75）　4.5　5.5　（6.5）　7　9　（11）　14　18　22　28　36　45

注：① 表中模数对于斜齿轮是指法向模数。

② 选取时，优先采用第一系列，括号内的模数尽可能不用。

3. 压力角 α

由前面分析可知，渐开线上各点的压力角是不同的。通常将渐开线在分度圆上的压力角称为标准压力角（简称压力角）。不同压力角的轮齿的形状，如图 6-24 所示。

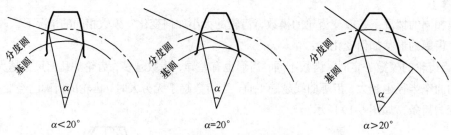

图 6-24　不同压力角时轮齿的形状

【思考】

当压力角不同时，齿廓形状是否相同？

① 渐开线上任意点处的压力角是不相等的，在同一基圆的渐开线上，离基圆越远的点，压力角越大；离基圆越近的点，压力角越小。

② 当分度圆半径不变时，压力角减小，则基圆半径增大，轮齿的齿顶变宽，齿根变窄，其承载能力降低。

③ 压力角增大，则基圆半径减小，轮齿的齿顶变尖，齿根变厚，其承载能力增大，但传动较费力。

④ 国家标准中规定分度圆上的压力角为标准值，$\alpha = 20°$。

4. 齿顶高系数 h_a^*、顶隙系数 c^*

齿顶高与模数之比值称为齿顶高系数，用 h_a^* 表示。

如图 6-25 所示，当一对齿轮啮合时，为使一个齿轮的齿顶面不至于与另一个齿轮的齿槽底面相抵触，轮齿的齿根高应大于齿顶高，以保证两轮啮合时，一齿轮的齿顶与另一齿轮的槽底间有一定的径向间隙，这一间隙称为顶隙。可以储存润滑油，有利于齿轮的润滑。

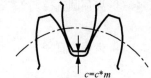

图 6-25 认识顶隙系数 c^*

顶隙与模数之比值称为顶隙系数，用 c^* 表示。

齿轮各种部分尺寸均以模数作为计算基础，因此，标准齿轮的齿顶高和齿根高可表示为：

$$h_a = h_a^* m$$

$$h_f = (h_a^* + c^*)\, m$$

对圆柱齿轮，我国标准规定正常齿时 $h_a^* = 1$，$c^* = 0.25$。

6.4.3 渐开线直齿圆柱齿轮的几何尺寸计算

为了完整地确定一个齿轮的各个参数大小，需要详细计算其几何尺寸，在各个主要参数已知的情况下，标准直齿圆柱齿轮的主要尺寸参数可以通过表 6-2 所示公式算出。

表 6-2 　　　　　　　　　　　　标准直齿圆柱齿轮几何尺寸计算公式

名　称	代　号	公　式
齿数	z	设计选定
模数	m	设计选定
压力角	α	取标准值
分度圆直径	d	$d = mz$
基圆直径	d_b	$d_b = d\cos\alpha$
齿顶圆直径	d_a	$d_a = d + 2h_a = (z + 2h_a^*)m$
齿根圆直径	d_f	$d_f = d - 2h_f = (z - 2h_a^* - 2c^*)m$
齿顶高	h_a	$h_a = h_a^* m$
齿根高	h_f	$h_f = (h_a^* + c^*)m$
全齿高	h	$h = h_a + h_f$
齿距	p	$p = \pi m$
齿厚	s	$s = \dfrac{\pi m}{2}$
槽宽	e	$e = \dfrac{\pi m}{2}$
中心距	a	$a = \dfrac{1}{2}(d_1 + d_2) = \dfrac{1}{2}(z_1 + z_2)m$

例6-1 已知一标准直齿圆柱齿轮的模数 m 为 3 mm，齿数 z 为 19，求齿轮的各部分尺寸。

解：

根据表6-2中标准直齿圆柱齿轮几何尺寸计算公式得。

① 分度圆直径

$$d = mz = 3 \times 19 = 57 \text{ mm}$$

② 基圆直径

$$d_\text{b} = d \cos \alpha = 57 \cos 20° = 53.56 \text{ mm}$$

③ 齿顶圆直径

$$d_\text{a} = d + 2h_\text{a} = 57 + 2 \times 1 \times 3 = 63 \text{ mm}$$

④ 齿根圆直径

$$d_\text{f} = d - 2(h_\text{a}^* + c^*)m = 57 - 2 \times (1 + 0.25) \times 3 = 49.5 \text{ mm}$$

⑤ 齿顶高

$$h_\text{a} = h_\text{a}^* m = 1 \times 3 = 3 \text{ mm}$$

⑥ 齿根高

$$h_\text{f} = (h_\text{a}^* + c^*)m = (1 + 0.25) \times 3 = 3.75 \text{ mm}$$

⑦ 全齿高

$$h = h_\text{a} + h_\text{f} = 3 + 3.75 = 6.75 \text{ mm}$$

⑧ 齿距

$$p = \pi m = 3.14 \times 3 = 9.42 \text{ mm}$$

⑨ 齿厚、齿槽宽

$$s = e = \frac{\pi m}{2} = \frac{3.14 \times 3}{2} = 4.71 \text{ mm}$$

【思考】

完成上述例题学习后，思考以下几个问题。

① 在齿轮所有参数中，哪些是已知的基本参数？

② 一个标准齿轮是否有节圆？是否有分度圆？说明节圆和分度圆的不同。

③ 上例中计算的齿厚与齿槽是在齿轮上的任一圆上，还是分度圆上？

④ 若这个齿轮与另一个齿轮2配对啮合，传动比为2，试计算齿轮2的基圆半径。这对齿轮的节圆是否存在？若存在，分别为多少？

① 通过已知条件，如果为标准齿轮，则压力角为20°，齿顶高系数为1，顶隙系数为0.25；

② 对于一个齿轮，存在分度圆，而对于一对齿轮的啮合时，存在节圆；

③ 齿厚、齿槽的计算公式 $s = e = \dfrac{\pi m}{2}$，是指分度圆上的齿厚与齿槽。

6.4.4 齿条和内啮合齿轮的尺寸

齿条和内啮合齿轮是渐开线齿廓齿轮的特殊情况，在实际应用中，有其特殊的用途和功能。

1. 齿条

如图 6-26 所示，齿条与齿轮相比有以下 3 个主要特点。

① 齿条相当于齿数无穷多的齿轮，故齿轮中的圆在齿条中都变成了直线，即齿顶线、分度线、齿根线等。

② 齿条的齿廓是直线，所以齿廓上各点的法线是平行的，又由于齿条作直线移动，故其齿廓上各点的压力角相同，并等于齿廓直线的齿形角α。

③ 齿条上各同侧齿廓是平行的，所以在与分度线平行的各直线上其齿距相等。齿条的基本尺寸可参照外啮合齿轮的计算公式进行计算。

2. 内齿轮

如图 6-27 所示为一内啮合齿圆柱齿轮。它的轮齿分布在空心圆柱体的内表面上，与外啮合齿轮相比较有下列不同点。

① 内啮合齿轮的轮齿相当于外啮合齿轮的齿槽，内啮合齿轮的齿槽相当于外啮合齿轮的轮齿。

② 内啮合齿轮的齿根圆大于齿顶圆。

③ 为了使内啮合齿轮齿顶的齿廓全部为渐开线，其齿顶圆必须大于基圆。

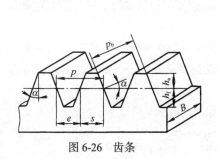

图 6-26　齿条

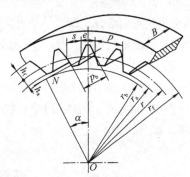

图 6-27　内啮合齿轮

6.5　渐开线齿轮正确啮合和连续传动的条件

【思考】

是不是任何两个齿轮组合在一起都能够实现正确平稳的传动？

观察图 6-28 所示齿轮的啮合情况，分析这对齿轮能否正常啮合运转？如果不能，问题出在哪里？试着分析出现问题的原因。

如果让两轮的分度圆相切会出现什么情况（两轮会相互干涉）？

再观察图 6-29 所示的齿轮啮合示意图，找出和图 6-28 所示的区别所在，试着总结一对齿轮能够正确啮合的主要因素。

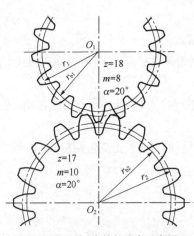

图 6-28　一对齿轮的啮合示意图

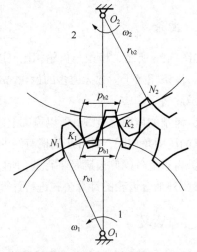

图 6-29　正确啮合的一对齿轮的啮合示意图

6.5.1　渐开线齿轮的正确啮合条件

根据工业生产的实际经验，两个齿轮要组成一个传动机构（称为传动副），实现正确的传动关系，必须满足以下两个条件。

① 两个齿轮正确啮合，即：一个齿轮的轮齿能放入另一个齿轮的齿槽中。

② 具有连续准确的传动，即：当主动轮以一恒定速度匀速转动时，从动轮也应该以一恒定的速度匀速转动。

通过分析得知：一对渐开线齿轮在传动时，其齿廓啮合点都应位于啮合线 N_1N_2 上，因此要使两齿轮能正确啮合传动，应使处于啮合线上的各对轮齿都能同时进入啮合，为此，两齿轮的法向齿距应相等。即

$$p_{b1} = p_{b2}$$
$$\pi m_1 \cos \alpha_1 = \pi m_2 \cos \alpha_2$$

故

$$m_1 = m_2 = m$$
$$\alpha_1 = \alpha_2 = \alpha$$

综上所述，渐开线齿轮正确啮合的条件是：两齿轮的模数、压力角必须分别相等。

这样，其传动比计算简化为

$$i_{12} = \frac{\omega_1}{\omega_2} = \frac{d_2'}{d_1'} = \frac{d_{b2}}{d_{b1}} = \frac{d_2}{d_1} = \frac{z_2}{z_1}$$

只有模数和压力角均相同的两个齿轮才能正确啮合；在齿轮传动中，齿轮的转速与其齿数成反比，齿数越多，其转速越低。

6.5.2　齿轮的安装

齿轮传动中心距的变化虽然不影响传动比，但会改变顶隙和齿侧间隙等的大小。在确定其中

心距时，应满足以下几点要求。

1. 正确安装的原则

根据生产中的经验，一对外啮合渐开线标准齿轮的正确安装，理论上应达到两个齿轮的齿侧间隙没有间隙，以防止传动时产生冲击和噪声，影响传动的精度。

2. 标准中心距

因标准齿轮的分度圆齿厚与槽宽相等，且一对相啮合的齿轮的模数相等，如图 6-30 所示，即

$$s_1 = e_1 = s_2 = e_2 = \frac{\pi m}{2}$$

故两齿轮啮合时，分度圆相切，侧隙为零，从而得到标准中心距为

$$a = \frac{d_1 + d_2}{2} = \frac{m}{2}(z_1 + z_2)$$

3. 正确安装的基本要求

齿轮传动正确安装时应满足以下要求。

（1）保证两轮的顶隙为标准值

顶隙的标准值为 $c = c^* m$。对于图 6-31 所示的标准

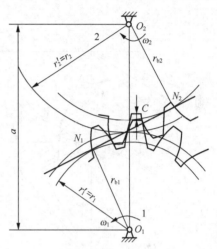

图 6-30 标准中心距

齿轮外啮合传动，当顶隙为标准值时，两轮的中心距应为

$$\begin{aligned} a &= r_{a1} + c + r_{f2} = (r_1 + h^* a_m) + c^* m + (r_2 - h^* a_m - c^* m) \\ &= r_1 + r_2 = m(z_1 + z_2)/2 \end{aligned} \tag{6-5}$$

即两轮的中心距等于两轮分度圆半径之和，此中心距称为标准中心距。

（2）保证两轮的理论齿侧间隙为零

虽然在实际齿轮传动中，在两轮的非工作齿侧间总要留有一定的齿侧间隙，但齿侧间隙一般都很小，由制造公差来保证。故在计算齿轮的名义尺寸和中心距时，都是按齿侧间隙为零来考虑的。欲使一对齿轮在传动时其齿侧间隙为零，需使一个齿轮在节圆上的齿厚等于另一个齿轮在节圆上的齿槽宽。

由于一对齿轮啮合时两轮的节圆总是相切的，而当两轮按标准中心距安装时，两轮的分度圆也是相切的，即 $r_1' + r_2' = r_1 + r_2$。又因 $i_{12} = r_2'/r_1' = r_2/r_1$，故此时两轮的节圆分别与其分度圆相重合。由于分度圆上的齿厚与齿槽宽相等，因此有 $s_1' = e_1' = s_2' = e_2' = \pi m/2$，故标准齿轮在按标准中心距安装时无齿侧间隙。

（3）啮合角等于节圆压力角

两齿轮在啮合传动时，其节点 P 的圆周速度方向与啮合线 N_1N_2 之间所夹的锐角，称为啮合角，通常用 α' 表示。由此定义可知，啮合角等于节圆压力角。当两轮按标准中心距安装时，啮合角也等于分度圆压力角。

4. 齿轮的中心距与啮合角的关系

当两轮的实际中心距 a' 与标准中心距 a 不相同时，如将中心距增大（如图 6-32 所示顶隙 b），这时两轮的分度圆不再相切，而是相互分离。两轮的节圆半径将大于各自的分度圆半径，其啮合角 α' 也将大于分度圆的压力角 α。

因 $r_b = r\cos\alpha = r'\cos\alpha'$，故有 $r_{b1} + r_{b2} = (r_1 + r_2)\cos\alpha = (r_1' + r_2')\cos\alpha'$，可得齿轮的中心距与啮合角的关系式为

$$a'\cos\alpha' = a\cos\alpha \qquad\qquad (6\text{-}6)$$

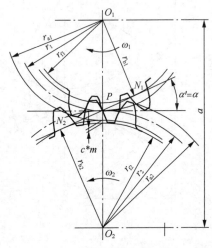

图 6-31　标准齿轮外啮合传动

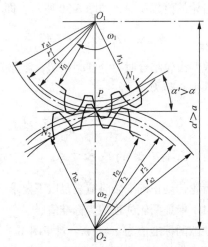

图 6-32　中心距增大后的啮合传动

> 当两轮分度圆分离时，即实际中心距小于标准中心距时，啮合角将小于分度圆压力角。

6.5.3　渐开线齿轮连续传动的条件

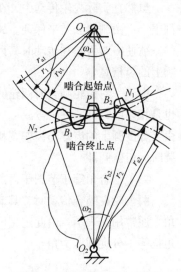

齿轮传动实际上是各个轮齿依次进入啮合，然后再退出啮合的接力过程，请思考以下问题：当前一个齿轮退出啮合，而下一个齿轮尚未进入啮合时，将有什么后果？

1. 啮合线的概念

观察图 6-33 所示的啮合示意图，首先比较 B_1B_2 和 N_1N_2 两段线段的长短。

（1）理论啮合线

图 6-33 中，$\overline{N_1N_2}$ 是一对齿轮理论上可能达到的最长啮合线段，称为理论啮合线。

（2）实际啮合线段

图 6-33　正确传动的一对齿轮

图 6-33 中，$\overline{B_1B_2}$ 线段为啮合点实际所走过的轨迹，称为实际啮合线段。

2. 重合度的概念

根据经验，为了使两齿轮能够连续传动，必须保证在前一对轮齿尚未能脱离啮合时，后一对轮齿就要及时进入啮合，为此，则实际啮合线段 $\overline{B_1B_2}$ 应大于或至少等于齿轮的法向齿距 p_b，即

$$\overline{B_1B_2} \geqslant p_b$$

通常把 $\overline{B_1B_2}$ 与 p_b 的比值 ε_α 称为齿轮传动的重合度，即

$$\varepsilon_\alpha = \frac{\overline{B_1B_2}}{p_b}$$

【思考】

① 重合度 ε_α 是大于等于 1，还是小于 1？

② 重合度 ε_α 越大，齿轮传动越平稳，对吗？

③ 重合度 $\varepsilon_\alpha = 1$，代表什么含义？而 $\varepsilon_\alpha = 2$ 又代表什么含义？若 ε_α 在 1～2 之间，则表示什么意思？

　　　　重合度越大，传动越平稳，每个轮齿受到的载荷也越小。重合度为 1 表示传动过程中始终只有一对轮齿在啮合；重合度为 2 表示有两对轮齿始终啮合；重合度为 1～2，表示有时一对轮齿啮合，有时有两对轮齿啮合。一般机械中，重合度通常为 1.1～1.4。

6.6　标准直齿圆柱齿轮传动的强度计算

齿轮工作过程中，首要的要求是满足强度条件，即能够在外力作用下正常工作不被破坏。为此，在设计齿轮传动时，都要对其作强度校核。

6.6.1　受力分析

若主动轮传递的功率为 P_1（kW）及转速为 n_1（r/min）时，则主动轮转矩为：

$$T_1 = 9.55 \times 10^6 \frac{P_1}{n_1}$$

如图 6-34（a）所示的一对标准直齿圆柱齿轮传动，当主动轮作用轴的转矩为 T_1 时，若不考虑齿面的摩擦力，则啮合轮齿间的作用力是始终沿啮合线 N_1N_2 的，其受力如图 6-34（a）所示的法向力 F_n，同时可以将 F_n 在节点 C 处沿圆周方向和半径方向分解成相互垂直的圆周力 F_t 和径向力 F_r。如图 6-34（b）所示，作用在主、从动轮齿上的法向力 F_{n1}、F_{n2} 大小相等、方向相反，所以主、从动轮轮齿上的各力为：

圆周力：
$$F_t = F_{t1} = F_{t2} = \frac{2T_1}{d_1}$$

径向力：
$$F_r = F_{r1} = F_{r2} = F_t \tan\alpha$$

法向力：
$$F_n = F_{n1} = F_{n2} = \frac{F_t}{\cos\alpha}$$

式中，d_1 为主动轮分度圆直径（mm）；α 为分度圆压力角。

各力的方向也如图 6-34（a）所示，圆周力在主动轮上与啮合点圆周速度方向相反；从动轮上则与啮合点圆周速度方向相同。径向力对两轮都是从啮合点指向各自的轮心。

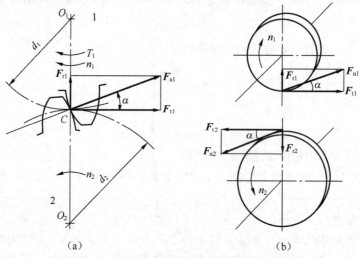

（a）   （b）

图 6-34　标准直齿圆柱齿轮传动轮齿受力分析

6.6.2　轮齿的计算载荷

由于齿轮在传递过程中要考虑动力机的动力性能和工作载荷的不平稳、由于制造误差造成的附加动载荷等不利因素，齿轮所受的法向力表示为：
$$F_{nk} = KF_n$$

式中，F_{nk} 为计算载荷；K 为载荷系数，一般可取 $K = 1.2\sim2$。工作平稳，K 取较小值，反之取大值。各动力机及工作机工作特性如表 6-3 所示。

表 6-3　　　　　　　　　　　　　　　　载荷系数

工作载荷	载荷特性	原动机		
		电动机	多缸内燃机	单缸内燃机
均匀加料的运输机和加料机、轻型卷扬机、发电机、机床辅助传动	平稳、轻微击	1～1.2	1.2～1.6	1.6～1.8
不均匀加料的运输机和加料机、重型卷扬机、机床主传动	中等冲击	1.2～1.6	1.6～1.8	1.9～2.1
冲床、钻床、轧床、破碎机、挖掘机	大的冲击	1.6～1.8	1.8～2.0	2.2～2.4

6.6.3 齿面接触疲劳强度计算

齿面疲劳点蚀是闭式软齿面齿轮传动的主要失效形式，而点蚀是由于传动过程中齿面受接触应力过大而引起的，故与齿面接触应力大小有关，应使齿面接触处所产生的最大接触应力小于等于齿轮的许用接触应力，即：$\sigma_H \leqslant [\sigma_H]$。

经推导整理简化得出如下公式。

校核公式：
$$\sigma_H = 3.52 Z_E \sqrt{\frac{KT_1(u \pm 1)}{bd_1^2 u}} \leqslant [\sigma_H]$$

设计公式：
$$d_1 \geqslant \sqrt[3]{\left(\frac{3.52 Z_E}{[\sigma_H]}\right)^2 \frac{KT_1(u \pm 1)}{\psi_d u}}$$

式中，σ_H 为齿面工作时产生的最大接触应力，MPa；Z_E 为材料的弹性系数，如表 6-4 所示；K 为载荷系数，如表 6-3 所示；T_1 为小齿轮传动的转矩，N·mm；b 为轮齿的工作宽度，mm；d_1 为小齿轮的分度圆直径，mm；$\pm$ 为 "+" 用于外啮合，"−" 用于内啮合；ψ_d 为齿宽系数，$\psi_d = \dfrac{b}{d_1}$；$[\sigma_H]$ 为齿轮材料的接触疲劳许用应力，MPa。

表 6-4　　　　　　　　　　　　　　　　　材料的弹性系数

两齿轮材料	两齿轮均为钢	钢 与 铸 铁	两齿轮均为铸铁
Z_E	189.8	165.4	144

例 6-2 已知一对闭式圆柱齿轮传动的参数如下：$z_1 = 20$，$z_2 = 60$，模数 $m = 3$ mm，齿宽系数 $\psi_d = 1$，小齿轮转速 $n_1 = 750$ r/min。若主从动轮的许用接触应力分别为 $[\sigma_F]_1 = 700$ MPa，$[\sigma_F]_2 = 650$ MPa，载荷系数 $K = 1.6$，弹性系数 $Z_E = 189.8 \sqrt{MPa}$。试按照接触疲劳强度计算该齿轮所能传递的功率。

分析：按照给定的条件，由接触疲劳强度只能计算出小齿轮传递的扭矩 T_1，但是由于小齿轮转速 n_1 已知，所以可以求出其能传递的功率 P。

解：

根据校核公式：
$$\sigma_H = 3.52 Z_E \sqrt{\frac{KT_1(u \pm 1)}{bd_1^2 u}} \leqslant [\sigma_H]$$

式中：
$$u = \frac{z_2}{z_1} = \frac{60}{20} = 3$$

$$d_1 = mz_1 = 3 \times 20 = 60 \text{ mm}$$

$$b = \psi_d d_1 = 1 \times 60 = 60 \text{ mm}$$

由题意可知，大齿轮许用接触应力较低，故按照大齿轮进行计算。

$$T_1 = \left(\frac{[\sigma_H]}{3.52 Z_E}\right)^2 \frac{bd_1^2}{K} \frac{u}{u+1} = \left(\frac{650}{3.52 \times 189.8}\right)^2 \times \frac{60 \times 60^2}{1.6} \times \frac{3}{3+1} = 95.84 \times 10^3 \text{ N} \cdot \text{m}$$

最后计算该齿轮能传递的功率为：

$$P = \frac{T_1 n_1}{9.55 \times 10^6} = \frac{95.84 \times 10^3 \times 750}{9.55 \times 10^6} = 7.53 \text{kW}$$

6.6.4 齿根弯曲疲劳强度计算

轮齿的疲劳折断主要与齿根弯曲应力的大小有关，为了防止轮齿根部的疲劳折断，应限制齿根弯曲应力，即 $\sigma_F \leqslant [\sigma_F]$。

为简化计算，假设载荷作用于齿顶，且全部载荷由一对轮齿承受，此时齿根部分产生的弯曲应力最大，所以计算公式如下。

校核公式：
$$\sigma_F = \frac{2KT_1}{bm^2 z_1} Y_F Y_S \leqslant [\sigma_F]$$

设计公式：
$$m \geqslant \sqrt[3]{\frac{2KT_1}{\psi_d z_1^2} \frac{Y_F Y_S}{[\sigma_F]}}$$

式中：K、T_1、ψ_d、b 的意义与前面相同；σ_F 为齿根危险截面的最大弯曲应力，MPa；z_1 为主动齿轮齿数；m 为模数，mm；Y_F 为齿形系数。对于标准齿轮，取决于齿数，如表 6-5 所示；Y_S 为应力修正系数，如表 6-4 所示；$[\sigma_F]$ 为齿轮材料的弯曲疲劳许用应力，MPa。

表 6-5　　　　标准齿轮的齿形系数 Y_F 和应力修正系数 Y_S

z	17	18	19	20	22	25	28	30	35	40	45	50	60	80	100	≥200
Y_F	2.97	2.91	2.85	2.81	2.75	2.68	2.58	2.54	2.47	2.41	2.37	2.35	2.30	2.25	2.18	2.14
Y_S	1.53	1.54	1.55	1.56	1.58	1.59	1.61	1.63	1.65	1.67	1.69	1.71	1.73	1.77	1.80	1.88

6.6.5 齿轮传动的设计计算

在已知传递功率 P_i、小齿轮转速 n_1、传动比 i 及一定的工作条件和预期寿命下，设计齿轮传动要满足的条件为

运动条件：
$$i = n_1/n_2 = z_2/z_1$$

强度条件，接触疲劳强度条件：
$$\sigma_H \leqslant [\sigma_H]$$

弯曲疲劳强度条件：
$$\sigma_F \leqslant [\sigma_F]$$

在进行齿轮传动设计的承载能力计算时，需同时满足齿面接触强度和齿根弯曲强度两项计算准则。其计算方法有校核性（验算性）计算与设计性计算两种。校核性计算也就是已知齿轮传动的工作条件、几何参数、齿轮材料及热处理方法、加工精度等条件，验算它的齿面接触强度和齿根弯曲强度是否足够。

在进行齿轮传动设计时，首先应明确它的设计计算路线。

① 对闭式软齿面齿轮传动，齿面接触强度较低，在设计时常先按照齿面接触强度条件进行设计，确定 d_1（a）后，选择齿数与模数，然后校核齿根的弯曲程度。

② 对闭式硬齿面齿轮传动，则常按齿根弯曲强度进行设计，然后校核齿面接触强度。

③ 对开式齿轮传动，由于润滑条件差，容易磨损，则其失效形式是轮齿磨损使齿厚减薄，最后易导致轮齿弯曲折断；同时，鉴于目前尚无成熟的磨损计算方法，所以对于开式齿轮传动，一般采用按弯曲疲劳强度进行计算。考虑到磨损，计算时应将许用弯曲应力$[\sigma_F]$降低 25%～50%。

在齿轮传动设计中，为满足上述齿轮接触疲劳强度和弯曲疲劳强度条件，设计中应完成齿轮的齿数、模数、分度圆直径、中心距等一系列参数的选择和计算，表明其具体方法和步骤的设计流程图，如图 6-35 所示。

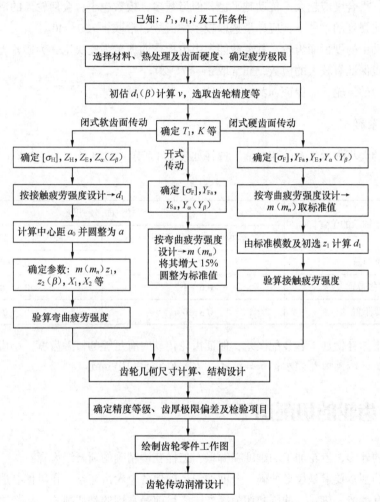

图 6-35　渐开线圆柱齿轮传动设计流程图

在完成齿轮强度计算后，计算齿轮主要几何尺寸时应注意以下几点。

① 模数 m（m_n）需圆整并取标准值。

② 中心距 a 圆整为以 0 或 5 结尾时，应调整 β，z_1 和 z_2。大齿轮宽 b_2 需圆整为整数，小轮齿宽再加宽 5 mm 左右并取整数。

6.6.6　齿轮主要参数的选择

齿轮的性质都是由齿轮的主要参数来决定的，所以选择主要的参数来进行分析是十分必要的。

1.　齿数 z 和模数 m

对闭式传动中的软齿面齿轮，先计算求得分度圆直径，再确定齿数和模数。分度圆直径一定时，齿数越多，重合度应越大，传动越平稳，但齿数多，模数越小，会使轮齿的弯曲强度降低，所以在保证弯曲强度的条件下，应尽量选取较多的齿数，常取 $z = 20 \sim 40$。

对闭式传动中的硬齿面齿轮，其承载能力由齿根弯曲疲劳强度决定，为使轮齿不致过小，应适当减少齿数以保证有较大的模数，通常取 $z = 17 \sim 20$。

对传递动力的齿轮，应保证 $m \geqslant 2$ mm。

2.　齿宽系数

齿宽系数的大小表示齿宽的相对值，选择如表 6-6 所示。

表 6-6　齿宽系数

齿轮相对于轴承的位置	齿 面 硬 度	
	软齿面（≤350 HBS）	硬齿面（>350 HBS）
对称布置	0.8～1.4	0.4～0.9
不对称布置	0.6～1.2	0.3～0.6
悬臂布置	0.3～0.4	0.2～0.25

一般情况下为补偿加工和装配误差，保证齿轮传动时有足够的接触齿宽，小齿轮轮齿宽度略大于大齿轮齿宽，因此齿宽表示：$b_2 = \psi_d d_1$，$b_1 = b_2 + (5 \sim 10)$ mm。

6.7　齿轮的切削加工

观察齿轮的外形，齿轮加工的难度在哪里？怎样获得精确的渐开线齿廓？

齿轮加工的基本要求是齿形准确、分度均匀，确保各个轮齿完整。在机械制造中，齿轮加工的方法很多，有铸造、热轧、冲压和切削等方法，目前最常用的是切削法，切削法按其原理可分为成形法和范成法两大类。

6.7.1　成形法

成形法是用与齿轮渐开线齿槽形状相同的成形铣刀直接切出齿形。

1. 加工方法

仔细观察图 6-36 和图 6-37 所示机构，了解成形法加工的过程。

图 6-36 铣直齿轮

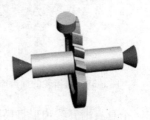

图 6-37 铣斜齿轮

加工直齿时，铣刀绕本身轴线旋转，同时，齿坯沿齿轮轴线方向移动。铣出一个齿槽后，将轮坯转过 360°/z 再铣第二个齿。指状铣刀用于大模数齿轮的加工。

2. 加工特点

由渐开线的性质可知，模数相同而齿数不同的齿轮，其渐开线的形状不同，故理论上应给同一模数中每一齿数的齿轮配备一把铣刀。但实际上为减少刀具的数量，通常一个模数只配一组刀具（如配 8 把），每把铣刀要加工同一模数的一定齿数范围内的齿轮，故不可避免会出现加工误差。

成形法加工简单，不需要专用机床，但生产率较低，加工精度低，只适用于单件、小批量生产或修配。成形法加工时刀具的编组原则如表 6-7 所示。

表 6-7　　　　　　　　成形法加工时刀具的编组原则

铣刀号数	1	2	3	4	5	6	7	8
切制齿轮的齿数	12~13	14~16	17~20	21~25	26~34	35~54	55~134	≥135

【练习】
① 思考铣斜齿轮和直齿轮有何不同。
② 读表 6-7，思考为什么铣刀号数越大，其可切制齿轮的齿数范围越大。

6.7.2 范成法

范成法是利用一对齿轮（或齿轮与齿条）互相啮合时，两轮齿齿廓互为包络线的原理来切齿的。如果将其中一个齿轮（或齿条）制成刀具，就可以切出另一个齿轮的渐开线齿廓。用此方法切齿的常用刀具有齿轮插刀、齿条插刀及滚刀。

1. 齿轮插刀的插齿原理

如图 6-38 所示为直齿轮的加工过程，如图 6-39 所示为斜齿轮的加工过程。

图 6-38　直齿轮的插齿原理

图 6-39　斜齿轮的插齿原理

齿轮插刀是一个具有渐开线齿形且模数和压力角与被加工齿轮相同的刀具。切齿时，插刀沿轮坯轴线做往复切削运动，同时机床带动插刀与轮坯模仿一对齿轮传动那样以一定的角速度比转动，直至全部齿槽切削完毕。

【练习】

① 与铣齿相比，插齿有何特点？

② 插直齿与插斜齿有何不同？

2．齿条插刀的插齿原理

如图 6-40 所示为齿条插刀加工齿轮，其原理与用齿轮插刀切齿相同。由于齿条插刀与轮坯的范成运动相当于齿条与齿轮的啮合运动，其速度 $v_刀$ 与轮坯角速度 ω 的关系应为：

$$v_刀 = \frac{1}{2}mz\omega$$

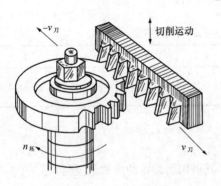

（a）原理图一（加工者方向观察）

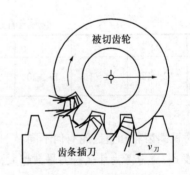

（b）原理图二（从上往下观察）

图 6-40　齿条插刀切齿原理图

3．滚齿原理

如图 6-41 和图 6-42 所示为滚刀加工齿轮的情形。滚刀的形状像一个螺旋，其轴向截面的齿形与齿条相同。滚刀转动时，相当于一假想齿条刀具连续沿其轴线移动，轮坯在滚齿机带动下与该齿条保持着与齿条插刀相同的运动关系。这样，便可以连续地切出渐开线齿廓。

滚刀加工克服了齿轮插刀和齿条插刀不能连续切削的缺点，实现了连续切削，有利于提高生产率。

图 6-41　滚直齿轮

图 6-42　滚斜齿轮

【练习】

现有 4 个标准齿轮：$m_1 = 4$ mm，$z_1 = 25$；$m_2 = 4$ mm，$z_2 = 50$；$m_3 = 3$mm，$z_3 = 60$；$m_4 = 2.5$ mm，$z_4 = 40$。试问：① 哪两个齿轮的渐开线形状相同？② 哪两个齿轮能正确啮合？③ 哪两个齿轮能用同一把滚刀制造?这两个齿轮能否改成用同一把铣刀加工？

6.7.3　根切现象

用范成法加工齿轮时，若刀具的齿顶线（或齿顶圆）超过理论啮合线极限点 N 时，被加工齿轮齿根附近的渐开线齿廓将被切去一部分，这种现象称为根切（见图 6-43）。

根切使齿轮的抗弯强度削弱、承载能力降低、啮合过程缩短、传动平稳性变差，因此应避免根切。

图 6-44 所示为齿条插刀加工标准外齿轮，齿条插刀的分度线与齿轮的分度圆相切。要使被切齿轮不产生根切，刀具的齿顶线不得超过极限啮合点 N。用标准齿条插刀或滚刀加工标准直齿圆柱齿轮时，不产生根切的最少齿数为 $z_{\min} = 17$，即应使标准齿轮的齿数大于 17。

图 6-43　根切现象

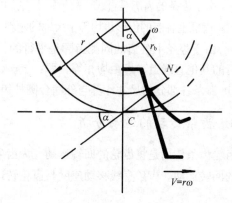

图 6-44　齿条插刀加工标准外齿轮

当希望小齿轮的齿数小于 17 而又不发生根切时，必须采用正变位齿轮，即刀具相对轮坯离开一小段距离，这样加工的齿轮为变位齿轮。有关变位齿轮的详细介绍，请参阅有关书籍。

6.8　其他常用齿轮传动

齿轮具有一个庞大的家族，前面我们都以直齿圆柱齿轮为例来讲述齿轮的传动原理，但在实际生产中，我们常需要使用各种不同种类的齿轮构成各种传动系统来满足更多的设计要求。下面就对几种常见的齿轮进行较详细的讲解。

6.8.1 齿轮齿条传动

逐渐增加一个齿轮的齿数，思考齿轮的大小如何变化。齿形如何变化。

当齿数趋于无穷大时，齿轮如何变化？而齿轮的分度圆，齿顶圆和齿根圆又如何变化？

使用直齿圆柱齿轮是否可以将转动变为移动？是否可以传递两相交轴之间的运动？

1. 认识齿轮齿条

齿条可视为模数一定，齿数 z 趋于无穷大的圆柱齿轮，如图 6-45 所示。

2. 齿轮齿条传动的特点

① 齿条可视为模数一定，齿数 z 趋于无穷大的圆柱齿轮。

② 当一个模数不变的圆柱齿轮齿数无限增大时，其分度圆、齿顶圆、齿根圆成为互相平行的直线，分别称为分度线、齿顶线、齿根线。

③ 相应地基圆也无限增大，由渐开线的性质可知，当基圆半径趋于无穷大时，渐开线变成直线，渐开线齿廓变成直线齿廓，圆柱齿轮变成齿条。

④ 齿条与齿轮相比其主要特点如下。

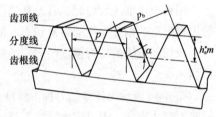

图 6-45 齿条

● 由于齿条的齿廓是直线，故齿廓上各点的法线均相互平行，齿条上各点的速度大小相同、方向一致。齿廓上各点的齿形角均等于齿廓的倾斜角，即压力角。

● 由于齿条上各齿的同侧齿廓是平行的，所以不论在分度线上、齿顶线上，还是在与分度线平行的其他直线上，齿距均相等，即：$p = \pi m$。

⑤ 齿条各部分的尺寸计算与外啮合圆柱齿轮是相同的。

3. 齿条传动的运动分析

齿轮齿条传动是将齿轮的回转运动变为齿条的往复直线运动，或将齿条的往复直线运动变为齿轮的回转运动。齿条直线移动速度与齿轮转速的关系可按下式进行计算。

$$v = n\pi mz$$

式中，v 为齿条移动速度（mm/min）；n 为齿轮转速（r/min）；m 为齿轮模数（mm）；z 为齿轮齿数。

6.8.2 斜齿圆柱齿轮传动

【思考】

观察图 6-46，斜齿轮和直齿轮在形状上的根本区别在哪里？

如图 6-47 所示，假想用多个垂直于齿轮直线的平面（端面）将直齿圆柱齿轮切成若干等宽的轮片，若第一个轮片不动，其余各轮片依次向同一方向错开一个角度，便得到阶梯轮。如果将这些轮片做得无限薄，阶梯轮就形成了斜齿圆柱齿轮。

图 6-46　斜齿轮传动

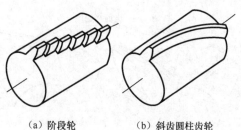

（a）阶段轮　　　　　（b）斜齿圆柱齿轮

图 6-47　斜齿轮的形成过程

1. 斜齿轮的齿廓形成原理

如图 6-48 所示，将渐开线的发生原理作如下扩展就可获得斜齿轮的齿廓曲面。

① 假设一个曲面（发生面 S）沿着一圆柱面（基圆柱）作纯滚动。

② 在曲面上选取一条直线 KK，该直线与圆柱的轴线（母线 AA）不平行，与之成一交角 β_b（基圆柱上的螺旋角）。

③ 发生面绕基圆柱滚动时，直线 KK 就形成一螺旋形渐开螺旋面，即为斜齿轮齿廓面。

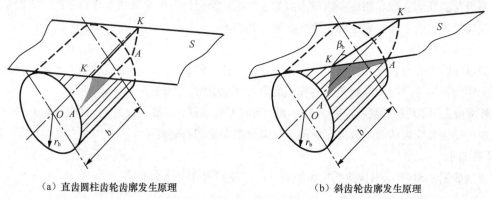

（a）直齿圆柱齿轮齿廓发生原理　　　　　　　　（b）斜齿轮齿廓发生原理

图 6-48　斜齿轮齿廓发生原理

2. 斜齿轮的传动特点

【思考】

观察图 6-49 所示的一对斜齿轮啮合过程中接触线的变化，说明与直齿圆柱齿轮传动有何不同。

① 直齿圆柱齿轮在传动时，齿面上的接触线是一条与轴线平行的直线，如图 6-49（a）所示，齿轮在啮合时，接触线是同时接触和同时分离，即在啮合和脱开的瞬时，齿轮所受的力具有突变性，传动的平稳性较差，另外，由于齿轮加工和安装误差，在高速、重载等情况下，易产生冲击和噪声，故直齿圆柱齿轮的传动速度和承载能力都受到一定限制。

② 斜齿圆柱齿轮的轮齿齿向与轴线不平行，当与另一个齿轮啮合时，齿面间的接触线是与轴

线倾斜的直线，如图 6-49（b）所示，接触线的长度逐渐增长，当达到某一啮合位置后又逐渐缩短，直至脱离接触。这说明斜齿轮的轮齿是逐渐进入啮合和逐渐脱离啮合的，轮齿上所受的力也是逐渐变化的，故传动平稳，冲击和噪声小，适用于高速传动。

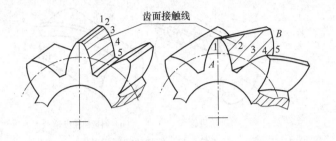

（a）直齿圆柱齿轮的齿面接触线　（b）斜齿圆柱齿轮的齿面接触线　（c）斜齿圆柱齿轮的螺旋角

图 6-49　齿轮接触线的变化对比

③ 斜齿轮工作时有轴向力 F_a 产生，为了克服轴向力，需安装能承受轴向力的轴承。当载荷较大时，可采用人字齿轮，其由两排对称配置的斜齿轮构成，两侧的轴向力相互平衡。人字齿轮的缺点是制造较困难，主要用于重型机械。两种齿轮的受力分析如图 6-50 所示。

3. 斜齿圆柱齿轮的参数与尺寸计算

斜齿轮的几何参数有端面参数和法面参数两组。端面是与齿轮轴线垂直的平面，法面是与斜齿轮轮齿相垂直的平面。通常规定法面参数为标准值。

（1）螺旋角 β

斜齿轮的齿面与分度圆柱的交线，称为分度圆柱上的螺旋线。螺旋线的切线与齿轮轴线之间所夹的锐角，称为分度圆螺旋角（简称螺旋角），用 β 表示，如图 6-49（c）所示。

螺旋角表示了轮齿的倾斜程度。β 大，则传动的平稳性好，但轴向力大，设计中常取 $\beta = 8° \sim 12°$。斜齿轮按其轮齿的倾斜方向（旋向）可以分为左旋和右旋两种。

【练习】

观察如图 6-51 所示斜齿轮的轮齿倾斜方向，说明两者有什么不同。

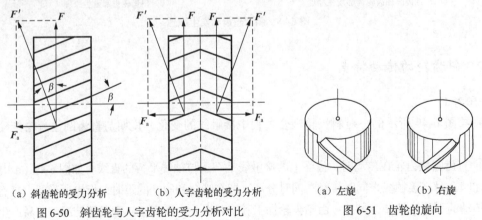

（a）斜齿轮的受力分析　　　（b）人字齿轮的受力分析

图 6-50　斜齿轮与人字齿轮的受力分析对比

（a）左旋　　　（b）右旋

图 6-51　齿轮的旋向

（2）法面模数 m_n 和端面模数 m_t

将斜齿轮沿其分度圆柱面展开，如图 6-52 所示，图中阴影部分表示齿厚，空白部分表示齿槽。

端面垂直于齿轮的轴线，法面垂直于螺旋线。由图中的几何关系可得

$$p_n = p_t \cos \beta$$

式中，p_n 为分度圆柱上轮齿的法面齿距；p_t 为分度圆柱上轮齿的端面齿距。

因法面模数：$m_n = p_n / \pi$，端面模数：$m_t = p_t / \pi$，故可知：$m_n = m_t \cos \beta$。

斜齿圆柱齿轮的模数分端面模数和法向模数两种，但在切齿加工时通常按照法向模数 m_n 选取刀具和调整机床。

【思考】

说明端面模数与法向模数哪一个为标准值。

（3）法面压力角 α_n 和端面压力角 α_t

如图 6-53 所示为斜齿条的一个轮齿，可以得到法面压力角 α_n 和端面压力角 α_t 的关系。

$$\tan \alpha_n = \tan \alpha_t \cos \beta$$

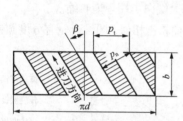

图 6-52 斜齿轮分度圆柱面展开图

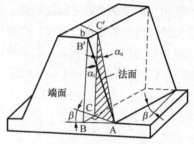

图 6-53 斜齿条压力角

通常法面压力角为标准值：$\alpha_n = 20°$。

（4）齿顶高系数和顶隙系数

从法面和端面观察，轮齿的齿顶高、齿根高分别相同。用铣刀或滚刀加工斜齿轮时，刀具的进刀方向垂直于斜面齿轮的法面，故国家标准规定法面上的参数为标准值。

对于正常齿：$h_{an}^* = 1$，$c_n^* = 0.25$。

【练习】

观察图 6-54，说明一对斜齿轮正确啮合的条件。

一对斜齿轮的正确啮合条件如下。

① 两齿轮的法向模数相等：$m_{n1} = m_{n2}$。

② 两齿轮的法面压力角相等：$\alpha_{n1} = \alpha_{n2}$。

③ 外啮合时，螺旋角大小相等，方向相反：$\beta_1 = -\beta_2$。

④ 内啮合时，螺旋角大小相等，方向相同：$\beta_1 = \beta_2$。

斜齿轮的几何尺寸计算可查阅有关机械设计手册。

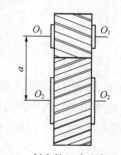

图 6-54 斜齿轮正确啮合示意图

6.8.3 直齿圆锥齿轮传动

【思考】

前面介绍的圆柱齿轮传动副中，两个齿轮轴线是平行的还是相交的？怎样使用齿轮来实现空间两个相互垂直轴之间的运动传递？

1．认识圆锥齿轮

观察如图 6-55 所示的圆锥齿轮，说明圆锥齿轮的传动特点及结构特点。

（a）直齿圆锥齿轮传动 　　　　　（b）曲齿圆锥齿轮传动

图 6-55　圆锥齿轮传动

① 圆锥齿轮用于相交轴之间的传动，通常两轴线相交成 90°。

② 直齿圆锥齿轮的轮齿分布在一个锥体上，轮齿由大端向小端逐渐收缩。

③ 圆锥齿轮的轮齿是分布在一个圆锥面上的，与圆柱轮齿相似，圆锥齿轮有分度圆锥、齿顶圆锥、齿根圆锥和基圆锥，如图 6-56 所示。

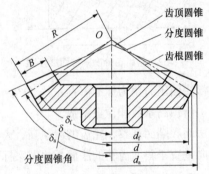

（a）圆锥齿轮 　　　　　　　　　（b）圆锥齿轮的结构

图 6-56　圆锥齿轮的结构

④ 按照分度圆锥上的齿向，圆锥齿轮可分为直齿、斜齿和曲齿圆锥齿轮。直齿圆锥齿轮的设计、制造和安装都比较简单，应用比较广泛。曲齿圆锥齿轮传动平稳，承载能力高，常用于高速负载传动，如汽车、拖拉机的差速器中。斜齿圆锥齿轮应用较少。

2．直齿圆锥齿轮传动的主要参数

直齿圆锥齿轮传动同样也是由其传动的主要参数所决定的。

（1）主要参数

直齿圆锥齿轮的轮齿大端尺寸较大，为便于测量和计算，通常取大端的参数为标准值，即大端的模数为标准模数，大端压力角 $\alpha = 20°$，齿顶高系数 $h_a^* = 1$，顶隙系数 $c^* = 0.2$。

（2）传动比

一对直齿圆锥齿轮啮合传动，小齿轮和大齿轮的分度圆锥角分别为 δ_1 和 δ_2，两轴交角 $\Sigma = \delta_1 + \delta_2 = 90°$，两齿轮的传动比为：

$$i_{12} = \frac{n_1}{n_2} = \frac{z_2}{z_1} = \frac{d_2}{d_1} = \cot \delta_1 = \tan \delta_2$$

一对标准啮合的直齿圆锥齿轮传动的啮合条件是：两齿轮的大端模数和大端压力角必须分别相等。锥齿轮的几何尺寸计算可查阅相关机械设计手册。

6.9　齿轮传动的设计

齿轮工作过程中通常需要承受较重的负荷，工作时间也较长，为了保证机器工作的可靠性，要防止其在工作过程中因为损坏而失效。

6.9.1　齿轮的失效形式

齿轮传动失去正常工作能力的现象，称为失效。齿轮传动的失效主要发生在轮齿部分，其主要失效形式有轮齿折断、齿面点蚀、齿面磨损、齿面胶合和塑性变形 5 种。

1. 轮齿折断

齿轮传动工作时，轮齿像悬臂梁一样承受弯曲载荷。

（1）受力分析

轮齿工作时，其根部的弯曲应力最大，齿根的过渡圆角处还有应力集中。当交变的齿根弯曲应力超过材料的弯曲疲劳极限应力且多次重复作用后，在齿根处受拉一侧就会产生疲劳裂纹，随着裂纹的逐渐扩展，轮齿会发生疲劳折断，如图 6-57 所示。

采用脆性材料（如铸铁、整体淬火钢等）制成的齿轮，当严重过载或承受较大冲击力时，轮齿容易发生突然折断。

（2）折断形式

直齿轮轮齿的折断，一般是全齿折断，如图 6-58 所示，而斜齿轮和人字齿齿轮，由于接触线倾斜，一般是局部齿折断，如图 6-59 所示。

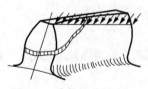

图 6-57　齿轮的受力过程

图 6-58　全齿折断

图 6-59　局部折断

轮齿折断是齿轮传动最严重的失效形式，必须避免。提高轮齿抗折断能力的措施有如下几点。

① 适当增大齿根圆角半径以减小应力集中。

② 合理提高齿轮的制造精度和安装精度。

③ 正确选择材料和热处理方式。

④ 对齿根部位进行喷丸、辗压等强化处理。

2. 齿面点蚀

齿轮传动工作时，齿面间的接触相当于轴线平行的两圆柱滚子间的接触，在接触处将产生脉动循环变化的接触应力 σ_h。

（1）齿面点蚀的原因

在接触应力 σ_h 反复作用下，轮齿表面出现疲劳裂纹，疲劳裂纹扩展的结果，使齿面金属脱落而形成麻点状凹坑，这种现象称为齿面疲劳点蚀或齿面点蚀。实践表明，疲劳点蚀首先出现在齿面节线附近的齿根部分，如图 6-60 所示。

图 6-60　齿轮的点蚀

（2）点蚀的影响

发生点蚀后，齿廓形状遭破坏，齿轮在啮合过程中会产生剧烈的振动，噪声增大，以至于齿轮不能正常工作而使传动失效。

（3）点蚀的类型

① 对于软齿面（硬度≤350HBS）的新齿轮，由于齿面不平，在个别凸起处接触应力很大，短期工作后，也会出现点蚀。但随着齿面磨损和辗压，凸起处逐渐变平，承压面积增加，接触应力下降，点蚀不再发展或反而消失，这种点蚀称为"局限性点蚀"。

② 对于长时间工作的齿面，由于齿面疲劳，可能再度出现点蚀，这时点蚀面积将随着工作时间的延长而扩大，称为"扩展性点蚀"。

③ 而对于硬齿面齿轮，由于材料的脆性，不会出现局限性点蚀，一旦出现点蚀，即为扩展性点蚀。

（4）影响点蚀的因素

齿面抗点蚀能力主要与齿面硬度有关，齿面硬度越高则抗点蚀能力越强。

① 齿面疲劳点蚀是软齿面闭式齿轮传动最主要的失效形式。

② 在开式传动中，由于齿面磨损较快，裂纹还来不及出现或扩展就被磨掉，因此在开式传动中通常无点蚀现象。

③ 提高齿面硬度、降低齿面粗糙度、合理选用润滑油黏度等，都能提高齿面的抗点蚀能力。

3. 齿面磨损

在齿轮传动中，当齿面间落入砂粒、铁屑等磨料性物质时，齿面即被逐渐磨损，这种磨损称为磨粒磨损。这是开式齿轮传动磨损的主要形式之一，如图 6-61 所示。齿面磨损后，齿廓形状被破坏，从而引起冲击、振动和噪声，甚至因齿厚减薄而发生轮齿折断。

图 6-61 齿面磨损

改善密封和润滑条件，提高齿面硬度，均能提高抗磨损能力。但改用闭式齿轮传动则是避免齿面磨损最有效的办法。

4. 齿面胶合

齿面胶合也是使齿轮失效的重要原因，对齿轮的破坏也最为严重。

（1）胶合的原因

在高速重载齿轮传动中，由于齿面间压力大、相对滑动速度大，摩擦发热多，使啮合点处瞬时温度过高，润滑失效，致使相啮合两齿面金属尖峰直接接触并相互粘连在一起。

（2）胶合的类型

当两齿面相对运动时，粘连的地方即被撕开，在齿面上沿相对滑动方向形成条状伤痕，这种现象称为齿面热胶合，如图 6-62 所示。

图 6-62 齿面胶合

在低速重载齿轮传动中，由于齿面间润滑油膜难以形成，或由于局部偏载使油膜破坏，也可能发生胶合，但此时齿面间并无明显的瞬间高温，故称为齿面冷胶合。

5. 齿面塑性变形

齿面塑性变形常发生在齿面材料较软、低速重载与频繁起动的情况中。如图 6-63 所示，塑性变形后的齿面齿廓曲线改变，从而使传动精度下降。

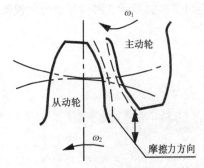

（a）齿面塑性变形实物图　　　　　　（b）齿面齿廓曲线改变图

图 6-63 齿面塑性变形

6.9.2　齿轮的材料

对齿轮材料主要的性能要求有以下几点。

① 齿面具有较高的硬度和耐磨性。

② 齿轮心部具有一定的韧性。

③ 齿轮具有良好的加工性能和热处理工艺性能。

常用的齿轮材料有锻钢、铸钢和铸铁，对于高速、轻载的齿轮传动，还可采用塑料、尼龙、胶木等非金属材料。常用齿轮材料及其力学性能如表 6-8 所示。

表 6-8　　　　　　　　　　　　　常用齿轮材料及其力学性能

材　　料	热处理方法	强度极限 σ_b（MPa）	屈服极限 σ_s（MPa）	齿　面　硬　度
HT300	—	300	—	187～255 HBS
QT600-3		600	—	190～270 HBS
ZG310-570	正火	580	320	163～197 HBS
ZG340-640		650	350	179～207 HBS
45		580	290	162～217 HBS
ZG340-640		700	380	241～269 HBS
45	调质	650	360	217～255 HBS
35SiMn		750	450	217～269 HBS
40 Cr		700	500	241～286 HBS
45	调质后表面淬火	—	—	40～50 HRC
40 Cr		—	—	48～55 HRC
20 Cr	渗碳后淬火	650	400	56～62 HRC
20 CrMnTi		1 100	850	56～62 HRC

6.9.3　齿轮结构

观察如图 6-64 所示 3 种齿轮，分别说明其结构特点。

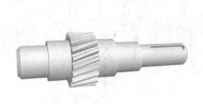

（a）齿轮轴

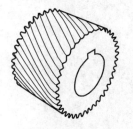

（b）实体式齿轮

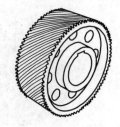

（c）腹板式齿轮

图 6-64　齿轮的结构

齿轮结构的主要选用原则如下。

① 直径较小的齿轮通常直接和传动轴做成一个整体，即做成齿轮轴。

② 当齿顶圆直径比轴径大很多，同时能保证轮缘最薄处 $e \geqslant 2.5$ mm 时，可做成实体式齿轮。

③ 当齿顶圆直径 $d_a = 200 \sim 500$ mm 时，常用锻造方法做成腹板式结构。

④ 当齿顶圆直径 $d_a = 500 \sim 1\,000$ mm 时，常采用轮辐式结构，因轮辐式齿轮结构复杂，故常采用铸铁或铸钢材料制造。

6.9.4　齿轮的精度和标注

由于刀具和机床本身的误差，以及轮坯和刀具在机床上的安装误差等原因，齿轮在加工过程中不可避免地会产生一定的误差。若误差太大，则会使齿轮在工作中的准确性、平稳性降低。因此，应根据齿轮的实际工作情况，对加工精度提出适当的要求。为了达到齿轮的传动要求，国家标准对齿轮和齿轮副共规定了 22 个公差项目，并将各公差项目按其对传动性能的影响分成了 3 组，需要时可查阅相关手册。

齿轮精度等级和齿厚偏差一般标在齿轮零件图的啮合特性表内。有关圆柱齿轮传动的检测项目及偏差、齿轮精度和侧隙可查有关设计标准。

6.9.5　齿轮的润滑

合理选择润滑油和润滑方式，可使轮齿之间形成一层很薄的油膜，以避免两轮齿直接接触。这样能降低摩擦系数，减少磨损，提高传动效率，延长使用寿命，还能起到散热和防锈等作用。如图 6-65 所示为齿轮常用的润滑方式。

① 对于闭式齿轮传动的润滑方式，可根据齿轮圆周速度 v 来定，当 $v \leqslant 12$ m/s 时，可采用浸油（又称油浴）润滑，大齿轮浸油深度约一个齿高，但不小于 10 mm；当 $v > 12$ m/s 时，可采用喷油润滑，用压力油泵将油喷到啮合部位进行润滑。喷油润滑效果好，但需要一套供油装置，费用较高。

② 对于开式齿轮传动，由于工作条件差，常采用手工定期加注润滑油，低速可用润滑脂润滑。

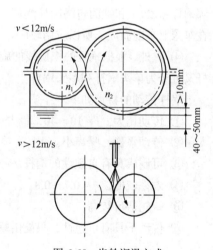

图 6-65　齿轮润滑方式

6.10　蜗杆传动

使用一对圆柱齿轮传动时，如果要把一个高速转动变为低速转动，思考应该怎样确定齿轮的大小和主从动关系。

如果要实现特别大的减速运动，这两个齿轮的尺寸大小对比会怎样？将带来哪些不利因素？

6.10.1   初识蜗杆传动

图 6-66 展示了常见的蜗杆传动形式。

（a）圆柱面蜗杆传动　　　　（b）圆弧面蜗杆传动　　　（c）锥面蜗杆传动

图 6-66   蜗杆传动的类型

① 根据蜗杆形状不同，蜗杆传动可分为圆柱蜗杆传动、环面蜗杆传动和锥面蜗杆传动 3 大类，其中应用最广泛的是圆柱蜗杆传动。

② 根据齿面形状不同，圆柱蜗杆传动又分为普通圆柱蜗杆传动和圆弧圆柱蜗杆传动。

③ 圆柱蜗杆按照齿廓形状不同，又可分为阿基米德蜗杆（ZA）、渐开线蜗杆（ZI）、法向直廓蜗杆（ZN）和锥面包络圆柱蜗杆（ZK）等。其中阿基米德圆柱蜗杆可用加工梯形螺纹的方法在车床上车削而成，所以应用较广。

④ 此外，根据蜗杆的螺旋线的旋向，蜗杆可分为右旋蜗杆和左旋蜗杆；按蜗杆头数不同，蜗杆又可分为单头蜗杆和多头蜗杆。

蜗杆传动的特点如下。

① 传动比大。$i = 10 \sim 40$，最大可达 80。若只传递运动，在分度机构中传动比可达 1 000。

② 传动平稳、噪声小。

③ 可制成具有自锁性的蜗杆。

④ 效率较低，$\eta = 0.7 \sim 0.8$。

⑤ 蜗轮造价较高。

⑥ 传动不具有可逆性，只能由蜗杆带动蜗轮实现减速运动。

6.10.2   普通圆柱蜗杆传动的主要参数

普通圆柱蜗杆传动由其主要参数决定，对其主要参数了解，才能真正掌握其传动规律。

1. 齿数

蜗杆的齿数亦称为蜗杆的头数，用 z_1 表示。一般可取 $z_1 = 1 \sim 10$，推荐取 $z_1 = 1$、2、4、

6。当要求传动比大或反行程具有自锁性时，常取 $z_1 = 1$，即单头蜗杆；当要求具有较高传动效率时，则 z_1 应取大值。蜗轮的齿数 z_2 则可根据传动比计算而得。对于动力传动，一般推荐 $z_2 = 29 \sim 70$。

2. 模数

蜗杆模数系列与齿轮模数系列有所不同。蜗杆模数系列如表 6-9 所示。

表 6-9 蜗杆模数 m 值

第一系列	1，1.25，1.6，2，2.5，3.15，4，5，6.3，8，10，12.5，16，20，25，31.5，40
第二系列	1.5，3，3.5，4.5，5.5，6，7，12，14

注：摘自 GB/T 10088—1998，优先采用第一系列。

3. 压力角

国家标准 GB/T 10087—1988 规定，阿基米德蜗杆的压力角 $\alpha = 20°$。在动力传动中，允许增大压力角，推荐用 25°；在分度传动中，允许减小压力角，推荐用 15° 或 12°。

4. 分度圆直径

因为在用蜗轮滚刀切制蜗轮时，滚刀的分度圆直径必须与工作蜗杆的分度圆直径相同，为了限制蜗轮滚刀的数目，国家标准中规定将蜗杆的分度圆直径标准化，且与其模数相匹配。d_1 与 m 匹配的标准系列如表 6-10 所示。

表 6-10 蜗杆分度圆直径与其模数的匹配标准系列 mm

m	d_1	m	d_1	m	d_1	m	d_1
1	18	2.5	（22.4） 28 （35.5） 45	4	40 （50） 71	6.3	（80） 112
1.25	20 22.4						
1.6	20 28	3.15	（28） 35.5 （45） 56	5	（40） 50 （63） 90	8	（63） 80 （100） 140
2	（18） 22.4 （28） 35.5	4	（31.5）	6.3	（50） 63	10	（71） 90 …

5. 蜗杆传动的中心距

普通圆柱蜗杆传动的中心距按照下式计算。

$$a = \frac{1}{2}(d_1 + d_2) = \frac{m}{2}(q + z_2)$$

6.10.3 蜗杆传动回转方向的判别

蜗杆传动中，蜗轮的转向，按照蜗杆的螺旋线旋向和转向，用左右手定则确定。如图6-67（a）所示，当蜗杆为右旋，顺时针方向转动（沿轴线向左看）时，则用右手，四指顺蜗杆转向握住其轴线，大拇指的反方向即为蜗轮的转向；当蜗杆为左旋时，则用左手按相同的方法判定蜗轮转向，如图6-67（b）所示。

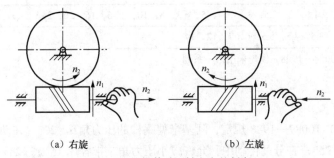

（a）右旋 （b）左旋

图 6-67 蜗杆传动回转方向的判定

6.10.4 蜗杆传动的正确啮合条件

蜗杆传动的正确啮合条件与齿轮齿条传动相同。在中间平面上，蜗杆的轴向模数 m_{x1}、轴向压力角 α_{x1} 分别与蜗轮的端面模数 m_{t2}、端面压力角 α_{t2} 相等，均为标准值。又因为蜗杆传动通常是交错角为 90° 的空间运动，蜗杆轮齿的螺旋线方向有左右之分。

如图6-68所示，为保证蜗杆传动的正确啮合，还必须使蜗杆与蜗轮轮齿的螺旋线方向相同，并且蜗杆分度圆柱上的导程角 γ 等于蜗轮分度圆柱上的螺旋角 β。正确啮合的表达式为：

$$m_{x1} = m_{t2}; \quad \alpha_{x1} = \alpha_{t2}; \quad \gamma = \beta 。$$

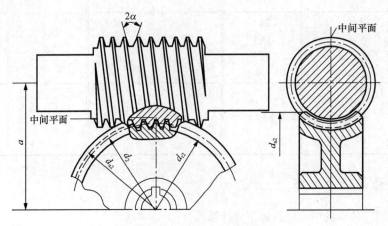

图 6-68 蜗杆传动示意图

6.10.5　蜗杆、蜗轮的结构

蜗杆通常与轴制成一体，称为蜗杆轴。如图 6-69 所示。

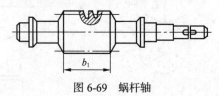

图 6-69　蜗杆轴

蜗轮如图 6-70 所示。

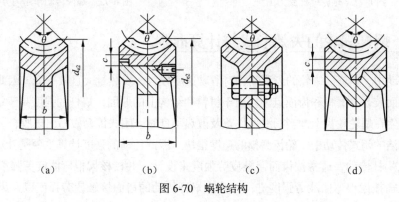

（a）　　　　　　（b）　　　　　　（c）　　　　　　（d）

图 6-70　蜗轮结构

① 图 6-70（a）为整体式结构，多应用于用铸铁和尺寸小的青铜蜗轮。

② 图 6-70（b）为组合式结构，应用于尺寸大的青铜蜗轮。

③ 图 6-70（c）采用螺栓连接，螺栓连接是为防止齿圈和轮芯因发热而松动，在接缝处用 4～6 个紧定螺钉固定。

④ 图 6-70（d）是在铸铁轮芯上浇注青铜齿圈。

6.10.6　蜗杆传动的受力分析

如图 6-71 所示，蜗杆传动轮齿上的作用力和斜齿轮相似。若不计摩擦，则齿面上作用的法向力 F_n 可分解为 3 个相互垂直的分力：圆周力 F_t、轴向力 F_a 和径向力 F_r。则各力大小为：

$$F_{t1} = -F_{a2} = \frac{2T_1}{d_1}$$

$$F_{t2} = -F_{a1} = -\frac{2T_2}{d_2}$$

$$F_{r1} = -F_{r2} = -F_{t2}\tan\alpha$$

由于蜗杆与蜗轮轴交角 $\Sigma = 90°$，根据作用力与反作用力原理，蜗杆圆周力 F_{t1} 与蜗轮轴向力 F_{a2} 大小相等、方向相反，蜗杆轴向力 F_{a1} 与蜗轮圆周力 F_{t2} 大小相等、方向相反，蜗杆径向力 F_{r1} 与蜗轮径向力 F_{r2} 大小相等、方向相反，如图 6-71（b）所示。

主动蜗杆上各力方向的判断：圆周力 F_{t1} 的方向与啮合点的圆周速度方向相反；径向力 F_{r1} 的方向指向蜗杆的轮心；轴向力 F_{a1} 的方向可套用左、右手法则，即右旋蜗杆用右手，左旋用左手，四指顺着蜗杆转动方向弯曲，则大拇指所指方向即为轴向力 F_{a1} 的方向，如图 6-72 所示。

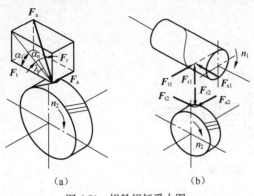

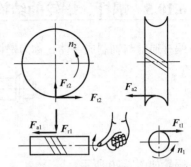

图 6-71　蜗轮蜗杆受力图　　　　　图 6-72　蜗杆传动作用力方向的判别

6.10.7　蜗杆蜗轮的失效形式与计算准则

在蜗杆传动中，蜗杆、蜗轮的齿廓间相对滑动速度较大，发热量大且效率低，因此传动的主要失效形式为齿面胶合、磨损和齿面点蚀。由于材料和结构上的原因，蜗杆的强度高于蜗轮的强度，所以失效常发生在蜗轮轮齿上。当润滑条件差及散热不良时，闭式传动极易出现胶合。开式传动以及润滑油不清洁的闭式传动中，轮齿磨损的速度很快。因此传动的强度计算主要是针对蜗轮进行。

对于闭式蜗杆传动，通常按齿面接触疲劳强度来设计，并校核齿根弯曲疲劳强度；对于开式传动，通常只需按齿根弯曲疲劳强度进行计算。蜗杆传动的齿面接触疲劳强度以及齿根弯曲疲劳强度的设计计算可参照有关资料进行。

由于蜗杆传动时摩擦严重、发热大、效率低，对连续工作的闭式蜗杆传动还必须作热平衡计算，以免发生胶合失效。

6.10.8　蜗杆传动的润滑与热平衡

润滑是防止蜗杆机构失效的有效方式，热平衡参数的把握也是有效保护齿轮的关键。

1.　润滑

在油池润滑中，当蜗杆圆周速度 $v_1 < 4$ m/s 时，蜗杆下置，其浸油深度不超过蜗杆螺旋齿高度；当蜗杆圆周速度 $v_1 > 4$ m/s 时，蜗轮下置，其浸油深度不超过蜗轮半径的 1/3。当蜗杆圆周速度 $v_1 > 10$ m/s 时，采用压力喷油润滑。

2.　热平衡

达到热平衡时，蜗杆传动单位时间的发热量应等于相同时间的散热量，则可得蜗杆传动热平衡条件。

$$t_1 = \frac{1\,000(1-\eta)P_1}{kA} + t_2 \leqslant [t]$$

式中，P_1 为蜗杆传动输入功率（kW）；η 为传动效率；k 为传热系数，$k = 10 \sim 17$（W/m^2·C）；A 为箱体散热面积（m^2）；t_1 为润滑油的工作温度（℃）；t_2 为周围空气温度，一般为 20℃；$[t]$ 为润滑油允许温度。

【思考】

如果蜗杆的热平衡方程不满足条件，如何处理？

① 在箱体外表面加散热片以增加散热面积 A。

② 在蜗杆轴端安装风扇，加速空气流通，提高散热率。

③ 在油池中安装蛇形管，用循环水冷却。

④ 采用压力喷油润滑。

齿轮传动用于传递任意两轴之间的运动和动力，是应用最广泛的传动机构之一。目前在机床和汽车变速器等机械中已得到普遍使用。

其主要优点是传动效率高、传递功率大、速度范围大、结构紧凑、工作可靠和寿命长，且能保证恒定的瞬时传动比。但不宜用于中心距较大的传动。

齿轮的类型很多，常用的有直齿圆柱齿轮、斜齿轮、锥齿轮、交错齿轮、蜗轮蜗杆等。

1. 齿轮传动的类型有哪些？

2. 什么是渐开线？它有哪些特性？

3. 什么是分度圆、齿距、模数和压力角？何谓"标准齿轮"？

4. 某标准直齿轮的齿数 $z = 30$，模数 $m = 3$，试求该齿轮的分度圆直径、基圆直径、齿顶圆直径、齿根圆直径、齿顶高、齿根高、齿高、齿距、齿厚。

5. 已知一对外啮合标准直齿圆柱齿轮的标准中心距 $a = 250\ mm$，齿数 $z_1 = 20$，$z_2 = 80$，齿轮1 为主动轮，试计算传动比 i_{12}，分别求出两齿轮的模数和分度圆直径。

6. 一对标准直齿圆柱齿轮，已知齿距 $p = 9.42\ mm$，中心距 $a = 75\ mm$，传动比 $i_{12} = 1.5:1$，试计算两齿轮的模数及齿数。

7. 齿轮轮齿有哪几种主要失效形式？

8. 斜齿轮的螺旋角是指哪个圆柱面上的螺旋角？

9. 锥齿轮传动有哪些特点？它一般以齿轮大端或小端参数中的哪个作为标准？

10. 试说明蜗杆传动的特点（与齿轮传动比较）。

11. 如图 6-73（a）、（b）所示的蜗杆传动，蜗杆为主动件，已知蜗杆或蜗轮的转向及螺旋旋向，如何确定蜗轮或蜗杆的转向及螺旋线方向？

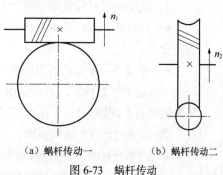

（a）蜗杆传动一   （b）蜗杆传动二

图 6-73 蜗杆传动

第7章

轮系

在实际生产中，为了获得大的传动比或者实现变速变向，一对齿轮传动往往不能满足工作要求，例如机械式手表需要一套齿轮系统来保持时针、分针和秒针之间确定的运动关系。为了满足机器的功能要求和实际工作需要，常采用多对相互啮合的齿轮组成传动系统，这就是轮系。本章将主要介绍轮系的分类、传动比的计算、功用及其设计。

【教学目标】

- 了解轮系的特点及分类。
- 掌握轮系传动比的计算方法。
- 理解轮系的功用。
- 掌握轮系的设计方法。
- 了解其他特殊行星传动。

【观察与思考】

① 思考在设计一对传动比较大的齿轮副时存在的问题，如图 7-1 所示。

- 观察一对传动比较大的齿轮的啮合过程，结合前面学过的知识，思考该齿轮副的传动比计算由什么决定？哪个齿数多，哪个齿数少？
- 这样的一对齿轮副在结构上有什么特点？
- 这样的一对齿轮副在传动时有什么不方便之处？可以从制造和使用寿命两方面进行分析。
- 有没有一种方法可以使用一些尺寸差异不大的齿轮来实现较大传动比的传动？回答是肯定的，具体实现方法是由多对齿轮组成轮系。请同学们学完后面的知识再回过头来回答这个问题。

② 认识汽车后轮转向机构。

- 汽车直行时，左右轮的转速是否一样？汽车在转弯时，每个车轮驶过的距离不相等，内侧车轮比外侧车轮驶过的距离要短，这时左右轮的转速是否还一致？
- 汽车转弯时，怎样实现左右轮速度的差异？

● 汽车后桥中有一个差速器机构，其结构如图 7-2 所示，实质上是一个特殊的轮系。在后面的内容中，我们将详细分析该轮系的特点和构成，进一步认识轮系的用途。

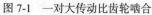

图 7-1　一对大传动比齿轮啮合　　　　图 7-2　汽车后轮转向机构

③ 从上述例子可知，一对齿轮组成的齿轮机构需要注意如下的问题。

● 若仅用一对齿轮传动实现较大的传动比，必将使两齿轮的尺寸相差悬殊，外轮廓尺寸庞大，因而一对齿轮的传动比一般不大于 8。

● 大齿轮和小齿轮尺寸差异过大，增加了小齿轮的制造难度。

● 大齿轮转过一周，小齿轮转过数周，磨损量更大，因此相对而言小齿轮寿命较低。为了达到与大齿轮等寿命的要求，必须使用更好的材料制作。

在实际机械生产中，为了满足不同的工作需要，仅用一对齿轮组成的齿轮机构往往是不够的。例如，在钟表中（见图 7-3）为了使时针、分针和秒针的转速具有一定的比例关系；在汽车后轮的传动中（见图 7-2），为了根据汽车转弯半径的不同，使两个后轮获得不同的转速等，就都需要由一系列齿轮组成的齿轮机构来传动。

这种由一系列的齿轮所组成的齿轮传动系统称为齿轮系，简称轮系。而仅由一对齿轮组成的齿轮机构则可认为是最简单的轮系。

图 7-3　钟表中轮系的应用

7.1　轮系的分类

首先观察一个轮系应用的实例。如图 7-4 所示为一种导弹发射快速反应装置。其中，电动机两端分别装有齿轮 1 及 5，它们分别带动齿轮 2、3、4 和 6、7、8、9 不停地旋转。A、B 为两个电磁离合器，当 A 接通时，齿轮 10 与 4 成为一体而转动，扇形蜗轮 15 将沿实线箭头方向回转；当 A 断开而 B 接通时，齿轮 12 与 9 成为一体而转动，这时扇形蜗轮 15 将沿虚线箭头方向回转；当 A、B 均不接通时，扇形蜗轮 15 则停止不动。

根据轮系在运转过程中各轮几何轴线在空间的相对位置关系是否变动，轮系分 3 种类型：定轴轮系、周转轮系和复合轮系。

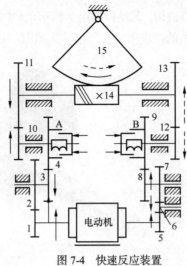

图 7-4　快速反应装置

7.1.1　定轴轮系

定轴轮系是指在轮系运转过程中，各个齿轮的轴线相对于机架的位置都是固定的，可分为平面定轴轮系和空间定轴轮系，如图 7-5 所示。

（a）平面定轴轮系　　　　　　　　（b）空间定轴轮系

图 7-5　定轴轮系

7.1.2　周转轮系

周转轮系是指在轮系运转过程中，其中至少有 1 个齿轮轴线的位置不固定，而是绕着其他齿轮的固定轴线回转，如图 7-6 所示。周转轮系具体可分为行星轮系和差动轮系两种，只有一个自由度的轮系为行星轮系，而具有两个或两个以上自由度的轮系则为差动轮系，工作时需要使用多个原动件。

在周转轮系中，系杆只起支撑行星轮使其与中心轮保持啮合的作用，不作为输出或输入构件。

7.1.3　复合轮系

复合轮系是指轮系中既包含定轴轮系部分，又包含周转轮系部分，或者是由几部分周转轮系组成的，如图 7-7 所示。

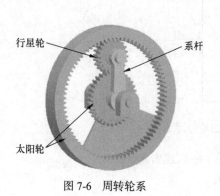

图 7-6　周转轮系

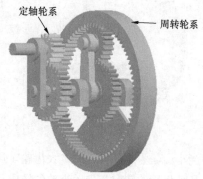

图 7-7　复合轮系

7.2　轮系的传动比计算

轮系中首、末轮的角速度（或转速）之比，称为轮系的传动比。由于角速度有方向性，因此轮系的传动比计算包括首、末两轮角速度比的大小计算和首、末两轮转向关系的确定。

7.2.1　定轴轮系的传动比

定轴轮系的传动比等于组成轮系的各对齿轮传动比的连乘积，也等于从动轮齿数的连乘积与主动轮齿数的连乘积之比。

1．一对齿轮的传动比计算

一对齿轮组成的齿轮机构是最简单的轮系，它的传动比是指该两齿轮的角速度之比。下面将介绍圆柱齿轮和锥齿轮的传动比计算方法。

（1）圆柱齿轮传动

观察图 7-8 和图 7-9，回答以下问题。

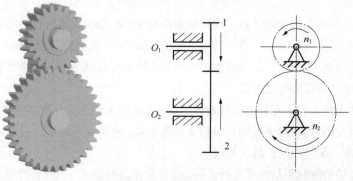

图 7-8　外啮合齿轮传动

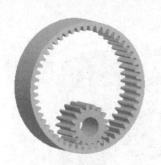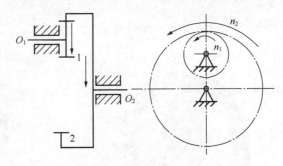

图 7-9　内啮合齿轮传动

① 当小齿轮为主动齿轮时，大齿轮（从动齿轮）的转速为多少？

② 从动齿轮的转向与主动齿轮的转向是否相同？

③ 如何表示两齿轮的转向关系？

当一对圆柱齿轮啮合时，其传动比为

$$i_{12} = \frac{n_1}{n_2} = \pm\frac{z_2}{z_1}$$

图 7-8 所示为外啮合，传动比为：$i_{12} = \dfrac{n_1}{n_2} = -\dfrac{z_2}{z_1}$，负号表示两齿轮转向相反。

图 7-9 所示为内啮合，传动比为：$i_{12} = \dfrac{n_1}{n_2} = +\dfrac{z_2}{z_1}$，正号表示两齿轮转向相同。

【重点提示】

● 一对啮合传动的圆柱或圆锥齿轮在其啮合节点处的圆周速度是相同的，所以标志两者转向的箭头不是同时指向节点，就是同时背离节点。根据此法则，在用箭头标出主动轮的转向后，其余各轮的转向便可依次用箭头标出，由此可确定轮系首、末两轮的转向关系。

● 对于首末两轮的轴线相平行的轮系，其转向关系用正、负号表示：转向相同用正号，转向相反用负号。一对外啮合圆柱齿轮，两轮转向相反；一对内啮合圆柱齿轮，两轮转向相同。

● 如果两轮的轴线不平行，便不能用"+、-"号来表示它们的转向关系，而只能在图上用箭头来确定齿轮的转向，对外啮合齿轮传动，用反方向箭头表示，如图 7-8 所示；而对内啮合齿轮传动用同方向箭头表示，如图 7-9 所示。

（2）锥齿轮传动

锥齿轮传动如图 7-10 所示，其中齿轮 1 为主动齿轮。

观察图 7-10，该轮系为定轴轮系、周转轮系还是复合轮系？在锥齿轮传动中，方向能否用正负号表示？若不能用正负号表示，则最后一个齿轮（齿轮 5）的转向如何判断？

① 该轮系运行时，各个齿轮的轴线相对于机架的位置都是固定的，各齿轮绕自身的轴线旋转，轴线不作任何运动，所以是定轴轮系。

② 齿轮 1 和齿轮 2 为一对外啮合齿轮传动；齿轮 2 和齿轮 3 为一对内啮合齿轮传动；齿轮 3 和齿轮 3′同轴，转速相同，转向相同；齿轮 3′和齿轮 4，齿轮 4′和齿轮 5 为锥齿轮传动，其中齿轮 4 和齿轮 4′同轴，转速相同，转向相同。

③ 两对锥齿轮的轴线不是相互平行，不能用正负号进行表示。但对锥齿轮传动，可用两箭头同时指向或背离啮合处来表示两轮的实际转向，如图 7-10 所示，齿轮 3′和齿轮 4，齿轮 4′和齿轮 5 的实际转向就由这种方法确定的。

④ 最后可以判断齿轮 5 的转速方向与主动轮 1 的转速方向相反。

⑤ 齿轮 4′ 与齿轮 5 的传动比：$i_{4'5} = \dfrac{z_5}{z_{4'}}$。

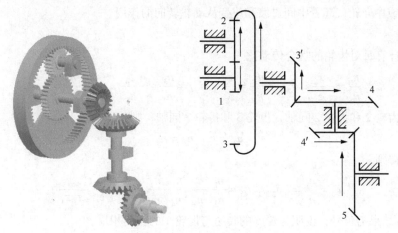

图 7-10　空间轮系方向确定

2. 定轴轮系的传动比计算

定轴轮系的传动比是指轮系中输入轴（主动轮或首轮）的转速与输出轴（从动轮或末轮）的转速之比。

下面通过两个实例来说明定轴轮系的传动比的计算方法，然后总结出定轴轮系传动比计算的基本规律和技巧。

例 7-1　如图 7-11 所示为各轴线平行的平面定轴轮系，已知各齿轮齿数，求该轮系的传动比。

【分析】

① 该轮系运行时,各个齿轮的轴线相对于机架的位置都是固定的,各齿轮绕自身的轴线旋转,轴线不作任何运动，所以是定轴轮系。

② 该轮系中各轴线相互平行，为平面定轴轮系。

③ 首末轮转向的判定。

● 轮系中首末两轮的转向，可用在图上根据内啮合转向相同，外啮合转向相反的关系，依次画箭头的方法确定，如图 7-12 所示。判断结果与计算结果相同。

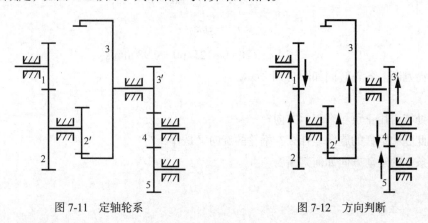

图 7-11　定轴轮系　　　　　　　图 7-12　方向判断

● 若轮系中包含有蜗杆、蜗轮和锥齿轮等，此时各轮轴线在空间不再相互平行，属于非平行轴齿轮定轴轮系，则其转向关系就不能用 $(-1)^m$ 来确定，而只能采用标注箭头的办法来表示。

● 过轮或中介轮仅起着中间过渡和改变从动轮转向的作用。

解：

① 首先计算每对齿轮的啮合传动比

$$i_{12} = \frac{n_1}{n_2} = -\frac{z_2}{z_1}, \quad i_{2'3} = \frac{n_{2'}}{n_3} = \frac{z_3}{z_{2'}}, \quad i_{3'4} = \frac{n_{3'}}{n_4} = -\frac{z_4}{z_{3'}}, \quad i_{45} = \frac{n_4}{n_5} = -\frac{z_5}{z_4}。$$

② 由于齿轮 2 和齿轮 2' 同轴，齿轮 3 和齿轮 3' 同轴，则

$$n_{2'} = n_2, \quad n_{3'} = n_3$$

③ 最后得到

$$i_{15} = \frac{n_1}{n_5} = i_{12}i_{2'3}i_{3'4}i_{45} = \frac{n_1}{n_2} \cdot \frac{n_{2'}}{n_3} \cdot \frac{n_{3'}}{n_4} \cdot \frac{n_4}{n_5} = (-1)^3 \frac{z_2 z_3 z_4 z_5}{z_1 z_{2'} z_{3'} z_4}$$

由于计算结果为负号，说明齿轮 5 的转速与齿轮 1 的转向相反。

例 7-2 如图 7-13 所示的轮系中，已知各齿轮的齿数 $z_1 = 20$、$z_2 = 40$、$z_{2'} = 15$、$z_3 = 60$、$z_{3'} = 18$、$z_4 = 18$、$z_7 = 20$（模数 $m = 3$）、$z_6 = 40$、$z_5 = 1$（左旋），齿轮 1 为主动轮，转向如图 7-13 所示，转速 $n_1 = 100$ r/min，试求齿条 8 的速度和移动方向。

【分析】

① 该轮系运行时，各个齿轮的轴线相对于机架的位置都是固定的，各齿轮绕自身的轴线旋转，轴线不作任何运动，所以是定轴轮系。

② 该轮系中有锥齿轮传动、蜗轮蜗杆，各轴线不是相互平行的，为空间定轴轮系。

解：

① 传动比计算。齿轮 1、2、2'、3、3'、4 和蜗杆、蜗轮 6 构成定轴轮系，蜗轮 6 的转速和方向与齿轮 7 相同。则：

$$i_{16} = \frac{n_1}{n_6} = \frac{z_2 z_3 z_4 z_6}{z_1 z_{2'} z_{3'} z_5}$$

$$n_6 = \frac{n_1}{i_{16}} = n_1 \cdot \frac{z_1 z_{2'} z_{3'} z_5}{z_2 z_3 z_4 z_6} = 100 \times \frac{20 \times 15 \times 18 \times 1}{40 \times 60 \times 18 \times 40} = 0.3125 \text{ r/min}$$

$$v_8 = v_7 = 2\pi r_7 \frac{n_7}{60}$$

$$r_7 = \frac{1}{2} m z_7$$

$$v_8 = 3.14 \times 3 \times 20 \times 0.3125 / 60 = 0.98 \text{ mm/s}$$

② 转向判断。各轮转向如图 7-14 所示。

【思考】

① 此处能否用正负号来表示方向？

② 在此题中蜗杆的旋向是什么？蜗轮的旋向又是什么？

③ 齿条 8 的运动方向如何判断？

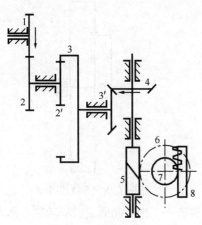

图 7-13 定轴轮系 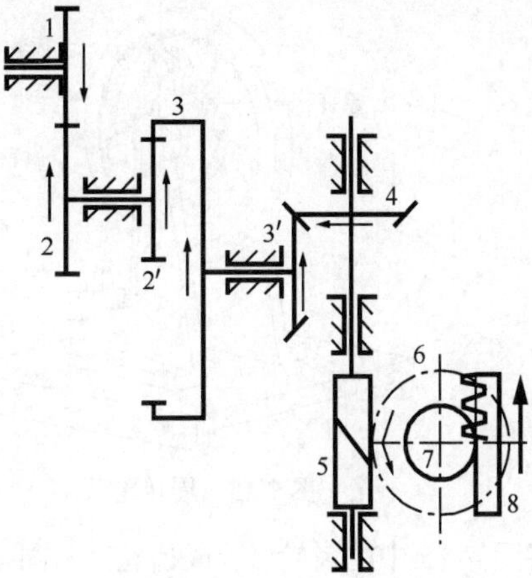   图 7-14 方向判断

从上述两个例子中可得出结论。

① 定轴轮系的传动比等于组成轮系的各对齿轮传动比的连乘积，也等于从动轮齿数的连乘积与主动轮齿数的连乘积之比。所以由 k 个齿轮组成的平面定轴轮系传动比的通用计算式为

$$i_{1k} = (-1)^m \frac{\text{从齿轮1到齿轮}k\text{间所有从动轮齿数的连乘积}}{\text{从齿轮1到齿轮}k\text{间所有主动轮齿数的连乘积}}$$

式中，m 为外啮合圆柱齿轮副的对数。

② 轮系传动比的正负号取决于外啮合齿轮副的对数。当 m 为奇数时，轮系传动比为负值，表示主、从动轮的转向相反；当 m 为偶数时，轮系传动比为正值，表示主、从动轮的转向相同。

③ 含有圆锥齿轮和蜗轮蜗杆的空间定轴轮系中，各齿轮的轴线是不平行的。该轮系的传动比仍可按上式计算，但末端齿轮的旋转方向，只能按轮系中各圆柱齿轮、圆锥齿轮及蜗轮蜗杆的啮合关系，用画直箭头的方法来确定。

7.2.2 周转轮系的传动比

周转轮系和定轴轮系之间的根本差别在于前者中有转动的行星架，故其传动比不能直接用定轴轮系传动比的求法来计算。但我们在计算时，可以通过相对运动原理，把周转轮系转化为定轴轮系，然后按定轴轮系的传动比计算方法来计算周转轮系。

1. 认识周转轮系

图 7-15（结构简图如图 7-16 所示）所示为一周转轮系。

① 齿轮 2 在绕自身轴线 O_2 旋转的同时，又随着构件 H 一起绕齿轮 1 的轴线 O_1 转动，既有自转又有公转，因此齿轮 2 是行星轮。

② 支撑行星轮 2 的构件 H 是系杆。

③ 齿轮 1 和齿轮 3 的轴线始终固定不动，称为太阳轮（或称为中心轮）。

在图 7-15 中，两个中心轮 1、3 均在做转动，这种周转轮系称为差动轮系。

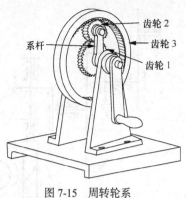

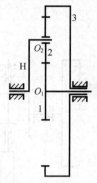

图 7-15　周转轮系　　　　　　　　　图 7-16　结构简图

若将图 7-15 中的齿轮 3（或齿轮 1）固定，则这种有一个中心轮固定的周转轮系称为行星轮系。显然，若将系杆 H 固定，该行星轮系则变成定轴轮系。

仔细观察图 7-17 和图 7-18，这个周转轮系是差动轮系还是行星轮系？轮系中哪个是太阳轮、行星轮和系杆？说明轮系的运动过程。

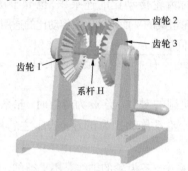

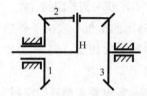

图 7-17　周转轮系　　　　　　　　　图 7-18　结构简图

2. 周转轮系的传动比计算

在周转轮系中，系杆以角速度 ω_H 转动，如果假想给整个定轴轮系加上一个绕系杆转动的公共角速度（$-\omega_H$），这并不影响构件之间的相对运动，但是却可以让系杆的角速度变为 $\omega_H + (-\omega_H) = 0$，从而将周转轮系变成了假想的定轴轮系。

对于如图 7-15 所示的周转轮系，给整个轮系加上（$-\omega_H$）后，该轮系转化为定轴轮系，转化前后各构件的角速度如表 7-1 所示。转化后构件的角速度都在其右上角加注 H 表示，例如，ω_1^H、ω_2^H 和 ω_3^H。

表 7-1　　　　　　　　　　轮系转化前后构件的角速度

构　　件	原　角　速　度	转化后角速度
齿轮 1	ω_1	$\omega_1^H = \omega_1 - \omega_H$
齿轮 2	ω_2	$\omega_2^H = \omega_2 - \omega_H$
齿轮 3	ω_3	$\omega_3^H = \omega_3 - \omega_H$
系杆 H	ω_H	$\omega_H^H = \omega_H - \omega_H = 0$

在该轮系中，任意两个齿轮的传动比均可以用定轴轮系的计算方法获得。

对于如图 7-15 所示的周转轮系的转化轮系（如图 7-19 所示），则有：

$$i_{13}^{H} = \frac{\omega_1^{H}}{\omega_3^{H}} = \frac{\omega_1 - \omega_H}{\omega_3 - \omega_H} = -\frac{z_3 z_2}{z_2 z_1} = -\frac{z_3}{z_1}$$

其中的"－"是通过箭头法确定在转化轮系中齿轮 1 和齿轮 3 的转向相反得来。

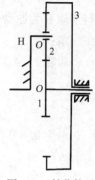

图 7-19　转化轮系

例 7-3　如图 7-17 所示的周转轮系，已知 $z_1 = 20$、$z_2 = 30$、$z_3 = 80$、$n_1 = 1$、$n_3 = 0$（固定），计算 n_H。

解：

在转化轮系中，齿轮 1 和齿轮 3 的轴向平行，且转向相反，则其转化轮系的传动比为

$$i_{13}^{H} = \frac{\omega_1^{H}}{\omega_3^{H}} = \frac{n_1 - n_H}{n_3 - n_H} = -\frac{z_3 z_2}{z_2 z_1} = -\frac{80}{20} = -4$$

因为　　　　　　　　　　　　　　　$n_3 = 0$

所以　　　　　　　　　　　　　$\dfrac{1 - n_H}{0 - n_H} = -4$

求得　　　　　　　　　　　　　　$n_H = \dfrac{1}{5}$

也就是说，系杆的转速是齿轮 1 转速的 1/5。

【思考】

① 系杆与齿轮 1 的转动方向是相同还是相反？

② $i_{13}^{H} = \dfrac{\omega_1^{H}}{\omega_3^{H}} = \dfrac{n_1 - n_H}{n_3 - n_H} = -\dfrac{z_3 z_2}{z_2 z_1} = -\dfrac{80}{20} = -4$，是否可以说明齿轮 1 和齿轮 3 的转向相反？

注意区分周转轮系的传动比 i_{13} 和转化轮系的传动比 i_{13}^{H} 的区别，前者是两轮的真实传动比，而后者是假想的转化轮系中两齿轮的传动比。

根据上述原理，不难得出计算周转轮系传动比的一般关系式，设周转轮系中的两个太阳轮为 m 和 n，行星架为 H，则其转化轮系的传动比 i_{mn}^{H} 可表示为

$$i_{mn}^{H} = \frac{\omega_m^{H}}{\omega_n^{H}} = \frac{\omega_m - \omega_H}{\omega_n - \omega_H} = \pm \frac{\text{在转化轮系中由m至n各从动轮齿数的乘积}}{\text{在转化轮系中由m至n各主动轮齿数的乘积}}$$

【重点提示】

- 式中的"±"号，由在转化轮系中 m、n 两轮的转向关系来确定，"±"号若判断错误，将严重影响计算结果的正确性。上式公式适应齿轮 m、n 和行星架 H 的轴线相平行的场合，也适用于锥齿轮、蜗杆蜗轮等空间齿轮组成的周转轮系，只是两个太阳轮和行星架的轴线必须平行，且转化轮系的传动比的正负号必须用画箭头的方法确定。

- ω_m、ω_n、ω_H 均为代数值，在使用中要带有相应的"±"号。

- 当各轮齿数相差很小时，周转轮系可获得很大的传动比。周转轮系输出构件的转向既与输入运动转向有关，又与各轮齿数有关。

- 周转轮系传动比正负是计算出来的，而不是判断出来的。

例 7-4 如图 7-20 所示的周转轮系中，已知各轮齿数为 $z_1 = 100$，$z_2 = 99$，$z_3 = 100$，$z_4 = 101$，行星架 H 为原动件，试求传动比 $i_{H1} = ?$

解：

齿轮 1、4 为太阳轮，齿轮 2、3 为行星轮，H 为系杆。

$$i_{14}^H = \frac{n_1 - n_H}{n_4 - n_H} = +\frac{z_2 z_4}{z_1 z_3}$$

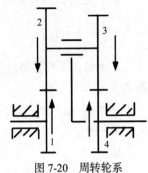

其中 $n_4 = 0$，则 $i_{14}^H = \dfrac{n_1 - n_H}{n_4 - n_H} = 1 - \dfrac{n_1}{n_H} = 1 - i_{1H} = +\dfrac{z_2 z_4}{z_1 z_3}$

$$i_{1H} = 1 - \frac{z_2 z_4}{z_1 z_3} = 1 - \frac{99 \times 101}{100 \times 100} = \frac{1}{10\,000}$$

图 7-20　周转轮系

$$i_{H1} = \frac{1}{i_{1H}} = 10\,000$$

当行星架转 10 000 r 时，轮 1 才转 1 圈，其转向相同。

7.2.3　复合轮系的传动比

如前所述，在复合轮系中或者包含定轴轮系部分，又包含周转轮系部分，或者包含几部分的周转轮系。以这样的复合轮系，既不能将其视为定轴轮系来计算，也不能应用单一的周转轮系的传动比计算。唯一正确的方法是将其所包含的各部分定轴轮系和各部分周转轮系一一加以分开，并分别列出其传动比的计算关系式，然后联立求解，从而求出复合轮系的传动比。

在计算复合轮系时，首要的问题是必须正确地将轮系中的各组成部分加以划分。而正确划分的关键是要把其中的周转轮系部分找出来。周转轮系的特点是具有行星轮和行星架，所以要找到轮系中的行星轮，然后找出行星架（行星架往往是由轮系中具有其他功用的构件所兼任）。每一行星架，连同行星架上的行星轮和行星轮相啮合的太阳轮就组成一个基本的周转轮系，当周转轮系一一找出之后，剩下的便是定轴轮系部分了。下面将通过两个例子来介绍复合轮系的传动比的计算方法。

例 7-5 如图 7-21 所示复合轮系中，已知各轮齿数 $z_1 = 20$，$z_2 = 40$，$z_{2'} = 20$，$z_3 = 30$，$z_4 = 80$。计算传动比 i_{1H}。

解：

首先找出周转轮系，由齿轮 2'、齿轮 3、齿轮 4 和系杆 H 组成，定轴轮系由齿轮 1 和齿轮 2 组成。

周转轮系传动比：

$$i_{2'4}^H = \frac{n_{2'}^H}{n_4^H} = \frac{n_{2'} - n_H}{n_4 - n_H} = -\frac{z_4}{z_{2'}} = -4$$

定轴轮系传动比：

$$i_{12} = \frac{n_1}{n_2} = -\frac{z_2}{z_1} = -2$$

其中：$n_4 = 0$，$n_2 = n_{2'}$

所以 $i_{1H} = \dfrac{n_1}{n_H} = -10$，负号说明行星架 H 与齿轮 1 转向相反。

例 7-6　图 7-22（a）所示为一电动卷扬机的减速器运动简图，设已知各轮齿数，试求其传动比 i_{15}。

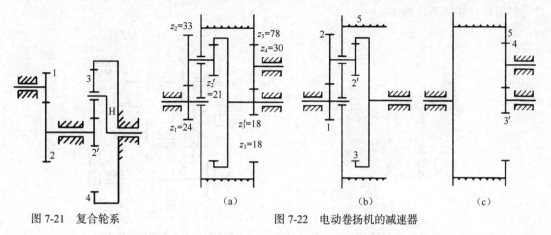

图 7-21　复合轮系　　　　　　　图 7-22　电动卷扬机的减速器

解：

首先将该轮系中的周转轮系分出来，它由双联行星轮 2-2′、行星架 5（它同时又是鼓轮和内齿轮的旋转中心轴）及两个太阳轮 1、3 组成，如图 7-22（b）所示。

周转轮系传动比：

$$i_{13}^5 = \frac{w_1 - w_5}{w_3 - w_5} = -\frac{z_1 z_3}{z_1 z_{2'}} \tag{7-1}$$

或

$$w_1 = \frac{(w_5 - w_3) z_2 z_3}{z_1 z_{2'}} + w_5$$

然后，将定轴轮系部分分出来，它由齿轮 3′、4、5 组成，如图 7-22（c）所示，故得：

$$i_{3'5} = \frac{w_{3'}}{w_5} = \frac{w_3}{w_5} = -\frac{z_5}{w_{3'}} \tag{7-2}$$

或

$$w_3 = -\frac{w_5 z_5}{z_{3'}}$$

联立求解式（1）、式（2）得：

$$i_{15} = \frac{z_2 z_3}{z_1 z_{2'}} \left(1 + \frac{z_5}{z_{3'}}\right) + 1 = \frac{33 \times 78}{24 \times 21} \times \left(1 + \frac{78}{18}\right) + 1 = 28.24$$

7.3　轮系的功用

轮系广泛应用于各种机械和仪表中，其主要作用是实现分路传动、变速与换向转动、运动的合成与分解、大功率传递等。

7.3.1　实现分路传动

利用定轴轮系，可通过主动轴上的若干齿轮分别把运动传给多个工作部位，从而实现分路传动，如图 7-23 所示的传动系统为某航空发动机附件，可把发动机主轴的运动分解传出，带动各附件同时工作，如图 7-24 所示。

图 7-23　某航空发动机附件传动系统

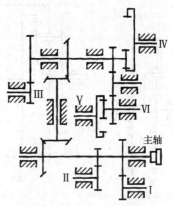

图 7-24　轮系多路传动原理图

【思考】

① 从主动轴输入动力后，可以有几个输出？

② 每个输出轴的转动方向如何？

③ 每个输出轴的转动速度是否相等？

7.3.2　实现变速与换向转动

当主动轴转速、转向不变时，利用轮系可使从动轴获得多种转速或换向。图 7-25 所示的车床走刀丝杆的三星轮换向机构中，在主动轴转向不变的条件下，可改变从动轴的转向，图中所示为工作过程中的 3 个特殊位置。

① 在图 7-25（a）所示位置时，主动轮 1 的运动经中间轮 2 和 3 传给从动轮 4，故从动轮 4 与主动轮 1 的转向相反。

② 如图 7-25（b）所示，转动手柄，断开传动路径。

③ 如图 7-25（c）所示，齿轮 2 不参与传动，这时主动轮 1 的运动就只经过中间轮 3 到从动轮 4，所以从动轮 4 与主动轮 1 的转向相同。

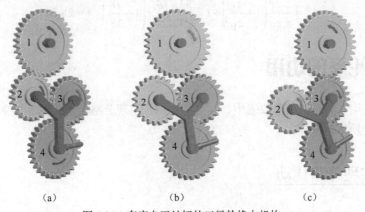

（a）　　　　　　　　　（b）　　　　　　　　　（c）

图 7-25　车床走刀丝杆的三星轮换向机构

7.3.3　实现运动的合成与分解

差动轮系有两个自由度。当给定 3 个基本构件中任意两个的运动后，第三个基本构件的运动才能确定。这就是说，第三个基本构件的运动为另外两个基本构件的运动的合成，或者将一个基本构件的运动按可变的比例分解为另外两个基本构件的运动。图 7-26 所示为轮系在汽车后桥差速器的应用实例。

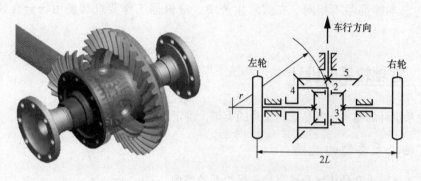

（a）汽车后桥差速器　　　　　　　（b）汽车后轮差速器的机构图

图 7-26　汽车后轮的差动机构图

① 当汽车直行时，两个后轮所走的路程相同，故要求两个后轮的转速相等。

② 当汽车转弯时，处于弯道内侧的后轮走的是小圆弧，处于外侧的后轮走的是大圆弧，两后轮所走的路程不相等，故要求左轮和右轮具有不同的转速。利用该轮系后就能根据汽车不同的行驶状态，自动改变两轮的转速。

③ 如图 7-26（b）所示，当汽车向左转弯行驶时，汽车的两前轮在转向机构的作用下，其轴线与汽车后轮的轴线相交于左边一点，这时整个汽车可看作是绕这点回转，两后轮的转速分别为：

$$n_{左} = \frac{r-L}{r}n_4, \quad n_{右} = \frac{r+L}{r}n_4$$

两式说明当汽车转弯时，可利用此差速器将主轴的一个转动分解为两后轮的两个不同的转动。

7.3.4　实现大功率传递

采用周转轮系可在尺寸小、重量轻的条件下较好地实现大功率传动。如图 7-27 所示具有多个行星轮的均匀结构，可共同分担载荷，以减小齿轮尺寸；同时可平衡各啮合处的径向分力和行星轮公转所产生的离心惯性力，以减小主轴承内的作用力，增加运动的平衡性。

【思考】

① 在轮系中齿轮 2′、2″的作用

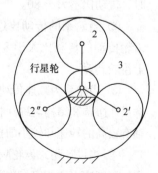

（a）周转轮系　　　　　　　（b）周转轮系的机构图

图 7-27　实现大功率传递的轮系

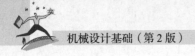

主要是什么？

② 在轮系中齿轮 2′、2″的速度和齿轮 2 的速度是否相同？

7.4 轮系的设计

轮系的设计方案多种多样，不同的设计方案所达到的功能，以及机构的外廓尺寸、效率、重量、成本等都各不相同。在实际生产中，应根据工作要求和使用场合合理地设计对应的轮系。

7.4.1 定轴轮系的设计

定轴轮系设计的基本任务是选择轮系的类型，确定各轮的齿数。

1. 定轴轮系类型的选择

应根据工作要求和使用场合恰当地选择轮系的类型。

① 当设计的定轴轮系用于高速、重载场合时，为了减小传动的冲击、振动和噪声，提高传动性能，宜优先选用由平行轴斜齿轮组成的定轴轮系。

② 当设计的轮系在主、从动轴传递过程中，由于工作或结构空间的要求，需要转换运动轴线方向或改变从动轴轴向时，可选择含有圆锥齿轮传动的定轴轮系。

③ 当设计的轮系用于功率较小、速度不高但需要满足交错角为任意值的空间交错轴之间的传动时，可选用含有交错轴斜齿轮传动的定轴轮系。

④ 当设计的轮系要求传动比大、结构紧凑或用于分度、微调及有自锁要求的场合时，则应选择含有蜗杆传动的定轴轮系。

2. 定轴轮系中各轮齿数的确定

要确定定轴轮系中各轮的齿数，关键在于合理地分配轮系中各对齿轮的传动比。为了把轮系的总传动比合理地分配给各对齿轮，在具体分配时应注意下述几点。

① 每一级齿轮的传动比要在其常用范围内选取。齿轮传动时，传动比为 5～7；蜗杆传动时，传动比不大于 80。

② 当轮系的传动比过大时，为了减小外廓尺寸和改善传动性能，通常采用多级传动。当齿轮传动的传动比大于 8 时，一般应设计成两级传动；当传动比大于 30 时，常设计成两级以上齿轮传动。

③ 当轮系为减速传动时，按照"前大后小"的原则分配传动比较有利。同时，为了使机构外廓尺寸协调和结构匀称，相邻两级传动比的差值不宜过大。运动链这样逐级减速，可使各级中间轴有较高的转速和较小的扭矩，从而获得较为紧凑的结构。

④ 当设计闭式齿轮减速器时，为了润滑方便，应使各级传动中的大齿轮都能浸入油池，且浸入的深度应大致相等，以防止某个大齿轮浸油过深而增加搅油损耗。根据这一条件分配传动比时，高速级的传动比应大于低速级的传动比，通常取高速级的传动比为 1.3～1.4。

7.4.2　周转轮系的设计

周转轮系设计的主要任务是：合理选择轮系的类型，确定各轮的齿数。

1.　周转轮系类型的选择

轮系类型的选择，主要应从传动比范围、效率高低、结构复杂程度以及外廓尺寸等几方面综合考虑。
①　当设计的轮系主要用于传递运动时，首先考虑能否满足工作所要求的传动比，其次兼顾效率、结构复杂程度、外廓尺寸和重量。
②　当设计的轮系主要用于传递动力时，主要考虑机构效率的高低，其次兼顾传动比、外廓尺寸、结构复杂程度和重量。

2.　周转轮系中各齿轮齿数的确定

在周转轮系中，为了充分利用内、外中心轮之间的空间和使系杆负荷均衡等，一般均采用两个以上的行星轮，而每一个行星轮又与一个以上的中心轮相啮合。为了实现这种多行星轮的结构，对于轮系中各轮的齿数及其行星轮的个数必须作出正确的选择。在设计轮系时，各轮的齿数与行星轮的个数必须满足传动比条件、同心条件、装配条件和邻接条件等要求。

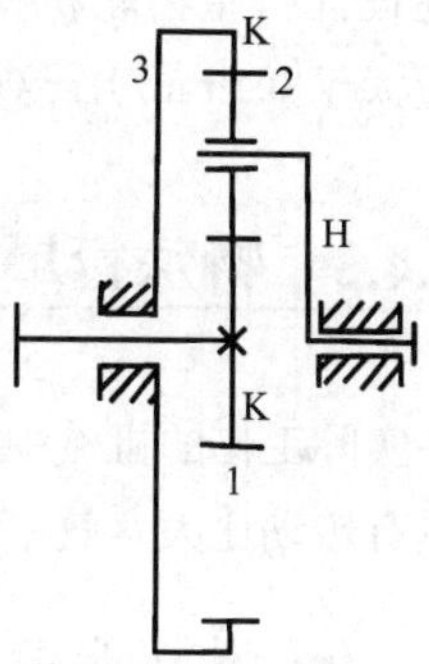

图 7-28　单排 2K-H 负号机构行星轮

现以图 7-28 所示的单排 2K-H 负号机构行星轮为例来加以讨论。

（1）传动比条件

$$i_{1H} = 1 + \frac{z_3}{z_1}$$

$$\frac{z_3}{z_1} = i_{1H} - 1$$

$$z_3 = \left(i_{1H} - 1\right) z_1$$

（2）同心条件
为了保证中心轮和系杆的回转轴心相重合，必须满足同心条件。即：

$$\alpha'_{12} = \alpha'_{23}$$
$$r'_1 + r'_2 = r'_3 - r'_2$$
$$r'_1 + 2r'_2 = r'_3$$

当采用标准齿轮时，由于它们的节圆与分度圆重合，故上式可写为：

$$\frac{mz_1}{2} + mz_2 = \frac{mz_3}{2}$$
$$z_1 + 2z_2 = z_3$$
$$z_2 = \frac{z_3 - z_1}{2}$$

如果采用角度变位齿轮，由于变位后的中心距分别为：

$$\alpha'_{12} = \alpha_{12} \frac{\cos \alpha}{\cos \alpha'_{12}} = \frac{m}{2}(z_1 + z_2) \frac{\cos \alpha}{\cos \alpha'_{12}}$$

$$\alpha'_{23} = \alpha_{23} \frac{\cos \alpha}{\cos \alpha'_{23}} = \frac{m}{2}(z_3 - z_2) \frac{\cos \alpha}{\cos \alpha'_{23}}$$

故同心关系式变为：

$$\frac{z_1 + z_2}{\cos \alpha'_{12}} = \frac{z_3 - z_2}{\cos \alpha'_{23}}$$

（3）装配条件

行星轮的个数一般都在两个以上，装配时要保证各行星轮能均匀布置在中心轮周围，并与各中心轮正确啮合。很明显，当只有一个行星轮时，实现正确安装是很容易的，只需将齿轮1转到某一位置，使行星轮能同时插入内外两个中心轮的齿间就可以了。可是当有两个或两个以上行星轮时，要想正确安装就必须满足一定的条件。

（4）邻接条件

在设计行星齿轮机构选择齿数时，还应保证相邻的行星轮齿顶圆不相交，并留有适当间隙（应大于 0.5 mm），这就是邻接条件。

7.4.3　特殊行星传动简介

在实际工作的机械中，除前面几节介绍的一般行星轮系之外，还有几种特殊的行星传动机构。它们具有传动比大、效率高、重量轻和结构紧凑等优点，并越来越广泛地被采用。

1.　渐开线少齿差行星传动

渐开线少齿差行星的中心轮与行星轮的齿廓均为渐开线，且齿数差很少（一般为 1～4），如图 7-29 所示。其传动特点：传动比大，一级减速传动比可达 100，二级减速传动比可达 10 000；结构紧凑；体积和质量小，加工容易；效率较高，一般为 0.80～0.87，且可节约有色金属。但因齿数差过小可能引起干涉，必须进行复杂的变位计算，承载能力较低。常用在起重运输、仪表、轻化和食品工业。

2.　摆线针轮行星传动

摆线针轮行星传动属于少齿差行星传动，如图 7-30 所示。其传动特点：传动比范围大，单级传动为 9～87，两级传动为 121～7 569；体积小，重量轻，用其代替两级普通圆柱齿轮减速器，体积可减少 1/2～2/3，重量减轻 1/3～1/2；效率高，一般为 0.90～0.94，最高可达 0.97，摆线轮和针轮之间可以加套筒，使针轮和摆线轮之间成为滚动摩擦，轮齿磨损小，使用寿命长，其寿命较普通齿轮减速器可提高 2～3 倍。但它的加工工艺较复杂，精度要求高，必须用专用机床和刀具来加工摆线齿轮。摆线针轮行星传动广泛应用于军工、矿工、冶金、化工及造船等工业的机械设备上。

图 7-29　渐开线少齿差行星传动

图 7-30　摆线针轮行星轮

3. 谐波齿轮传动

谐波齿轮传动是一种依靠弹性变形来实现传动的新型传动。其突破了机械传动采用刚性构件机构的模式，而是使用了一个柔性构件机构来实现机械传动。

图 7-31 所示为谐波齿轮传动，其由 3 个基本构件组成：谐波发生器是由凸轮（通常为椭圆形）及薄壁轴承组成，随着凸轮转动，薄壁轴承的外环在弹性范围内作椭圆形运动；刚轮是刚性的内齿轮；柔轮是薄壳形元件，是具有弹性的外齿轮。

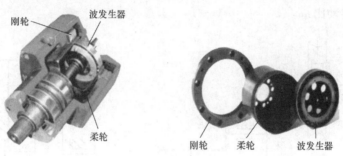

图 7-31　谐波齿轮传动

其传动特点：传动比大，单级传动比为 70～320；体积小、重量轻，与一般减速器比较，输出力矩相同时，通常体积可减小 2/3，质量可减小 1/2；同时啮合的齿数多，柔轮采用了高疲劳强度的特殊钢材，从而传动平稳，承载能力大；在齿的啮合部分滑移量极小，摩擦时损失小，故传动效率高；因为不需要等角速比输出机构，因此结构简单，安装方便；但柔轮的疲劳传动影响使用寿命。谐波齿轮传动是在行星轮传动基础上发展起来的新型传动装置，目前已经应用于造船、机器人、机床、仪表装置和军事装备等各个方面。

 小结

轮系是由一系列齿轮所组成的传动装置，它通常介于原动机和执行机构之间，把原动机的运动和动力传给执行机构。在实际工程机械中，常用其实现变速、换向、运动的合成与分解以及大功率传动等，应用非常广泛。本章重点介绍了轮系的传动比计算和轮系的设计。前者是判断一个给定轮系的类型并确定其传动比；后者是根据工作要求选择轮系的类型并确定各轮的齿数。为了满足不同的工作要求和使用场合，合理地选择轮系，可以给机械生产带来事半功倍的效果。

1. 轮系的分类依据是什么？

2. 怎样计算定轴轮系的传动比？如何确定从动轮的转向？

3. 定轴轮系和周转轮系的区别有哪些？

4. 怎样求复合轮系的传动比？分解复合轮系的关键是什么？如何划分？

5. 轮系的设计应从哪些方面考虑？

6. 如图 7-32 所示为一蜗杆传动的定轴轮系，已知蜗杆转速 $n_1 = 750$ r/min，$z_1 = 3$，$z_2 = 60$，$z_3 = 18$，$z_4 = 27$，$z_5 = 20$，$z_6 = 50$。试用画箭头的方法确定 z_6 的转向，并计算其转速。

7. 图 7-33 所示为一大传动比的减速器，$z_1 = 100$，$z_2 = 101$，$z_{2'} = 100$，$z_3 = 99$。求：输入件 H 对输出件 1 的传动比 i_{H1}。

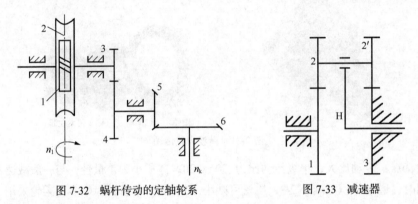

图 7-32 蜗杆传动的定轴轮系　　　　图 7-33 减速器

8. 如图 7-34 所示为卷扬机传动示意图，悬挂重物 G 的钢丝绳绕在鼓轮 5 上，鼓轮 5 与蜗轮 4 连接在一起。已知各齿轮的齿数：$z_1 = 20$，$z_2 = 60$，$z_3 = 2$（右旋），$z_4 = 120$。试求：①轮系的传动比 i_{14}；②若重物上升，加在手把上的力将使轮 1 如何转动？

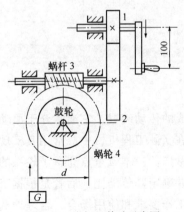

图 7-34 卷扬机传动示意图

第8章

机械连接及螺旋传动

机械连接有两大类：一类是被连接的零（部）件间可以有相对运动的连接，称为机械动连接，如各种运动副；另一类是被连接的零（部）件间不允许有相对运动的连接，称为机械静连接。

机械静连接又可分为可拆连接和不可拆连接。允许多次装拆而无损其使用性能的连接称为可拆连接，如键连接、销连接及螺纹连接等。必须破坏或损伤连接中的某一部分才能拆开的连接称为不可拆连接，如焊接、铆接及粘接等。

【学习目标】

- 了解键与销连接的特点及应用。
- 了解螺纹连接的种类及应用。
- 掌握螺纹连接的预紧和防松。
- 掌握螺纹连接的强度计算。
- 了解螺旋传动的类型。

【观察与思考】

- 如果使用如图 8-1 所示花键连接齿轮和轴来实现传动，这有何优点？
- 为了在机械设计和制造中满足互换性的要求，很多机械零件都已经标准化。标准化的机械零件结构相似，大小依次递增，排成规整的系列，以满足不同的使用场合。如图 8-2 所示是标准化的圆柱销，通过这些实例理解标准化的含义。
- 一个轴转动时，如何带动其上的齿轮一起转动？有哪几种连接方法？
- 如果将齿轮紧套在轴上，这样的传动是否可靠？有什么潜在的隐患？
- 如何将两个部件牢固地连接在一起，在不需要连接的时候又能够方便地将其拆开？
- 在螺纹的设计和使用过程中，如何保证其不被剪断？如何保证并防止其自动松开？

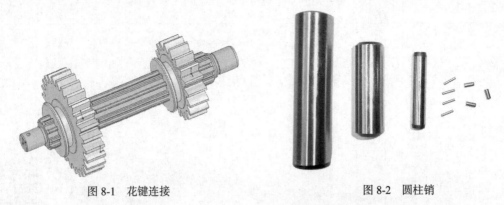

图 8-1　花键连接　　　　　　　　　　　图 8-2　圆柱销

8.1　键连接

键是一种标准件，主要用于轴与轴上零件（如齿轮、带轮）的周向固定并传递转矩，其中有些还可以实现轴上零件的轴向固定或轴向滑动。试对比图 8-3 中皮带轮与轴的连接与内燃机中锥轴与轮毂的连接，理解键连接的概念和用途。

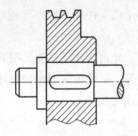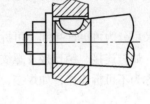

（a）皮带轮与轴的平键连接　　　（b）内燃机中锥轴与轮毂的半圆键连接

图 8-3　键连接的应用

键连接是由键、轴和轮毂所组成，它主要用以实现轴和轮毂的周向固定并传递转矩。键连接的主要类型有：平键连接、半圆键连接、楔键连接、切向键连接和花键连接。它们均已标准化。

8.1.1　平键连接

普通平键用于静连接，即轴与轮毂之间无轴向相对移动。根据键的端部形状不同，平键分为 A、B、C 三种类型。

（1）普通平键的结构形式

首先观察图 8-4，认识普通平键的主要结构形式。

接着观察图 8-5，认识平键连接的主要形式。

① 在使用 A 型平键时，键放置于与之形状相同的键槽中，因此键的轴向定位好，应用最广泛，但键槽对轴会引起较大的应力集中。

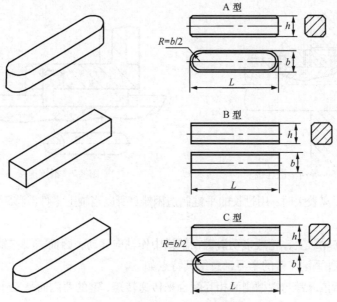

图 8-4 普通平键的主要结构形式

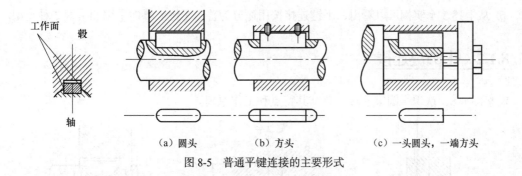

（a）圆头 （b）方头 （c）一头圆头，一端方头

图 8-5 普通平键连接的主要形式

② 在使用 B 型平键时，由于轴上的键槽是用盘形铣刀来加工的，避免了圆头平键的缺点，但键在键槽中固定不良，常用螺钉将其紧定在轴上的键槽中，以防松动。

③ C 型平键常用于轴端与毂类零件的连接。

（2）导向平键连接

观察图 8-6，认识导向平键连接，注意其与普通平键连接的区别。

导向平键连接的特点如下。

① 导向平键是一种较长的平键，用螺钉将其固定在轴的键槽中。

② 导向平键除实现周向固定外，由于轮毂与轴之间均为间隙配合，允许零件沿键槽作轴向移动，构成动连接。

③ 为装拆方便，在键的中部设有起键螺孔。

（3）滑键连接

观察图 8-7，认识滑键连接，理解其工作原理。

滑键连接的特点如下。

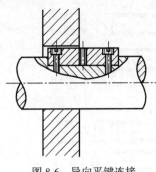 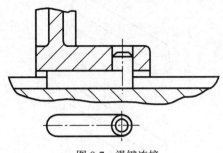

图 8-6　导向平键连接　　　　　图 8-7　滑键连接

① 因为滑移距离较大时，用过长的平键制造困难，所以当轴上零件滑移距离较大时，宜采用滑键。

② 滑键固定在轮毂上，轮毂带动滑键在轴槽中作轴向移动，因而需要在轴上加工长的键槽。

通过对以上 3 种平键连接的学习，总结其特点如下。

③ 平键安装后依靠键与键槽侧面相互配合来传递转矩，键的两侧面是工作面。在键槽内，键的上表面和轮毂槽底之间留有间隙。

④ 平键连接结构简单，装拆方便，加工容易，对中性好，应用很广泛。

⑤ 从上述 3 个实例可以看出，平键连接按用途分为普通平键、导向平键和滑键 3 种类型。

8.1.2　半圆键连接

观察图 8-8，认识半圆键连接，总结其特点和工作原理。

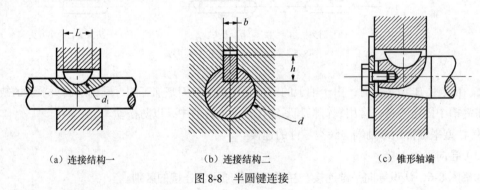

（a）连接结构一　　　（b）连接结构二　　　（c）锥形轴端
图 8-8　半圆键连接

半圆键连接的主要特点如下。

① 半圆键呈半圆形，用于静连接。

② 与平键一样，键的两侧面为工作面。这种键连接的优点是工艺性好，缺点是轴上键槽较深，对轴的强度削弱较大，故主要用于轻载和锥形轴端的连接。

③ 半圆键连接具有调心性能，装配方便，尤其适合于锥形轴与轮毂的连接。

8.1.3　楔键连接

观察图 8-9，认识楔键连接，总结它的特点和工作原理。

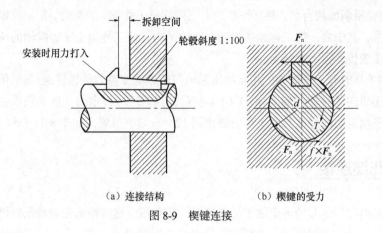

（a）连接结构　　　　（b）楔键的受力

图 8-9　楔键连接

楔键包括普通楔键和钩头楔键两种类型，如图 8-10 所示。

楔键连接的主要特点如下。

① 楔键连接只用于静连接，楔键的上、下表面是工作面，其上表面和轮毂槽底均具有 1:100 斜度，装配时需打入。

② 装配后，键的上、下表面与毂和轴上的键槽的底面压紧，工作时，靠键、轮毂、轴之间的摩擦力来传递转矩。由于键本身具有一定的斜度，故这种键能承受单方向的轴向载荷，对轮毂起到轴向的定位作用。

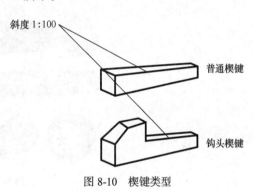

图 8-10　楔键类型

③ 楔键连接易松动，主要用于定心精度不高、载荷平稳和低速的场合。

④ 楔键分为普通楔键和钩头楔键，钩头楔键的钩头是为了便于拆卸，用于轴端时，为了安全，应加防护罩。

8.1.4　切向键连接

观察图 8-11，认识切向键连接，总结它的特点和工作原理。

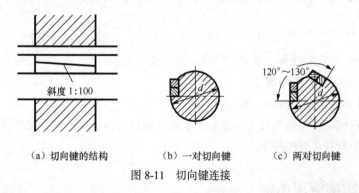

（a）切向键的结构　　　（b）一对切向键　　　（c）两对切向键

图 8-11　切向键连接

切向键连接的主要特点如下。

① 切向键连接用于静连接，切向键由一对斜度为 1:100 的普通楔键组成。

② 两个楔键沿斜面拼合后，相互平行的上下两面是工作面。装配时，把一对楔键分别从轮毂两端打入并楔紧，其中之一的工作面通过轴心线的平面，使工作面上压力沿轴的切线方向作用，因此切向键连接能传递很大的转矩。

③ 切向键工作时靠工作面间的相互挤压和轴与轮毂的摩擦力传递转矩。若采用一个切向键连接，则只能传递单向的转矩，如图 8-11（b）所示；当有反转要求时，就必须采用两个切向键，此时为了不至于削弱轴的强度，两个切向键相隔 120°～130°布置，如图 8-11（c）所示。

8.1.5　花键连接

花键连接是由均匀分布的多个键齿的花键轴与带有相应键齿槽的轮毂相配合而组成的可拆连接。观察图 8-12，认识花键连接，总结它的特点和工作原理。

图 8-12　花键连接

花键连接的主要特点如下。

1.　优点

① 由于其工作面为均布多齿的齿侧面，故承载能力高，受力均匀。
② 轴上零件和轴的对中性好，导向性好。
③ 键槽浅，齿根应力集中小，对轴和轮毂的强度影响小。
④ 可以采用磨削方法提高加工质量，从而提升连接质量。

2.　缺点

① 加工时需要专用的设备、量刀和刃具，制造成本高。
② 无法彻底根除应力集中现象。
③ 加工时需要使用专门设备，制造成本高、
总的来说，花键适用于载荷较大、定心要求较高的静连接和动连接，在汽车、拖拉机、机床制造和农业机械中有较广泛的应用。

8.1.6　键连接应用小结

根据上述键的连接性质，键连接可分为松键连接和紧键连接。

松键连接有平键、半圆键和花键连接，其以键的两个侧面为工作面，键与键槽的侧面需要紧密配合，键的顶面与轴上键连接零件间留有一定的间隙。松键连接时轴与轴上零件的对中性好，尤其在高速精密传动中应用较多。松键连接不能承受轴向力，轴上零件需要轴向固定时，应采用其他固定方法。

紧键连接有楔键和切向键两种类型。

8.2　销连接

销的主要用途是确定零件间的相互位置，即起定位作用，是装配机器时的重要辅件，同时也可用于轴与轮毂的连接并传递不大的载荷。

8.2.1　销连接的种类和用途

图 8-13 所示为 3 种销连接的基本形式，试想一下它们分别有何用途。

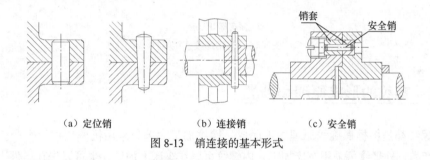

（a）定位销　　　　　　（b）连接销　　　　　（c）安全销

图 8-13　销连接的基本形式

销主要包括以下 3 种类型。

① 定位销：主要用于零件间位置定位，如图 8-13（a）所示，常用作组合加工和装配时的主要辅助零件。

② 连接销：主要用于零件间的连接或锁定，如图 8-13（b）所示，可传递不大的载荷。

③ 安全销：主要用于安全保护装置中的过载剪断元件，如图 8-13（c）所示。

8.2.2　销连接的应用

销是标准件，通常用于零件间的连接或定位。常用的销有圆柱销、圆锥销和开口销，如图 8-14 所示。开口销用在带孔螺栓和带槽螺母上，将其插入槽形螺母的槽口和带孔螺栓的孔，并将销的尾部叉开，以防止螺栓松脱。

8.3　螺纹连接

螺纹连接结构简单、装拆方便、类型多样，是机械结构中应用最广

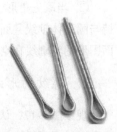

图 8-14　开口销

泛的连接方式。观察图 8-15，认识常用螺纹连接零件，想想它们都有什么特点和用途。

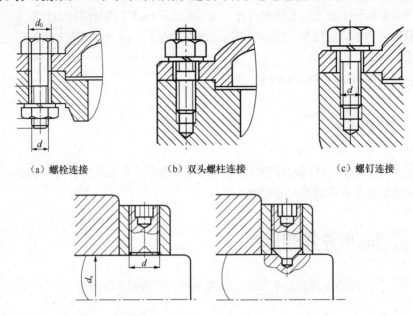

（a）螺栓连接　　　（b）双头螺柱连接　　　（c）螺钉连接

（d）紧定螺钉连接

图 8-15　常用螺纹连接零件

8.3.1　螺纹的形成原理和种类

各种螺纹都是根据螺旋线原理加工而成，螺纹加工大部分采用机械化批量生产。对于小批量、单件产品，外螺纹可采用车床加工，内螺纹可以在车床上加工，也可以先在工件上钻孔，再用丝锥攻制而成。

1. 螺纹的形成

如图 8-16 所示，螺纹的形成原理如下。

① 将底边 AB 长为 πd 的直角三角形 ABC 绕在直径为 d 的圆柱体上，则三角形的斜边 AC 在圆柱体上便形成一条螺旋线，底边 AB 与斜边 AC 的夹角 ψ 为螺旋线的升角。

② 当取三角形、矩形或锯齿形等平面图形，使其保持与圆柱体轴线共面状态，并沿螺旋线运动时，则该平面图形的轮廓线在空间的轨迹便形成螺纹。

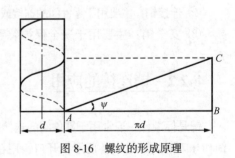

图 8-16　螺纹的形成原理

2. 螺纹的形式

观察图 8-17，认识螺纹的不同形式。

通过观察得知，根据螺纹所在零件表面的位置可将螺纹分为外螺纹和内螺纹；根据螺纹的形状可将螺纹分为圆柱螺纹和圆锥螺纹。

观察图 8-18，认识螺纹的牙型。

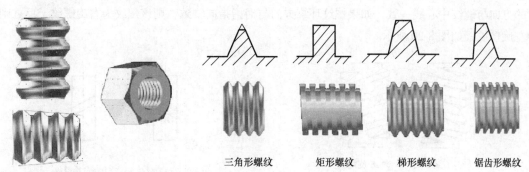

三角形螺纹　　　矩形螺纹　　　梯形螺纹　　　锯齿形螺纹

图 8-17　螺纹的不同形式　　　　　　　图 8-18　螺纹的牙型

螺纹的牙型有三角形、矩形、梯形和锯齿形等几种，其中用于连接的主要是三角形螺纹，而矩形、梯形和锯齿形螺纹主要用于传动。其具体对比和应用如表 8-1 所示。

表 8-1　　　　　　　　　　　　　　　　螺纹的种类及应用

种　类	特　点	图　示	应　用
三角形螺纹	牙型为等边三角形，牙型角 $\alpha = 60°$		主要用于连接和调整，分为粗牙和细牙两种，粗牙螺纹用于一般连接，细牙螺纹在相同公称直径时，螺距小，螺纹深度浅，导程和升角也小，自锁性能好，适合用于薄壁零件和微调装置
矩形螺纹	牙型多为正方形，牙型角 $\alpha = 0°$；传动效率高，但精加工困难，磨损后轴向间隙不易补偿		常用于传动，可传递运动和动力
梯形螺纹	牙型为梯形，牙型角 $\alpha = 30°$；传动效率比矩形稍低，但制造工艺性好，牙根强度高，定心性好		常用于传动，可传递运动和动力
锯齿螺纹	牙侧角 β 两边不等，工作边为 3° 非工作边为 30°；综合了矩形螺纹的高效率和梯形螺纹牙根强度高的优点		适用于单向受载的传动螺旋

3. 螺纹的旋向

观察图 8-19，认识螺纹的旋向有什么不同，想一想怎样判断两个螺纹的旋向。

按螺纹的旋向可将螺纹分为左旋螺纹和右旋螺纹。一般常用的是右旋螺纹，左旋螺纹仅用于某些有特殊要求的场合。

螺纹的旋向可用右手判别：将右手掌打开，四指并拢，大拇指伸开，手心对着自己，四个手指的方向与螺纹中心线一致，如果螺纹环绕方向与拇指指向一致，则该螺纹为右旋螺纹，反之则为左旋螺纹，如图8-20所示。

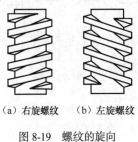

（a）右旋螺纹　（b）左旋螺纹

图8-19　螺纹的旋向

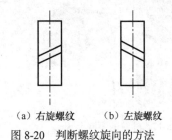

（a）右旋螺纹　　（b）左旋螺纹

图8-20　判断螺纹旋向的方法

4. 单线螺纹和多线螺纹

观察图8-21，认识单线螺纹和多线螺纹。

按螺纹的线数可将螺纹分为单线螺纹和多线螺纹，其中多线螺纹包括双线螺纹、三线螺纹等。单线螺纹主要用于连接，也可用于传动；而多线螺纹主要用于传动。单线螺纹沿同一条螺纹线转一周所移动的轴向距离为一个螺距（$S = P$）；而多线螺纹沿同一条螺纹线转一周移动的轴向距离为线数乘以螺距（$S = nP$）。

（a）单线螺纹　　（b）多线螺纹

图8-21　单线螺纹和多线螺纹

8.3.2　螺纹副的受力分析、效率和自锁

螺纹副在设计和使用过程中，一般需要先进行受力分析、效率和自锁性的计算。

1. 摩擦角

先分析平面滑块的摩擦。如图8-22所示，一平面滑块在水平面上作匀速移动，滑块受到的作用力有：垂直载荷 Q、平面对滑块的法向约束力 N、使滑块水平移动的作用力 F、摩擦力 $F_f = Nf$（f为摩擦系数）。

根据静力平衡条件有：$N = Q$，$F_f = F$，可得

$$F = F_f = fN = fQ$$

N 和 F_f的合力为 R，设 R 与法向约束力 N 之间的夹角为ρ，

$$\tan \rho = F_f / N = f \cdot N / N = f$$

$$\rho = \arctan f$$

因为角ρ仅与摩擦系数f有关，故称ρ为摩擦角。

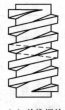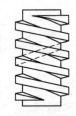

图8-22　平面滑块的摩擦受力分析

2. 矩形螺纹受力分析

螺旋副在力矩和轴向载荷作用下的相对运动，可看成作用在中径的水平力 F 推动滑块（重物）沿螺纹运动，如图8-23所示。

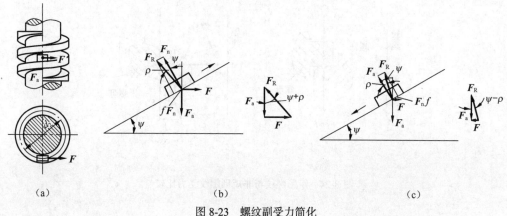

图 8-23　螺纹副受力简化

① 当滑块沿斜面等速上升时，由力的平衡条件可知，F_R、F 和 F_a 三力组成力多边形，如图 8-23 所示。

$$F = F_a \tan(\psi + \rho)$$

作用在螺旋副上的相应驱动力矩

$$T = F \cdot \frac{d_2}{2} = F_a \frac{d_2}{2} \tan(\psi + \rho)$$

② 当滑块沿斜面等速下滑时，轴向载荷 F_a 变为驱动力，而 F 变为维持滑块等速运动所需的平衡力，由力多边形可得

$$F = F_a \tan(\psi - \rho)$$

作用在螺旋副上的相应力矩

$$T = F_a \frac{d_2}{2} \tan(\psi - \rho)$$

③ 当滑块沿斜面等速下滑时，求出的 F 值可为正，也可为负。

● 当斜面倾角 ψ 大于摩擦角 ρ 时，滑块在重力作用下有向下加速的趋势。这时由式求出的平衡力 F 为正，方向如图 8-23（c）所示。它阻止滑块加速以便保持等速下滑，故 F 是阻力（支持力）。

● 当斜面倾角 ψ 小于摩擦角 ρ 时，滑块不能在重力作用下自行下滑，即处于自锁状态，这时由式求出的平衡力 F 为负，其方向与图示相反（即 F 与运动方向成锐角）F 为驱动力。它说明在自锁条件下，必须施加驱动力 F 才能使滑块等速下滑。

3. 非矩形螺纹受力分析

非矩形螺纹是指牙侧角 $\beta \neq 0$ 的三角形螺纹、梯形螺纹和锯齿形螺纹。

由对比图 8-24 可知，

若略去螺纹升角的影响，在轴向载荷 F_a 作用下，非矩形螺纹的法向力比矩形螺纹的大。

若把法向力的增加看作摩擦系数的增加，则非矩形螺纹的摩擦阻力可写为

$$\frac{F_a}{\cos\beta} f = \frac{f}{\cos\beta} F_a = f' F_a$$

式中，f' 为当量摩擦系数，即

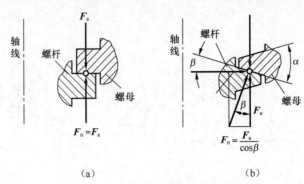

图 8-24　矩形螺纹与非矩形螺纹受力比较

$$f' = \frac{f}{\cos \beta} = \tan \rho'$$

式中，ρ' 为当量摩擦角，β 为牙侧角。

因此，f 改为 f'、ρ 改为 ρ'，就可像矩形螺纹那样对非矩形螺纹进行力的分析。

① 当滑块沿非矩形螺纹等速上升时，可得水平推力

$$F = F_a \tan\left(\psi + \rho'\right)$$

相应的驱动力矩

$$T = F\frac{d_2}{2} = F_a \frac{d_2}{2} \tan\left(\psi + \rho'\right)$$

② 当滑块沿非矩形螺纹等速下滑时，可得

$$F = F_a \tan\left(\psi - \rho'\right)$$

可得相应的力矩为

$$T = F_a \frac{d_2}{2} \tan\left(\psi - \rho'\right)$$

4. 螺纹的自锁

螺纹连接被拧紧后，如不加反向外力矩，不论轴向力多大，螺母也不会自动松开，则称螺纹具有自锁性能。螺纹需要满足自锁条件时才能自锁。连接螺纹和起重螺旋都要求螺纹具有自锁性。

与矩形螺纹分析相同，若螺纹升角 ψ 小于当量摩擦角 ρ'，则螺旋具有自锁特性，如不施加驱动力矩，无论轴向驱动力 F_a 多大，都不能使螺旋副相对运动。考虑到极限情况，非矩形螺纹的自锁条件可表示为

$$\psi \leqslant \rho'$$

为了防止螺母在轴向力作用下自动松开，用于连接的紧固螺纹必须满足自锁条件。

以上分析适用于各种螺旋传动和螺纹连接，归纳如下。

当轴向载荷为阻力，阻止螺旋副相对运动时，相当于滑块沿斜面等速上升。例如车床丝杆走刀时，切削力阻止刀架轴向移动；螺纹连接拧紧螺母时，材料变形的反弹力阻止螺母轴向移动；螺旋千斤顶举升重物时，重力阻止螺杆上升。

当轴向载荷为驱动力，与螺旋副相对运动方向一致时，相当于滑块沿斜面等速下滑。例如旋松螺母时，材料变形的反弹力与螺母移动方向一致；用螺旋千斤顶降落重物时，重力与下降方向一致。

5．螺旋副的效率

螺旋副的效率是有效功与输入功之比。若按螺旋转动一圈计算，输入功为 $2\pi T$，此时升举滑块（重物）所作的有效功为 $F_a \cdot S$，故螺旋副的效率为

$$\eta = \frac{\tan\psi}{\tan(\psi + \rho')}$$

由上式可知，当量摩擦角 $\rho' = \arctan f'$ 一定时，效率只是螺纹升角 ψ 的函数。

8.3.3　标准螺纹连接的种类和用途

螺纹连接应用广泛，但在不同的场合，所使用螺纹连接的类型也不同。

1．种类和用途

常用的螺纹连接的种类主要有：螺栓连接、双头螺柱连接、螺钉连接和紧定螺钉连接。

（1）螺栓连接

拧紧的螺栓连接称为紧连接，不拧紧的称为松连接。

特点和应用：无需在被连接件上切制螺纹，使用时不受被连接件材料的限制。构造简单，装拆方便，应用最广，用于有通孔的场合，如图 8-25 所示。

根据受力状况可分为以下几种。

● 受拉螺栓连接：制造和装拆方便，应用广泛。

● 铰制孔螺栓连接：螺栓受剪力，多用于板状件的连接，有时兼起定位作用。

（2）双头螺柱连接

特点和应用：双头螺柱连接座端旋入并紧定在被连接件之一的螺纹孔中，用于被连接件之一较厚或受结构限制而不能用螺栓或希望连接结构较紧凑的场合。如图 8-26 所示。

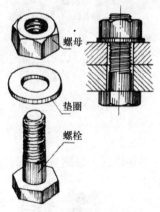

图 8-25　螺栓连接

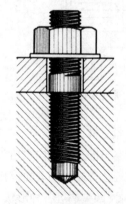

图 8-26　双头螺柱连接

（3）螺钉连接

特点和应用：螺钉连接不用螺母，而且有光整的外露表面，应用与双头螺柱连接相似，但不宜用于时常装拆的连接，以免损坏被连接件的螺纹孔，如图 8-27 所示。

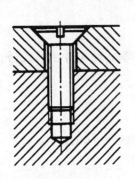
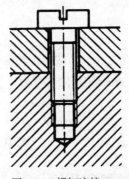
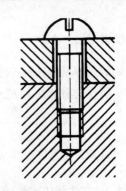

图 8-27　螺钉连接

（4）紧定螺钉连接

特点和应用：旋入被连接件之一的螺纹孔中，其末端顶住另一被连接件的表面或顶入相应的坑中，以固定两个零件的相互位置，并可传递不大的力或转矩，如图 8-28 所示。

2. 标准螺纹紧固件

螺纹紧固件的品种很多，大都已标准化，其规格、型号均已系列化，可直接到五金商店购买。

（1）螺栓

螺栓的头部形状很多，最常用的有六角头和小六角头两种。

（2）双头螺柱

双头螺柱，旋入被连接件螺纹孔的一端称为座端，另一端为螺母端，如图 8-29 所示。

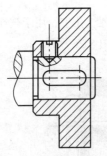

图 8-28　紧定螺钉连接　　　　　　　　图 8-29　双头螺柱

（3）螺钉、紧定螺钉

螺钉、紧定螺钉的头部有内六角头、十字槽头等多种形式，以适应不同的拧紧程度。紧定螺钉末端要顶住被连接件之一的表面或相应的凹坑，其末端具有平端、锥端、圆尖端等各种形状，如图 8-30 所示。

（4）螺母

螺母的形状有六角形、圆形等。六角螺母有 3 种不同厚度，薄螺母用于尺寸受到限制的地方，厚螺母用于经常装拆易于磨损之处。圆螺母常用于轴上零件的轴向固定。

图 8-30　紧定螺钉

（5）垫圈

垫圈的作用是增加被连接件的支撑面积，以减小接触处的压强（尤其当被连接件材料强度较差时），避免拧紧螺母时擦伤被连接件的表面。

普通垫圈呈环状，有防松作用的垫圈为弹性垫圈。

普通螺纹紧固件，按制造精度分为粗制、精制两类。粗制的螺纹紧固件多用于建筑，精制的螺纹紧固件则多用于机械连接。

8.3.4　螺纹连接的预紧和防松

除个别情况外，螺纹连接在装配时都必须拧紧，这时螺纹连接受到预紧力的作用。对于重要的螺纹连接，应控制其预紧力，因为预紧力的大小对螺纹的可靠性、强度和密封性均有很大的影响。

1.　螺纹连接的预紧

螺纹连接分为松连接和紧连接。松连接在装配时不拧紧，只承受外载时才受到力的作用；紧连接在装配时需拧紧，即在承载时，已预先受预紧力 F_0。

预紧的目的是为了增强连接的刚性，增加紧密性和提高防松能力，对于受轴向拉力的螺栓连接，还可以提高螺栓的疲劳强度；对于受横向载荷的普通螺栓连接，有利于增大连接中接合面间的摩擦。

预紧力 F_0 用来预加轴向作用力（拉力）。预紧过紧，F_0 过大，螺杆静载荷增大，降低螺杆本身强度；预紧过松，预紧力 F_0 过小，工作不可靠。

（1）确定拧紧力矩

拧紧螺母时，加在扳手上的力矩 T，用来克服螺纹牙间的阻力矩 T_1 和螺母支撑面上的摩擦阻力矩 T_2，如图 8-31 所示。

$$T = T_1 + T_2$$

式中，T 为拧紧力矩，$T = F_n \cdot L$，F_n 为作用于手柄上的力，L 为力臂，如图 8-32 所示；T_1 为螺纹摩擦阻力矩；T_2 为螺母端环形面与被连接件间的摩擦力矩。

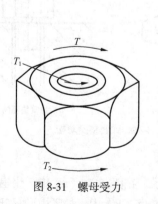

图 8-31　螺母受力

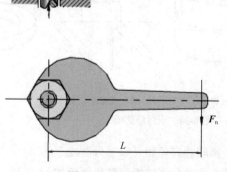

图 8-32　扳手拧紧

代入相关数据，最后可得

$$T \approx 0.2F_0d$$

式中，d 是螺纹公称直径。当公称直径 d 和所要求的预紧力 F_0 已知时，则可按上式确定扳手的拧紧力矩。由于直径过小的螺栓容易在拧紧时过载拉断，所以对于重要的连接，螺栓直径不宜小于 M10。

（2）预紧力 F_0 的控制

预紧力 F_0 可以用力矩扳手进行控制。测力矩扳手可以测出预紧力矩，如图 8-33（a）所示；定力矩扳手能在达到固定的拧紧力矩 T 时自动打滑，如图 8-33（b）所示。

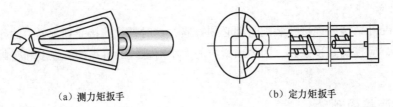

（a）测力矩扳手　　　　　　　　　　（b）定力矩扳手

图 8-33　力矩扳手

2. 螺纹连接的防松

为了增强连接的可靠性、紧密性和坚固性，螺纹连接件在承受载荷之前需要拧紧，使其受到一定的预紧力作用。螺纹连接拧紧后，一般在静载荷和温度不变的情况下，不会自动松动，但在冲击、振动、变载或高温时，螺纹副间摩擦力可能会减小，从而导致螺纹连接松动，所以必须采取防松措施。

（1）双螺母防松

双螺母防松原理如图 8-34 所示，两螺母对顶拧紧后，旋合螺纹间始终受到附加的压力和摩擦力的作用，从而防止松脱。

（2）弹簧垫圈防松

弹簧垫圈防松原理如图 8-35 所示，拧紧螺母后，靠弹簧垫圈的弹力使旋合螺纹间保持一定的压紧力和摩擦力而防止松脱，另外，垫圈切口亦可阻止螺母松脱。

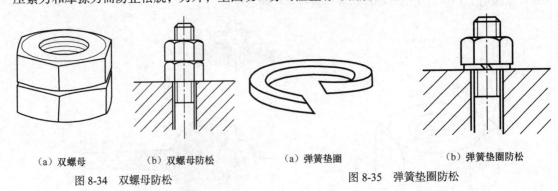

（a）双螺母　　　　　（b）双螺母防松　　　　　（a）弹簧垫圈　　　　　（b）弹簧垫圈防松

图 8-34　双螺母防松　　　　　　　　　图 8-35　弹簧垫圈防松

（3）串联金属丝和开口螺母防松

串联金属丝和开口螺母防松原理如图 8-36（a）、（b）所示。在图 8-36（a）中，用串联金属丝使螺母与螺栓、螺母与连接件互相锁牢而防止松脱。在图 8-36（b）中，拧紧槽形螺母后，将开口销穿过螺栓尾部的小孔和螺母的槽，从而防止螺母的松脱。

（a）串联金属丝防松　　　　　　　　　　（b）开口螺母防松

图 8-36　串联金属丝和开口螺母防松

（4）止动垫圈防松

止动垫圈防松的基本原理如图 8-37 所示。

（5）焊接和冲点防松

焊接和冲点防松的原理如图 8-38 所示。

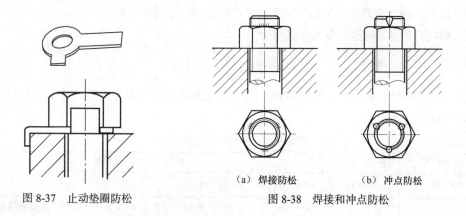

　　　　　　　　　　　　　　　　　　　（a）焊接防松　　　　（b）冲点防松

图 8-37　止动垫圈防松　　　　　　图 8-38　焊接和冲点防松

螺纹连接防松的重点内容可汇总为以下几点。

① 螺纹防松的目的在于防止螺纹副相对转动。

② 螺纹防松按工作原理可分为摩擦防松、机械防松和不可拆防松等几种。

③ 摩擦防松是利用螺旋副中阻止螺旋副相对转动的摩擦力来达到防松的目的，其方法有双螺母防松、弹簧垫圈防松等。

④ 机械防松是利用机械方法使螺母与螺栓、螺母与连接件互相锁牢，以达到防松的目的。

⑤ 不可拆防松是在螺旋副拧紧后，采用端铆、冲点、焊接、胶接等措施，使螺纹连接不可拆，以达到防松的目的，这种方法简单可靠，适用于装配后不再拆卸的场合。

8.3.5　螺纹连接的强度计算

单个螺栓连接的强度计算是螺栓连接强度计算的基础。螺栓、螺柱、螺钉连接的强度计算基本相同，本节以螺栓连接为代表，分析螺纹连接的强度计算问题。

就单个螺栓连接而言，工作中所受的载荷（力）有两种基本形式。

① 受轴向力——沿螺栓杆轴线方向。

② 受横向力——垂直螺栓杆轴线的方向。

下边就按螺栓受力方向不同，分别讨论强度计算方法。

1. 受剪螺栓（铰制孔螺栓）强度计算（通常可认为不拧紧，不受预紧力）

图 8-39 所示为螺栓受剪力作用的示意图。

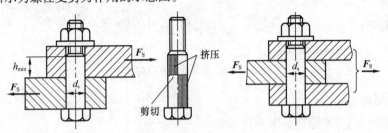

图 8-39　受剪螺栓连接

工作中螺栓受横向力 F_s 的作用。螺栓连接的可能失效形式为：螺栓杆的剪断和螺栓杆或孔壁压溃。因此，针对这两种可能的失效进行剪切强度和挤压强度计算。

（1）螺栓杆的剪切强度（安全）条件为

$$\tau = \frac{F_s}{Am} = \frac{4F_s}{\pi d_s^2 m} \leqslant [\tau]$$

式中，m 为螺栓受剪面数（见图 8-39，$m = 2$）；d_s 为螺栓杆受剪面直径；$[t]$ 为螺栓材料的许用切应力，如表 8-2 所示。

表 8-2　　　　　　　　　　　　螺纹连接的许用应力和安全系数

联 接 情 况	受 载 情 况	许用应力和安全系数
松连接	静载荷	$[\sigma] = \sigma_S / s$，$s = 1.2 \sim 1.7$
紧连接	静载荷	$[\sigma] = \sigma_S / s$，s 取值：控制预紧力时 $s = 1.2 \sim 1.5$，不严格控制预紧力时 s 查表 8-3
铰制孔用螺栓连接	静载荷	$[\tau] = \sigma_S / 2.5$；连接件为钢时$[\sigma_P] = \sigma_S/1.25$，连接件为铁时$[\sigma_P] = \sigma_S/2 \sim 2.5$
	变载荷	$[\tau] = \sigma_S/3.5 \sim 5$；$[\sigma_P]$按静载荷的$[\sigma_P]$值降低 20%～30%

表 8-3　　　　　　　　紧螺栓连接的安全系数（静载不控制预紧力时）

材　　料	螺栓（静载荷）		
	M6～M16	M16～M30	M30～M60
碳钢	4～3	3～2	2～1.3
合金钢	5～4	4～2.5	2.5

表 8-4 给出了螺纹紧固件常用材料的力学性能，供设计时参考。

表 8-4　　　　　　　　螺纹紧固件常用材料的力学性能（MPa）

钢　　号	Q215	Q235	35	45	40Cr
强度极限σ_b	340～420	10～470	540	650	750～1 000
屈服极限σ_S	220	240	320	360	650～900

（2）螺栓杆或孔壁的挤压强度（安全）条件

$$\sigma_p = \frac{F_S}{d_s h} \leqslant [\sigma_p]$$

式中，h 为计算对象的受压高度；$[\sigma_p]$ 为计算对象的材料许用挤压应力，参见表 8-2。

① 计算对象可能是螺栓，也可能是两个被连接件之中的一个；

② 考虑到各零件的材料和受压高度不同，应取 $h \cdot [\sigma_p]$ 乘积最小者为计算对象。

2. 受拉螺栓（普通螺栓）的强度计算

受拉螺栓受静载荷时，失效形式为螺杆有螺纹部分的塑性变形或断裂；受变载荷时，失效形式为螺杆部分的疲劳断列。

受拉螺栓的强度计算主要是确定或验算螺纹危险剖面的尺寸，以保证螺栓杆不破坏（即不失效）。至于螺栓的其他部分（如螺纹牙、螺栓头等）以及螺母、垫圈的结构尺寸，是根据等强度条件以及适用经验来设计的。等强度的意思是：在一个螺栓连接中，如果具有螺纹的螺杆处不被破坏，那其他部分也不会破坏。所以，螺杆以外的部分一般无需进行强度计算，可根据螺栓的公称直径从有关标准查取。

受拉螺栓连接工作中又可分为：松螺栓连接、不预紧和预紧螺栓连接。

（1）松螺栓连接的强度计算

松螺栓连接在装配时不拧紧，不受预紧力，螺栓工作中只承受轴向工作拉力 F，例如起重吊钩（见图 8-40）或滑轮。

拉伸强度安全条件：

$$\sigma = \frac{4F}{\pi d_1^2} \leqslant [\sigma]$$

得到：

$$d_1 \geqslant \sqrt{\frac{4F}{\pi[\sigma]}} \quad （按计算值去选标准的螺纹直径）$$

式中，d_1 为螺纹的小径；$[\sigma]$ 为螺栓的许用应力；F 为所受的轴向拉力。

（2）紧螺栓连接的强度计算

对于紧螺栓连接又可分为以下几种情况。

① 仅承受预紧力的紧螺栓（见图 8-41）。螺栓受轴向拉力 F_a 和摩擦力矩 T_1 的双重作用。

拉应力：

$$\frac{F_a}{\pi d_1^2 / 4} \leqslant [\sigma]$$

扭转切应力：

$$t = \frac{T_1}{\pi d_1^3 / 16} = \frac{F_a \tan(\psi + \rho') \cdot d_1 / 2}{\pi d_1^3 / 16}$$
$$= \frac{2d_2}{d_1} \tan(\psi + \rho') \frac{F_a}{\pi d_1^2 / 4}$$

图 8-40　起重吊钩

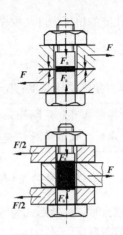

图 8-41　仅受预紧力的紧螺栓连接

对于 M10～M64 的普通钢制螺纹，可取 $\tan\rho' \approx f'$

则：$\sigma_{ca} = \sqrt{\sigma^2 + 3\tau^2} = \sqrt{\sigma^2 + 3(0.5\sigma)^2} \approx 1.3\sigma$

计算应力：

$$\sigma_{ca} = \frac{1.3F_a}{\pi d_1^2 / 4} \leqslant [\sigma]$$

② 承受横向工作载荷的紧螺栓连接。当承受横向工作载荷时，预紧力 F_0 导致接合面所产生的摩擦力应大于横向载荷 F。

$$F_0 \geqslant \frac{CF}{mf}$$

式中，C 为可靠性系数，常取 1.1～1.3；m 为结合面数；f 为摩擦系数，对钢与铸铁，常取 $f = 0.1～0.15$。

这种连接的螺栓在预紧力作用下，在其危险截面（小径处）产生拉应力；为对螺栓施加预紧力，拧紧时螺栓同时还受扭矩，螺栓受轴向拉力 F_0 和摩擦力矩 T_1 的双重作用。据前述的强度条件其小径应满足下式。

$$\sigma_e = \frac{1.3F_a}{\pi d_1^2 / 4} \leqslant [\sigma]$$

③ 受轴向载荷的紧螺栓连接。如图 8-42 所示，设流体压强为 p，螺栓数目为 Z，则缸体周围每个螺栓的平均载荷为

$$F = \frac{p \cdot \pi D^2 / 4}{Z}$$

加预紧力后，螺栓受拉伸长 λ_{b_0}，被连接件受压缩短 λ_{m_0}。加载 F 后，螺栓总伸长量增加为 $\Delta\lambda + \lambda_{b_0}$，被连接件压缩量减少为 $\lambda_{m_0} - \Delta\lambda$，残余预紧力减少为 F_1，总拉力为 $F_2 = F + F_1$，很显然 $F_1 < F_0$。

为了保证连接的紧密性，受轴向载荷的紧连接必须维持一定的剩余预紧力，力的大小可根据连接的工作条件查表选取。考虑到连接在外载荷的作用下可能需要补充拧紧，即螺栓除受总拉力外，还同时受扭矩 T 作用，与受横向载荷的紧螺栓连接相似，螺栓的强度条件为

$$\sigma_e = \frac{1.3F_2}{\pi d^2/4} \leqslant [\sigma] \text{ 或 } d_1 \geqslant \sqrt{\frac{5.2F_2}{\pi[\sigma]}}$$

式中，$[\sigma]$ 为许用应力，MPa。

（3）配合螺栓连接的强度计算（见图 8-43）

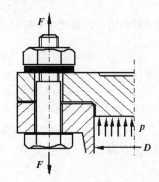

图 8-42　受轴向载荷的紧螺栓连接

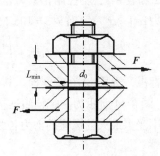

图 8-43　铰制孔螺栓

螺栓杆与孔壁的挤压强度条件为

$$\sigma_P = \frac{F}{d_0 L_{\min}} \leqslant [\sigma_P]$$

螺栓杆的剪切强度条件为

$$\tau = \frac{F}{\frac{\pi}{4}d_0^2} \leqslant [\tau]$$

设计时应使

$$L_{\min} \geqslant 1.25d_0$$

式中，F 为螺栓所受的工作剪力，单位为 N；d_0 为螺栓剪切面的直径（可取螺栓孔直径），单位为 mm；$L_{\min}$ 为螺栓杆与孔壁挤压面的最小高度，单位为 mm。

例 8-1　气缸盖螺栓连接，用 8 个螺栓连接，材料为 35 钢。气缸内径 $d = 200$ mm，螺栓分布直径 $d_0 = 260$ mm，气缸内气体工作压力 $P = 1$ MPa，试确定螺栓类型和螺杆的直径。

解：

① 确定单个螺栓所受的轴向工作载荷。

螺栓组所受轴向载荷：

$$F_\Sigma = \frac{\pi d^2 P}{4} = \frac{\pi \times 200^2 \times 1}{4} = 31416 \text{ N}$$

单个螺栓受轴向载荷：

$$F = F_\Sigma/z = 31\,416/8 = 3\,927 \text{ N}$$

② 计算单个螺栓所受总拉力 F'。

$$F' = F + F_0$$

由于气缸盖螺栓连接有密封要求，故残余预紧力：$F_0 = （1.5～1.8）F$，取 $F_0 = 1.8 F$。

$$F' = F + 1.8F = 2.8F = 2.8 \times 3\,927 = 10\,996 \text{ N}$$

③ 确定螺栓公称直径 d。

螺栓的最小直径 d_1 为：

$$d_1 \geqslant \sqrt{\frac{4 \times 1.3 F'}{\pi[\sigma]}}$$

查表 8-4，根据螺栓材料，$\sigma_s = 315$ Mpa。

查表 8-2 和表 8-3，不控制预紧力，假设螺栓直径为 M10 左右，查得 $s = 4 \sim 3$，取 $s = 3$。

许用应力 $[\sigma] = \sigma_s / s = 315/3 = 105$ Mpa。

$$d_1 \geqslant \sqrt{\frac{4 \times 1.3 \times 10\,996}{\pi \times 105}} = 13.16 \text{ mm}$$

查螺栓标准，选用 M16 的螺栓，其小径 $d_1 = 13.84$ mm，满足强度要求。

例 8-2　图 8-44 所示为一螺栓组连接的 3 种方案。已知 $L = 300$ mm，$a = 60$ mm，试求该螺栓组 3 个方案中受力最大的螺栓的剪力各为多少？并说明哪种方案较好？

解：

由图 8-44 可知，该螺栓组连接是受一偏载作用（工作载荷不通过螺栓组形心中心）的连接。为此，需要把外载荷 R 向螺栓组形心简化，螺栓组受载为横向载荷 R 和旋转力矩 $T = RL$，简化后的受力图如图 8-45 所示。在 3 种方案中，横向载荷 R 使螺栓组的每个螺栓受到的横向力都等于 $R/3$，且具有相同的方向。但由于螺栓分布的不同，旋转力矩 T 使 3 个方案中的螺栓受到的横向力都不相等，因而在 3 个方案中受力最大螺栓所受剪力是不相同的，下面分别计算。

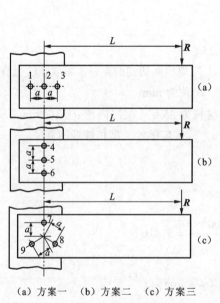

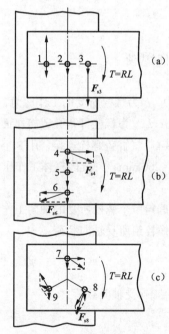

（a）方案一　（b）方案二　（c）方案三

图 8-44　螺栓组连接的 3 种方案　　　　图 8-45　外载荷 R 向螺栓组形心简化后的受力图

① 方案一。由图 8-45（a）可知，螺栓 3 受力最大：

$$F_{s3} = \frac{R}{3} + \frac{RL}{2a} = \left(\frac{1}{3} + \frac{L}{2a}\right)R = \left(\frac{1}{3} + \frac{30}{2 \times 60}\right)R = 2.833R$$

② 方案二。由图 8-45（b）可知，螺栓 4 或螺栓 6 受力最大。

$$F_{s4} = F_{s6} = \sqrt{\left(\frac{R}{3}\right)^2 + \left(\frac{RL}{2a}\right)^2} = \sqrt{\left(\frac{1}{3}\right)^2 + \left(\frac{L}{2a}\right)^2} \cdot R = \sqrt{\frac{1}{9} + \left(\frac{300}{2 \times 60}\right)^2} \cdot R = 2.522R$$

③ 方案三。由图 8-45（c）可知，螺栓 8 受力最大。

$$F_{s8}^2 = \left(\frac{R}{3}\right)^2 + 2\left(\frac{R}{3}\right)\left(\frac{RL}{3a}\right)\cos 30° = \left[\left(\frac{1}{3}\right)^2 + \left(\frac{L}{3a}\right)^2 + \frac{2L}{9a}\cos 30°\right] \cdot R^2$$

$$F_{s8} = \sqrt{\left(\frac{1}{3}\right)^2 + \left(\frac{L}{3a}\right)^2 + \frac{2L}{9a}\cos 30°} \cdot R = \sqrt{\frac{1}{9} + \left(\frac{300}{3 \times 60}\right)^2 + \frac{2 \times 300}{9 \times 60} \cdot \frac{\sqrt{3}}{2}} \cdot R = 1.962R$$

由以上计算结果可知，方案 3 受力最大的螺栓所受剪力最小，因而最安全可靠。此外，从受力分析图中可看到，方案 3 中的 3 个螺栓受力也比较均衡，故方案 3 较好。

本例题螺栓剪力的计算是受横向载荷和旋转力矩共同作用螺栓组受力分析的典型例子，外载荷 R 移至形心后，螺栓组所受横向载荷和旋转力矩都在接合面上。

8.4 螺旋传动

螺旋传动由螺杆（也称丝杠或螺旋）和螺母组成，主要用来将旋转运动变换为直线移动，同时传递运动和动力。

8.4.1 螺旋传动的类型

螺旋传动利用螺杆和螺母的啮合来传递动力和运动的机械传动。主要用于将旋转运动转换成直线运动，将转矩转换成推力。

1. 按照工作特点分类

按照工作特点，螺旋传动用的螺旋分为传力螺旋、传导螺旋和调整螺旋。

（1）传力螺旋

以传递动力为主，它用较小的转矩产生较大的轴向推力，一般为间歇工作，工作速度不高，而且通常要求自锁，例如螺旋压力机和螺旋千斤顶（见图 8-46）上的螺旋。

（2）传导螺旋

以传递运动为主，常要求具有高的运动精度，一般在较长时间内连续工作，工作速度也较高，如机床的进给螺旋（丝杠），如图 8-47 所示。

（3）调整螺旋

用于调整并固定零件或部件之间的相对位置，一般不经常转动，要求自锁，有时也要求有很高的精度，如机器和精密仪表微调机构的螺旋。

图 8-46 螺旋千斤顶

在调整螺旋中，有时要求当主动件转动时，从动件作微量移动（如镗刀杆微调装置），此时可采用差动螺旋。图 8-48 所示为差动螺旋工作原理图。螺杆 1 的 A 段螺距为 P_A，B 段

螺距为 P_B，且 $P_A > P_B$。当两段螺旋的旋向相同时，如转动螺杆 1 转过 φ 角，螺杆 1 相对于螺母 3 前移 $L_A = P_A \dfrac{\varphi}{2\pi}$。则螺母 2 相对于螺杆 1 后移 $L_B = P_B \dfrac{\varphi}{2\pi}$，因此螺母 2 相对螺母 3 前移了

$$L = L_A - L_B = (P_A - P_B)\frac{\varphi}{2\pi}$$

当 P_A 与 P_B 相差很小时，可使 L 很小，从而达到微调目的。

反之，如 A、B 两段螺旋的旋向相反，则

$$L = L_A + L_B = (P_A + P_B)\frac{\varphi}{2\pi}$$

螺母 2 将作快速移动。

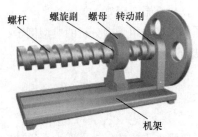

图 8-47　传导螺旋

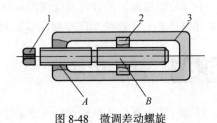

图 8-48　微调差动螺旋

2. 按照螺纹间摩擦性质分类

按螺纹间摩擦性质，螺旋传动可分为滑动螺旋传动和滚动螺旋传动。滑动螺旋传动又可分为普通滑动螺旋传动和静压螺旋传动。

（1）滑动螺旋传动

通常所说的滑动螺旋传动就是普通滑动螺旋传动。滑动螺旋通常采用梯形螺纹和锯齿形螺纹，其中梯形螺纹应用最广，锯齿形螺纹用于单面受力。矩形螺纹由于工艺性较差、强度较低等原因应用很少；对于受力不大和精密机构的调整螺旋，有时也采用三角螺纹。

一般螺纹升程和摩擦系数都不大，因此虽然轴向力 F 相当大，而转矩 T 则相当小。传力螺旋就是利用这种工作原理获得机械增益的。升程越小则机械增益的效果越显著。滑动螺旋传动的效率低，一般为 30%～40%，能够自锁。而且磨损大、寿命短，还可能出现爬行等现象。

（2）静压螺旋传动

螺纹工作面间形成液体静压油膜润滑的螺旋传动。静压螺旋传动摩擦系数小，传动效率可达99%，无磨损和爬行现象，无反向空程，轴向刚度很高，不自锁，具有传动的可逆性，但螺母结构复杂，而且需要有一套压力稳定、温度恒定和过滤要求高的供油系统。如图 8-49 所示。

静压螺旋常被用作精密机床进给和分度机构的传导螺旋，常采用梯形螺纹。在螺母每圈螺纹中径处开有 3～6 个间隔均匀的油腔。同一母线上同一侧的油腔连通，用一个节流阀控制。油泵将过滤后的高压油注入油腔，油经过摩擦面间缝隙后再由牙根处回油孔流回油箱。当螺杆未受载荷时，牙两侧的间隙和油压相同。当螺杆受向左的轴向力作用时，螺杆略向左移，当螺杆受径向力作用时，螺杆略向下移。当螺杆受弯矩作用时，螺杆略偏转。由于节流阀的作用，在微量移动后各油腔中油压发生变化，螺杆平衡于某一位置，保持某一油膜厚度。

（3）滚动螺旋传动

用滚动体在螺纹工作面间实现滚动摩擦的螺旋传动，又称滚珠丝杠传动。滚动体通常为滚珠，也有用滚子的。滚动螺旋传动的摩擦系数、效率、磨损、寿命、抗爬行性能、传动精度和轴向刚度等虽比静压螺旋传动稍差，但远比滑动螺旋传动要好。如图 8-50 所示。

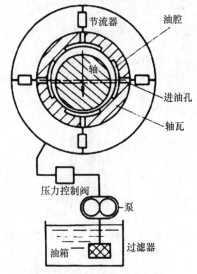

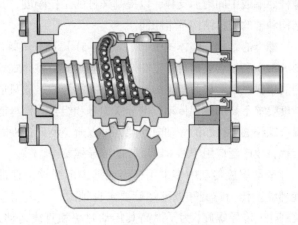

图 8-49　静压螺旋转动示意图　　　　　　　　　　　图 8-50　滚动螺旋

滚动螺旋传动的效率一般在 90%以上，不自锁且具有传动的可逆性，但结构复杂，制造精度要求高，抗冲击性能差。它已广泛地应用于机床、飞机、船舶和汽车等要求高精度或高效率的场合。

8.4.2　螺旋传动的特点

总结起来，螺旋传动具有以下特点。

① 传动比大。由于螺旋传动传动比大，因此可用较小的转矩得到较大的轴向推力，常用于起重，夹紧等。

② 精度较高。螺旋传动能够准确地调整直线运动的距离和位置，常用于精密机械和测量仪器，特别适用于一些机构的微细调节。

③ 能够实现自锁。螺旋传动的自锁功能使之能适用于垂直举起重物的机构，以防止重物坠落。对于水平推力的运动机构也能在任意位置得到精确定位，例如水平运动的机床工作台进给机构。

④ 结构简单，传动平稳，无噪音。

⑤ 摩擦磨损大，效率较低。

8.4.3　滑动螺旋传动的结构和材料

滑动螺旋根据应用场合不同可使用不同的结构，根据对其强度等特性的要求不同，又需使用不同的材料。

1. 滑动螺旋传动的结构

螺旋传动的结构主要是指螺杆和螺母的固定与支撑结构形式。当螺杆短而粗且垂直布置时，如起重器的传力螺旋，可以利用螺母本身作为支撑，如图 8-51 所示。而当螺杆细而长且水平布置时，如机床的丝杠，应在螺杆两端或中间附加支撑，以提高螺杆的工作刚度，其支撑结构和轴的支撑结构基本相同。

螺母的结构有整体式螺母（见图 8-51）、剖分式螺母（见图 8-52）和组合式螺母（见图 8-53）等形式。整体式螺母结构简单，但因磨损而产生的轴向间隙不能补偿，故只适用于精度要求不高的螺旋传动。剖分式螺母和组合式螺母能补偿旋合螺纹的磨损和消除轴向间隙，可以避免反向传动时的空行程，故广泛应用于经常正反转的传导螺旋中。

滑动螺旋传动中多采用梯形或锯齿形螺纹，且常用右旋螺纹。传力螺旋和调整螺旋要求自锁时，应采用单线螺纹；对于传导螺旋，为了提高其传动效率和直线运动速度，可采用多线螺纹。

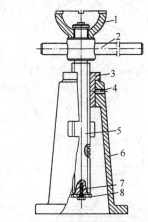

1—托杯；2—手柄；3—螺线；4—紧定螺钉；
5—螺杆；6—底座；7—螺栓；8—挡圈

图 8-51　螺旋起重器

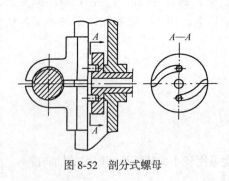

图 8-52　剖分式螺母

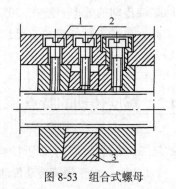

图 8-53　组合式螺母

2. 螺杆和螺母的材料

螺杆和螺母的材料除要求有足够的强度外，还要求有较好的耐磨性、减摩性和良好的工艺性。其常用的材料如表 8-5 所示。

表 8-5　　　　　　　　　　　　　　　　螺杆和螺母的常用材料

螺 旋 副	材 料 牌 号	应 用 范 围
螺杆	Q215、Q275、45、50	材料不经热处理，适用于经常运动、受力不大、转速较低的传动
	40Cr、65Mn、T12、40WMn、18CrMnTi	材料需经热处理，以提高其耐磨性。适用于重载、转速较高的重要传动
	9Mn2V、CrWMn、38CrMoAl	材料需经热处理，以提高其尺寸的稳定性。适用于精密传导螺旋传动

续表

螺　旋　副	材　料　牌　号	应　用　范　围
螺母	ZCuSn10P1、ZCuSn5Pb5Zn5	材料耐磨性好，适用于一般传动
	ZCuAl10Fe3、ZcuZn25Al6Fe3Mn3	材料耐磨性好、强度高，适用于重载、低速的传动 对于尺寸较大或高速传动，螺母可采用钢或铸铁制造，内孔浇注青铜或巴氏合金

8.4.4　滚动螺旋简介

滚动螺旋按滚道回路形式的不同，分为外循环和内循环两种（见图 8-54）。钢珠在回路过程中离开螺旋表面的称为外循环，钢珠在整个循环过程中始终不脱离螺旋表面的称为内循环。

内循环螺母上升有倒孔，孔内路有反向器将相邻两螺纹滚道联通起来，钢珠越过螺纹顶部进入相邻滚道，形成 1 个循环回路。因此 1 个循环回路里只有 1 圈钢珠和 1 个反向器。1 个螺母常设置 2～4 个回路。

外循环螺母只需前后各设 1 个反向器即可，但为了缩短回路滚道的长度，也可在 1 个螺母中分为 2 个或 3 个回路。

滚动螺旋的主要优点如下。

① 摩擦损失小，效率在 90%以上。

② 磨损很小，还可以用调整方法清除间隙并产生一定的预变形来增加刚度，因此其传动精度很高。

③ 不具有自锁性，可以变直线运动为旋转运动，其效率也可达到 80%以上。

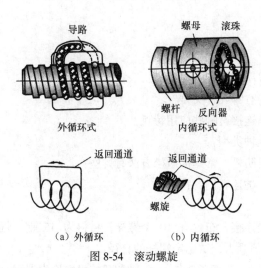

图 8-54　滚动螺旋

滚动螺旋的主要缺点如下。

① 结构复杂，制造困难。

② 有些机构中为防止逆转需另加自锁机构。

由于滚动螺旋具有明显的优点，因此已在汽车和拖拉机的转向机构中得到应用。目前在要求高效率和高精度之处多已广泛应用滚动螺旋，例如飞机机翼和起落架的控制、水闸的升降和数控机床等。

小结

键连接主要用于轴和轴上零件的周向固定并传递转矩。松键连接安装时不用力打入，依靠键与键槽的两侧面传递转矩，所以两侧面为工作面，制造容易、装拆方便、定心良好，用于传递精度要求较高的场合。

销连接主要用于固定零件之间的相互位置，并可传递不大的载荷。

螺纹连接拆装方便，应用广泛。常用螺纹种类有三角螺纹、矩形螺纹、梯形螺纹和锯齿形螺纹。三角螺纹主要用于连接，梯形螺纹是最常用的传动螺纹，锯齿形螺纹只用于单向传动。除矩形螺纹外，这3种螺纹都已经标准化。

螺纹连接的基本类型有螺栓连接、双头螺柱连接、螺钉连接和紧定螺钉连接。它们所用的连接件大都已经标准化，设计时应尽量按标准选用。

螺纹连接在装配时都必须考虑预紧与防松的问题。通常用来控制预紧力大小的工具有测力矩扳手和定力矩扳手。防松按工作原理不同可分为机械防松、摩擦防松和永久性防松等。

大多数机器的螺纹连接件都是成组使用，故在设计时应合理确定连接接合面的几何形状和螺纹连接件的布置形式，从而使螺纹连接受力合理。

习题

一、简答题

1. 试述松键连接的常用类型和工作特点。

2. 螺旋传动紧键连接有哪几种类型？

3. 销有哪些种类？销连接有哪些应用特点？

4. 螺纹的连接有哪几种类型？

5. 螺栓连接为什么要防松？常用的防松方法有哪些？

6. 说明螺纹的类型，试述它们的特点。

二、计算题

1. 液压缸的普通螺栓连接，布置有 10 个螺栓，材料为 45 钢。气缸内径 $D = 160$ mm，油 $P = 4$MPa，安装时要控制预紧力，试确定螺杆的直径。

2. 已知轴径 $d = 108$ mm，轮毂长 165 mm，轴和毂的材料均为碳钢。如为静连接且许用挤压应力均为 $[\sigma_p] = 100$ MPa，试比较用标准普通平键和用标准矩形花键时，两种连接所能传递的转矩。

3. 一普通螺栓，已知：大径 $d = 20$ mm，中径 $d_2 = 18.376$ mm，小径 $d_1 = 17.294$ mm，螺距 $P = 2.5$ mm，螺纹线数 $n = 2$，牙型角 $\alpha = 60°$，螺纹副的摩擦系数 $f = 0.14$。试求：（1）螺栓的导程 S；（2）螺纹的升角λ；（3）当以螺纹副作传动时，其举升和降低重物的效率；（4）此螺旋副的自锁性如何？

第9章

轴系零部件

轴系是轴、轴承和轴上零件等组成的工作部件的总称，它是机器中的重要组成部分，其零部件包括轴、支撑轴的轴承、连接轴的联轴器和离合器、使轴的运转减速或停止的制动器及轮毂连接所用的键等。轴系零部件应用较多。本章将对部分重要的轴系零部件进行讲解、分析，使同学们对轴系零部件有个基本的认识和掌握。

【学习目标】

- 掌握轴系零部件的结构原理、性能特点、结构设计方法和选用方法。
- 了解轴与轴上零件以及支撑零件的组合设计。
- 具有使用标准、规范、手册、图册等设计资料的能力。
- 掌握和了解使用维护轴系零部件的一些基础知识。

【观察与思考】

- 如图 9-1 所示，哪个零件是传动轴，其用途是什么？该轴主要承受哪种载荷？

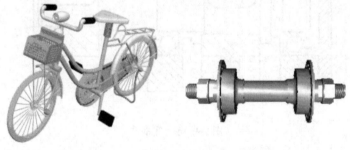

（a）自行车　　　　　　　　（b）自行车的传动轴

图 9-1　自行车及其传动轴

- 如图 9-2 所示的汽车传动轴和自行车传动轴在结构和用途上应该有何区别？
- 如图 9-3 所示为齿轮减速器，其传动轴是核心部件，这种机械对传动轴有何特殊要求？
- 观察如图 9-4 所示的轴上零部件，思考其用途是什么，为什么要这样布置。

传动轴

（a）汽车传动轴

传动轴

（b）汽车

图 9-2　汽车及其传动轴

（a）齿轮减速器

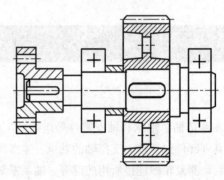

（b）齿轮轴

图 9-3　齿轮减速器

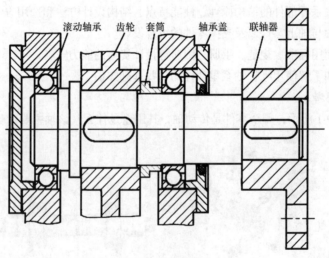

滚动轴承　齿轮　套筒　　轴承盖　　联轴器

图 9-4　轴上零部件

9.1　轴

　　轴是机器中最重要的机械零件之一，例如机床主轴、自行车轮轴、录音机磁带轴、电脑磁盘中心轴等，都是非常关键的零件。轴一般是横截面为圆形的回转体，轴的主要作用是支撑机器的其他回转零件，如齿轮、飞轮等，使其具有确定的工作位置，并传递动力和运动。

9.1.1　轴的类型及设计要求

了解轴的类型和设计要求，是设计轴类零件的基础。

1. 轴的类型

（1）按照受力分类

① 转轴：机器中最常见的轴，工作时既承受弯矩又承受转矩，如图 9-5（a）所示。

② 心轴：用来支撑转动零件，只承受弯矩而不传递转矩。转动的心轴受变应力，如图 9-5（b）所示；不转的心轴受静应力，如图 9-5（c）所示。

③ 传动轴：主要用于传递转矩不承受弯矩，或所承受的弯矩很小，如图 9-5（d）所示。

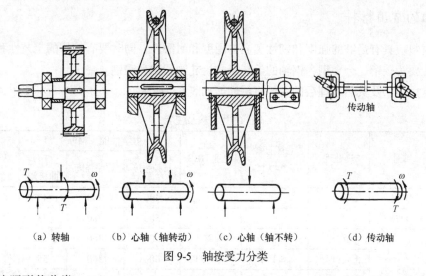

（a）转轴　　（b）心轴（轴转动）　　（c）心轴（轴不转）　　（d）传动轴

图 9-5　轴按受力分类

（2）按照形状分类

① 直轴：各旋转面具有同一旋转中心，在各种机械上广泛使用，如图 9-6（a）所示。

② 挠性轴：由几层紧贴在一起的钢丝层构成，其能把旋转运动和扭矩灵活地传递到空间任何位置，但不能承受弯矩，多用于传递扭矩不大的传动装置，如图 9-6（b）所示。

③ 曲轴：有几根不重合的轴线，多用于往复式机械中，如各种机械的曲柄连杆机构等，如图 9-6（c）所示。

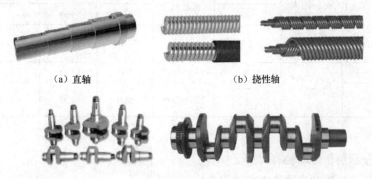

（a）直轴　　　　　　　　　　（b）挠性轴

（c）曲轴

图 9-6　轴的形状分类

2. 设计要求

为了保证轴具有足够的工作能力，需要对其进行强度、刚度计算，以防止工作时产生不允许的断裂和变形，对高速轴还要进行振动稳定性计算，以避免产生共振。

轴是支撑在轴承上的，同时轴上装配有各种零件，除了考虑强度、刚度等问题外，还要根据加工和装配要求，合理地确定轴各部分的形状和尺寸等，这要求通过结构设计来保证。

9.1.2 轴的材料

轴在工作时一般要承受弯曲应力和扭转应力等作用，主要失效形式为疲劳破坏。

1. 轴的常用材料

轴的材料应具有足够的强度和韧性、高的硬度和耐磨性，同时要有较好的工艺性和经济性。轴的材料主要为碳钢、合金钢，钢轴的毛坯形式为轧制圆钢和锻钢。

轴的常用材料及其热处理后的主要机械性能如表 9-1 所示。

表 9-1　　　　　　　　　　　　　轴的常用材料及性能

材料	牌号	热处理	毛坯直径（mm）	硬度 HBS	力学性能（MPa）			应用
					抗拉强度	屈服强度	许用弯曲极限	
碳素结构钢	Q235	—	—	—	440	240	43	不重要或载荷不大的轴
	Q275	—	—	—	580	280	53	
优质碳素结构钢	45	正火	25	≤240	600	360	55	强度和韧性较好，应用最广泛
		正火、回火	≤100	170～217	600	300	55	
		正火、回火	>100～300	162～217	580	290	53	
		调质	≤200	271～255	650	360	61	
合金钢	40Cr	调质	25		1 000	800	90	用于载荷较大而冲击不大的重要轴
			≤100	241～266	750	550	72	
			>100～300	241～266	700	550	70	
	20Cr	渗碳淬火、回火	15	表面 50～60HRC	850	550	76	用于强度、韧性和耐磨性均较高的轴
			30		650	400	—	
			≤60		650	400	—	
	20CrMnTi	渗碳淬火、回火	15	表面 56～60HRC	1 100	850	100	性能略优于 20Cr
球墨铸铁	QT400—15	—	—	156～197	400	300	30	应用于曲轴、凸轮轴、水泵轴等
	QT400—3			197～269	600	420	42	

【思考】

① 使用合金钢制作传动轴有何意义？

② 对轴进行热处理和表面处理有何用途？

合金刚具有较高的力学性能和较好的热处理性能，但对应力集中较敏感，常用于载荷大，要求结构紧凑、耐磨或工作条件较为恶劣的场合。轴的热处理和表面强化可以提高轴的疲劳强度。

2. 轴的选材原则

① 碳素钢比合金钢价廉，对应力集中的敏感性较小，还可以用热处理或化学处理的办法改善其综合性能，提高其耐磨性和抗疲劳强度，加工工艺性好，所以应用较为广泛。常用的优质碳素钢有 30、35、40、45，对于不重要或受力较小的轴也可采用 Q235、Q255、Q275等普通碳素钢。

② 合金钢具有比碳素钢更好的力学性能和淬火性能，但是对应力集中比较敏感，而且价格较贵，多用于对强度和耐磨性有特殊要求、传递大功率的轴。专用的合金结构钢有 20Cr、35Cr、20CrMnTi、35siMn 等。

 在一般工作温度下，各种钢的弹性模量相差不多，选择合金钢采取热处理的方法只能提高轴的疲劳强度和耐磨性，并不能提高轴的刚度。所以以合金钢代替碳素钢，提高轴的刚度是不可取的方法。此时可以选择强度较低的钢材，采取适当增大轴的截面面积的办法来提高轴的刚度。

③ 由于球墨铸铁和高强度铸铁具有良好的工艺性、吸振性，对应力集中不敏感，便于铸成结构形状复杂的曲轴、凸轮轴等，所以被广泛应用于形状复杂的轴。

④ 轴的毛坯多用轧制的圆钢或锻钢。锻钢内部组织均匀，强度较好，因此重要的、大尺寸的轴，常用锻造毛坯。

⑤ 轴的各种热处理（如高频淬火、渗碳、氮化、氰化等）以及表面强化处理（喷丸、滚压）对提高轴的疲劳强度有显著效果。

9.1.3 轴的加工工艺性要求

轴的设计要便于加工和利于轴上零件的装拆，因此在设计时一般要考虑以下基本因素。

① 螺纹轴段要有退刀槽，如图 9-7 所示。

② 磨削段要有砂轮越程槽，退刀槽和越程槽尽可能采用同一尺寸，以便于加工和检验，如图9-8 所示。

图 9-7 螺纹退刀槽

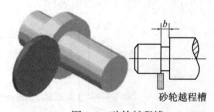

图 9-8 砂轮越程槽

③ 若不同轴段均有键槽时，应布置在同一母线上，以便于装夹和铣销，如图9-9所示。

④ 轴端应有倒角，轴上圆角半径应小于零件孔的倒角，如图 9-10 所示；同时圆角和倒角也尽可能采用同一尺寸，如图9-11所示。

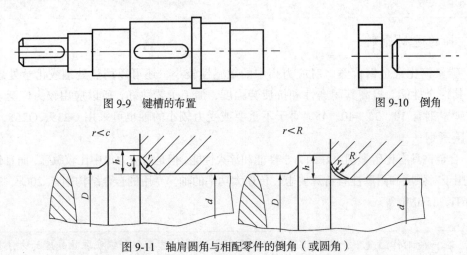

图9-9　键槽的布置　　　　　　　　　　　图9-10　倒角

图9-11　轴肩圆角与相配零件的倒角（或圆角）

9.1.4　轴的结构设计

由轴等零件组成的一个完整传动系统如图9-12所示，其中包括轴、齿轮、轴承以及键等主要零件。为了在轴上准确安装和定位这些零件，必须对轴的形状和结构进行合理设计。

1. 轴的毛坯

图9-12　齿轮轴

尺寸较小的轴可以用圆钢车制，尺寸较大的轴则需用锻造毛坯。

为了减小质量或结构需要，有一些机器的轴（如水轮机轴和航空发动机主轴等）常采用空心的截面。因为传递转矩主要靠轴的近外表面材料，所以空心轴比实心轴在材料的利用上较经济。当外直径 d 相同时，空心轴的内直径若取为 $d_0 = 0.625\,d$，则它的强度比实心轴削弱约18%，而质量却可减少39%。但空心轴的制造比较费力，所以必须从经济和技术指标进行全面分析才能决定是否有利。

2. 轴的结构要求

观察图9-13，明确轴上各段的名称。

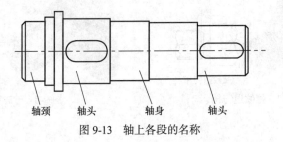

轴颈　　轴头　　　轴身　　　轴头
图9-13　轴上各段的名称

218

【分析】

① 轴一般由轴头、轴身、轴颈 3 部分组成。

② 轴上与传动零件或联轴器、离合器相配合的部分称为轴头。

③ 与轴承相配合的部分称为轴颈。

④ 连接轴头和轴颈的其余部分称为轴身。

【思考】

轴为什么大都设计成阶梯形？

等强度的轴形状应是抛物线回转体，但这样加工困难，安装轴上零件也困难；实际生产中，为了接近等强度，并且容易加工，所以将轴设计成阶梯形。

轴颈的结构随轴承的类型及其安装位置而有所不同。轴颈、轴头和与其相连接零件的配合要根据工作条件合理提出，同时还要规定这些部分的表面粗糙度，这些技术条件对轴的运转性能关系很大。

为使运转平稳，必要时还应对轴颈和轴头提出平行度和同轴度等要求。对于滑动轴承的轴颈，有时还须提出表面热处理的条件等。

【思考】

增大轴在截面变化处的圆角半径，有利于（　　）。

A. 零件的轴向定位　　B. 降低应力集中，提高轴的疲劳强度　　　C. 使轴加工方便

因为阶梯轴在截面突变的部位会产生应力集中现象，因此要在截面尺寸变化处采用圆角过渡，且圆角半径不宜过小，以降低应力集中，提高零件疲劳强度。

3. 轴上零件的周向固定

观察图 9-14，理解轴上零件在轴上如何周向固定。

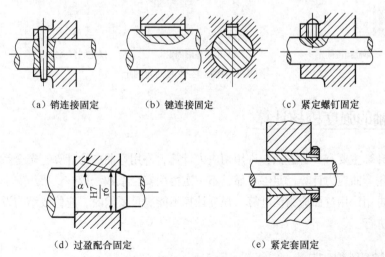

（a）销连接固定　　　　（b）键连接固定　　　　（c）紧定螺钉固定

（d）过盈配合固定　　　　　　　（e）紧定套固定

图 9-14　轴上零件的周向固定

【分析】

① 用键连接的固定，以平键应用最广泛，平键对中性好，可用于较高精度、高转速及交变载荷作用的场合。

② 用销连接的固定，在轴向、周向均可定位，过载时销被剪断以保护其他零件，不能承受较大载荷。

③ 紧定螺钉的固定，只能承受较小的周向力，结构简单，可兼作轴向固定，在有冲击和振动的场合应有防松装置。

④ 过盈配合，结构简单，对中性好，承载能力高，可同时起到轴向固定作用，不宜用于经常拆卸的场合。

⑤ 紧定套固定，能轴向调整位置，不削弱轴，多用于光轴上，可同时作轴向和周向固定。

4. 轴上零件的轴向固定

观察图 9-15，明确对轴上零件进行轴向固定的方法。

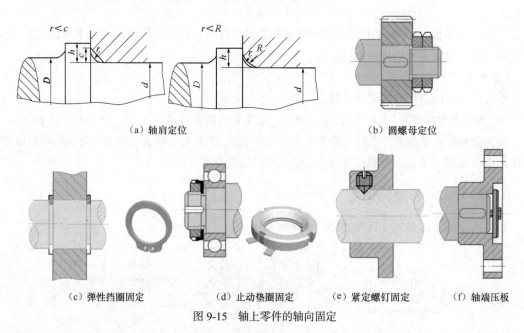

（a）轴肩定位　　　　　　　　　　　　　　（b）圆螺母定位

（c）弹性挡圈固定　　　　（d）止动垫圈固定　　　（e）紧定螺钉固定　　　（f）轴端压板

图 9-15　轴上零件的轴向固定

9.1.5　轴的强度校核计算

轴的强度计算主要有 3 种方法：许用切应力计算、许用弯曲应力计算、安全系数校核计算。一般转轴按许用弯曲应力计算已足够可靠，不一定再用安全系数法校核。要用安全系数法校核的轴，不一定要再用许用弯曲应力法计算。强度计算不能满足要求时，应修改结构设计，两者常相互配合、交叉进行。

1. 传动轴的强度计算

传动轴主要以传递转矩为主，工作时横截面上承受扭矩。

圆轴扭转时，为了保证轴能正常工作，应限制轴上危险截面的最大切应力不超过材料的许用切应力，即

$$\tau_{\max} = \frac{T}{W_{\mathrm{T}}} \leqslant [\tau_{\mathrm{T}}]$$

式中，W_{T} 为轴的抗扭截面系数；T 为轴传递的转矩；$[\tau_{\mathrm{T}}]$ 为许用切应力。

对于受弯矩较大的轴，宜取较小的 $[\tau_{\mathrm{T}}]$ 值。当轴上有键槽时，应适当增大轴径；单键增大 3%，双键增大 7%。

传动轴的许用切应力计算主要用于以下情况。

① 传递以转矩为主的传动轴。

② 初步估算轴径以便进行结构设计。

③ 不重要的轴。

2. 心轴的强度计算

心轴主要是承受弯矩。心轴弯曲变形时，产生最大应力的截面为危险截面。心轴的弯曲强度条件为

$$\sigma_{\max} = \frac{M}{W_{\mathrm{z}}} \leqslant [\sigma]$$

式中，M 为危险截面上的弯矩；W_{z} 为危险截面的抗弯截面模量；$[\sigma]$ 为轴材料的许用应力。

3. 转轴的强度计算

转轴是既承受转矩又承受弯矩，产生弯扭组合变形。按许用弯曲应力计算公式进行计算，即

$$\sigma_{\mathrm{b}} = \sqrt{\left(\frac{M}{W_{\mathrm{z}}}\right)^2 + 4\left(\frac{\alpha T}{W_{\rho}}\right)^2} = \frac{\sqrt{M^2 + (\alpha T)^2}}{W_{\mathrm{z}}} \leqslant [\sigma_{-1\mathrm{b}}]$$

式中，α 是根据转矩性质而定的应力校正系数。

许用弯曲应力计算必须先知道作用力的大小和作用点的位置、轴承跨距、各段轴径等参数。为此计算顺序如下。

① 画出轴的空间受力简图，将轴上作用力分解为水平面受力图和垂直面受力图，求出水平面上和垂直面上的支撑点反作用力。

② 分别作出水平面上的弯矩图 M_{xy} 和垂直面上的弯矩图 M_{xz}。

③ 作出合成弯矩 $M = \sqrt{M_{xy}^2 + M_{yz}^2}$ 图。

④ 作出转矩图。

⑤ 应用弯曲应力计算公式。对于不变的转矩，取 $\alpha = \dfrac{[\sigma_{-1\mathrm{b}}]}{[\sigma_{+1\mathrm{b}}]} \approx 0.3$；对于脉动的转矩，取

$\alpha = \dfrac{[\sigma_{-1\mathrm{b}}]}{[\sigma_{0\mathrm{b}}]} \approx 0.59$；对于对称循环的转矩，取 $\alpha = 1$。其中 $[\sigma_{+1\mathrm{b}}]$、$[\sigma_{0\mathrm{b}}]$、$[\sigma_{-1\mathrm{b}}]$ 分别是材料在静应力、脉动循环和对称循环应力状态下的许用弯曲应力。其值由表 9-2 选取。

表 9-2　　　　　　　　　　转轴和心轴的许用弯曲应力（MPa）

材　　料	σ_{B}	$[\sigma_{+1\mathrm{b}}]$	$[\sigma_{0\mathrm{b}}]$	$[\sigma_{-1\mathrm{b}}]$
碳素钢	400	130	70	40
	500	170	75	45

续表

材　料	σ_B	$[\sigma_{+1b}]$	$[\sigma_{0b}]$	$[\sigma_{-1b}]$
碳素钢	600	200	95	55
	700	230	110	65
合金钢	800	270	130	75
	1 000	330	150	90
铸钢	400	100	50	30
	500	120	70	40

　　不变转矩只是理论上的，实际上机器运转不可能完全均匀，且有扭转振动的存在，故为安全起见，常按脉动转矩计算。

9.1.6　轴的设计计算

设计轴的一般步骤如下。

① 选择轴的材料、确定许用应力。

② 按扭转强度估算轴的最小直径。

③ 轴的结构设计，包含以下内容。

● 确定轴上的零件的位置和固定方式。

● 确定各轴段的直径。

● 确定各轴段的长度。

● 确定其余尺寸，如键槽、倒角、圆角、螺纹退刀槽、砂轮越程槽等。

④ 按弯扭组合校核轴的强度。若不满足要求，必须重新修改轴的结构。

⑤ 绘制零件图。

例 9-1　图 9-16 所示为带式输送机所用的单级斜齿圆柱齿轮减速器，从动轴所传递的功率为 $P = 5 \text{ kW}$，从动轴的转速 $n = 140 \text{ r/min}$，轴上齿轮的参数为 $z = 60$，$m_n = 3.5 \text{ mm}$，$\beta = 12°$，$\alpha = 20°$，齿轮宽 $B = 70 \text{ mm}$，载荷平稳，轴向单向运转，试设计减速器的从动轴。

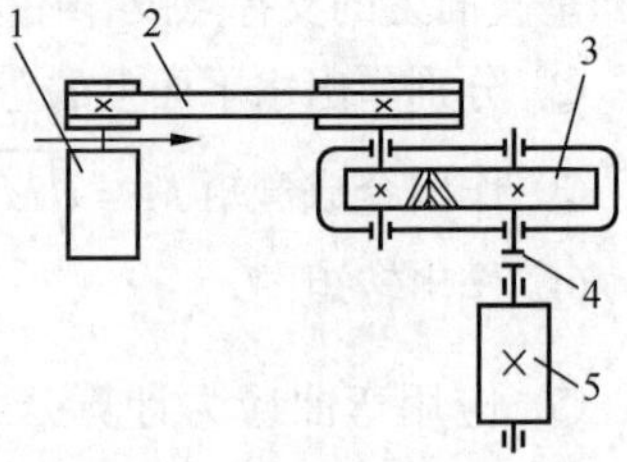

图 9-16　单级斜齿圆柱齿轮减速器

1—电动机；2—带传动；3—齿轮传动；

4—联轴器　5—滚筒

解：

① 选择轴的材料，选 45 钢，正火处理，查相关手册得知：

$\sigma_b = 600 \text{ MPa}$，$\sigma_s = 300 \text{ MPa}$。

② 估算轴的最小直径。

$$d \geqslant C\sqrt[3]{\frac{P}{n}}$$

其中 C 为与轴材料有关的系数，由相关手册查得 $C = 110$。

则

$$d \geqslant C\sqrt[3]{\frac{P}{n}} = 110 \times \sqrt[3]{\frac{5}{140}} = 36.2 \text{ mm}$$

由于输出轴（轴段轴径最小）与联轴器相配合，轴端有一个键槽，所以将直径增大 3%，

取 $d_{\min} = 38$ mm。

③ 计算齿轮受力。

齿轮分度圆直径：$d = \dfrac{m_n z}{\cos\beta} = \dfrac{3.5 \times 60}{\cos 12°} = 214.7$ mm；

转矩：$T = 9.55 \times 10^6 \dfrac{P}{n} = 9.55 \times 10^6 \times \dfrac{5}{140} = 341$ kN·m；

圆周力：$F_t = \dfrac{2T}{d} = \dfrac{2 \times 341 \times 10^3}{214.7} = 3176.5$ N；

径向力：$F_r = \dfrac{F_t \tan\alpha_n}{\cos\beta} = \dfrac{3176.5 \times \tan 20°}{\cos 12°} = 1182$ N；

轴向力：$F_a = F_t \tan\beta = 3176.5 \times \tan 12° = 675$ N。

④ 轴的结构设计。轴上零件的装配和定位方案的确定，绘制轴系结构图，如图 9-17 所示。

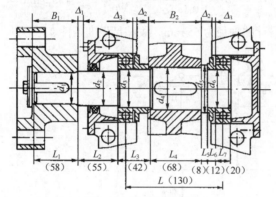

图 9-17　轴系结构草图

- 从左向右，首先与联轴器配合，通过弹性柱销联轴器的规格 HL3 的尺寸，确定 $d_1 = 38$ mm，$d_2 = 38 + 2h = 38 + 7 = 45$ mm，与轴承配合的要符合轴承内径标准系列，根据所选用的 7210 C 角接触球轴承，取 $d_3 = 50$ mm，则根据安装定位的关系，确定 $d_4 = 52$ mm，$d_5 = 60$ mm，$d_6 = 50$ mm。

- 与传动零件（如齿轮、联轴器等）相配合的轴段长度应比传动零件的轮毂宽度略小 2 mm 左右，同时考虑各段轴长与箱体的设计，齿轮端面与箱壁的距离一般取 10～15 mm，轴承端面与箱体内壁的距离与轴承的润滑有关，取 5 mm，所以轴的各段长度的确定如图 9-17 所示。

⑤ 轴的强度计算。

- 绘制轴的受力简图，如图 9-18（a）所示。

- 计算支撑反力，如图 9-18（b）、（d）所示。

根据工程力学知识：$\sum M_I = 0$，

解得水平面内：$F_{H II} = 34$N，$F_{H I} = 1148.3$N。

同理垂直面内：$F_{V II} = F_{W} = 1588.3$N。

- 绘制水平面、垂直面内的弯矩图及合成图，如图 9-18（c）、（e）、（f）所示。

水平面弯矩为：

$$M_{Hb-} = 65F_{HI} = 65 \times 1\,148.3 = 74\,640 \text{ N} \cdot \text{mm}$$

$$M_{Hb+} = 65F_{HII} = 65 \times 34 = 2\,210 \text{ N} \cdot \text{mm}$$

垂直面弯矩：
$$M_{vb} = 65F_{vI} = 65 \times 1\,588.3 = 103\,240 \text{ N} \cdot \text{mm}$$

则合成弯矩为：
$$M_{b-} = \sqrt{(M_{vb})^2 + (M_{Hb-})^2} = \sqrt{103\,240^2 + 74\,640^2} = 127\,396 \text{ N} \cdot \text{mm}$$

$$M_{b+} = \sqrt{(M_{vb})^2 + (M_{Hb+})^2} = \sqrt{103\,240^2 + 2\,210^2} = 103\,264 \text{ N} \cdot \text{mm}$$

④ 绘制扭矩图，如图 9-18（g）所示。

危险截面的当量弯矩：

$$M_e = \sqrt{(M_{b-})^2 + (\alpha T)^2} = \sqrt{127\,396^2 + (0.6 \times 341\,000)^2} = 241\,021 \text{ N} \cdot \text{mm}$$

⑤ 校核危险截面的直径。

由表 9-2 知，$[\sigma_{-b}] = 55 \text{ MPa}$，则：

$$d \geqslant \sqrt[3]{\frac{M_e}{0.1 \times [\sigma_{-1b}]}} = \sqrt[3]{\frac{241\,021}{0.1 \times 55}} = 35.3 \text{ mm}$$

（6）结论：因结构设计的轴径为 55 mm，故满足强度条件。

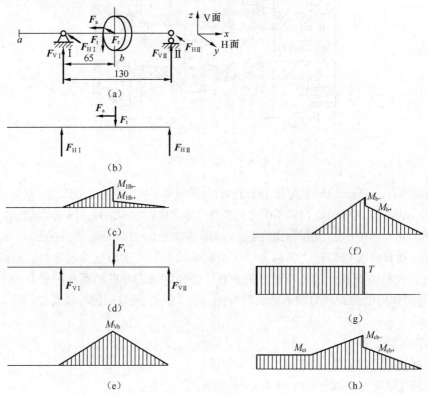

图 9-18　轴的弯矩图

【思考】

提高轴的强度、刚度和减轻轴的质量的主要措施有哪些？

① 合理布置轴上零件，减小轴所受的转矩。

② 改进轴上零件结构，减小轴所受的弯矩。

③ 采用载荷分担的方法减小轴的载荷。

④ 采用力平衡或局部相互抵消的办法减小轴的载荷。

⑤ 改变支点位置，改善轴的强度和刚度。

⑥ 改进轴的结构，减少应力集中。

⑦ 改善表面质量提高轴的疲劳强度。

9.2 轴承

轴承用来支撑轴和轴上零件，保证轴和轴上传动件的工作位置和精度，减少摩擦和磨损，并承受载荷。按照承受载荷的方向，可分为径向轴承和推力轴承两类。轴承上的反作用力与轴中心线垂直的称为径向轴承，与轴中心线方向一致的称为推力轴承。按运动元件间的摩擦性质可分为滑动轴承和滚动轴承两大类。

观察图 9-19，明确轴承的基本类型。

（a）径向滑动轴承　　（b）推力滑动轴承　　（c）滚动轴承（向心轴承）　　（d）滚动轴承（推力轴承）

图 9-19　轴承的基本类型

滚动轴承是专业化生产的标准件。具有摩擦小，启动灵活、效率高、润滑与维护更换方便等优点，且能在较广泛的载荷、转速和工作温度范围内工作。所以，虽然滚动轴承承受冲击载荷能力较差，高速重载时噪声大，寿命较低，但仍得到广泛的应用。

与滚动轴承相比，滑动轴承径向尺寸小，结构简单，制造和装拆方便，工作平稳，无噪声，耐冲击且承载能力大。在高速、高精度、重载、结构要求剖分等场合下，滑动轴承显示出它的优点。但这类轴承一般摩擦损耗大，润滑和维护要求较高，且轴向尺寸较大。常应用于内燃机、机床及重型机械中。

9.2.1 滚动轴承

滚动轴承是标准件，由专门的工厂批量生产。在机械设计中只需根据工作条件，选用合适的滚动轴承类型和型号进行组合结构设计即可。滚动轴承安装、维修方便，价格也较便宜，故应用十分广泛。

图 9-20 所示为各种不同的滚动轴承，仔细观察其结构上的特点以及不同种类之间的差异。

图 9-20　滚动轴承特点及差异

1. 滚动轴承的结构

滚动轴承由内圈、外圈、滚动体和保持架组成，如图 9-21 所示。

内外圈均可滚动，滚动体可在滚道内滚动；保持架的作用是使滚动体均匀分开，减少滚动体间的摩擦和磨损。

滚动体的形状有球形、圆柱形、圆锥形、鼓形、滚针形等，如图 9-22 所示。滚动轴承的内、外圈和滚动体均要求有耐磨性和较高的接触疲劳强度，一般用 GCr9、GCr15、GC15SiMn 等滚动轴承钢制造。保持架选用较软材料制造，常用低碳钢板冲压后铆接或焊接而成。实体保持架则选用铜合金、铝合金或工程塑料等材料。

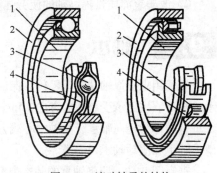

图 9-21 滚动轴承的结构
1—内圈；2—外圈；3—滚动体；4—保持架

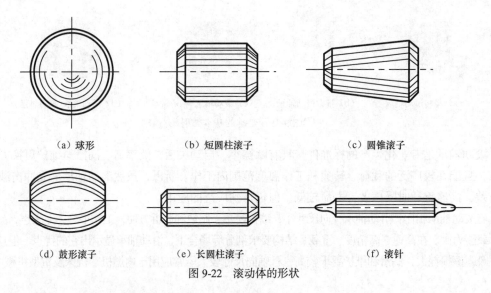

（a）球形	（b）短圆柱滚子	（c）圆锥滚子
（d）鼓形滚子	（e）长圆柱滚子	（f）滚针

图 9-22 滚动体的形状

2. 滚动轴承的分类

滚动轴承中套圈与滚动体接触处的法线和垂直于轴承轴心线的平面间的夹角 α 称为公称接触角。滚动轴承按其所能承受的载荷方向与公称接触角的不同分为两大类。向心轴承主要承受径向载荷，其公称接触角从 0° 到 45°，如图 9-23（a）、（b）所示。推力轴承主要承受轴向载荷，其公称接触角从 45° 到 90°，如图 9-23（c）、（d）所示。滚动轴承按滚动体形状的不同可分为球轴承和滚子轴承。在直径相同时，滚子轴承比球轴承的承载能力大。

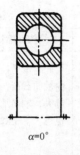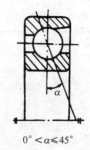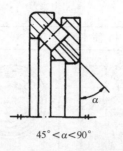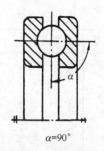

$\alpha=0°$	$0°<\alpha\leqslant45°$	$45°<\alpha<90°$	$\alpha=90°$
（a）深沟球轴承	（b）角接触球轴承	（c）推力调心滚子轴承	（d）推力球轴承

图 9-23　滚动轴承的分类

常用滚动轴承的分类如表 9-3 所示。

表 9-3　　　　　　　　　　　　常用滚动轴承的分类

类　　型	类型代号	结构简图	实　物　图	结构性能特点
调心球轴承	1			主要承受径向载荷，也可承受不大的轴向载荷。适用于刚性较小及难于对中的轴
调心滚子轴承	2			调心性能好，能承受很大的径向载荷，但不宜承受纯轴向载荷。适用于重载及有冲击载荷的场合
圆锥滚子轴承	3			能同时承受轴向和径向载荷，承载能力大，内外圈可分离，间隙易调整，安装方便，一般成对使用
双列深沟球轴承	4			与深沟球轴承的特性类似，但能承受更大的双向载荷且刚性更好
推力球轴承	5			只能承受轴向载荷，不宜在高速下工作
深沟球轴承	6			主要承受径向载荷，也可承受一定的轴向载荷，应用广泛

227

续表

类　型	类型代号	结 构 简 图	实　物　图	结构性能特点
角接触球轴承	7			同时承受径向和单向轴向载荷，接触角越大，轴向承载能力也越大，一般成对使用
推力圆柱滚子轴承	8			只能承受单向轴向载荷，承载能力比推力球轴承大得多，不允许有角偏差
圆柱滚子轴承	N			能承受较大的径向载荷，不能承受轴向载荷，内外圈可分离，允许少量轴向位移和角偏差。适用于重载和冲击载荷

3．滚动轴承的代号

滚动轴承的类型繁多，加上同一系列中有不同的结构、尺寸精度及技术要求，为了便于组织生产和选用，国家标准中规定使用字母加数字来表示滚动轴承的类型、尺寸、公差等级和结构特点，国家标准 GB/T 272—1993《滚动轴承代号方法》规定了滚动轴承代号的表示方法。并将轴承的代号打印在轴承的端面上。

示例：轴承代号 6208。

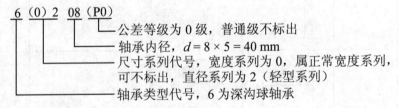

6（0）2 08（P0）
公差等级为 0 级，普通级不标出
轴承内径，$d = 8 \times 5 = 40$ mm
尺寸系列代号，宽度系列为 0，属正常宽度系列，可不标出，直径系列为 2（轻型系列）
轴承类型代号，6 为深沟球轴承

示例：轴承代号 51103/P6。

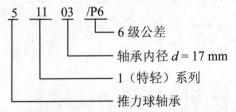

5　11　03　/P6
6 级公差
轴承内径 $d = 17$ mm
1（特轻）系列
推力球轴承

滚动轴承代号由前置代号、基本代号和后置代号组成，具体如表 9-4 所示。

（1）基本代号

基本代号是核心部分，由类型代号、尺寸系列代号和内径代号组成，一般最多为 5 位。

表 9-4　　　　　　　　　　　　　滚动轴承代号的组成

前置代号	基本代号					后置代号					
	第5位	第4位	第3位	第2位	第1位						
成套轴承分部件代号	类型代号	尺寸系列代号		内径代号		内部结构代号	密封防尘结构代号	保持架及材料代号	公差等级代号	游隙代号	多轴承配置代号	其他代号
		宽度系列代号	直径系列代号								

类型代号由一位（或两位）数字或英文字母表示，其对应的常见轴承类型如表 9-3 所示，其他轴承类型可查阅有关手册资料。

内径代号由两位数字表示。常见内径代号如表 9-5 所示。

表 9-5　　　　　　　　　　　　　常见内径代号

内 径 代 号	00	01	02	03	04～96
轴承内径 d（mm）	10	12	15	17	代号数 × 5

尺寸系列代号由直径代号和宽（高）度系列代号组成。右起第 3 位数字表示直径系列代号，为满足不同使用条件，同一内径的轴承其滚动体尺寸不同，轴承的外径和宽度有所不同。

右起第 4 位数字表示宽度系列代号，其表示同一内径和外径的轴承，其宽度不相同。宽度系列代号为 0 时，表示正常宽度系列，除圆锥滚子轴承外，一般常可略去不写。宽度系列与直径有一定的对应关系，具体如表 9-6 和表 9-7 所示。

表 9-6　　　　　　　　　　滚动轴承的直径系列代号

基本代号中第 3 位数字	0	1	2	3	4	5	6	7	8	9
直径系列	特轻	特轻	轻	中	重	特重		超特轻	超轻	超轻

表 9-7　　　　　　　　　　　　宽（高）度系列代号

基本代号中第 4 位数字	0	1	2	3	4	5	6	7	8	9
宽度系列	窄型	正常	宽	特宽	特宽	特宽		特低		低

（2）前置代号

前置代号表示成套轴承的分部件，用字母表示，代号及含义如表 9-8 所示。

表 9-8　　　　　　　　　　　　　前置代号及含义

代 号	含 义	示 例
L	可分离轴承的可分离内圈和外圈	LNU297
R	不带可分离内圈和外圈的轴承	RNU207
K	滚子和保持架组件	K81107
WS	推力圆柱滚子轴承轴圈	WS81107
GS	推力圆柱滚子轴承座圈	GS81107

（3）后置代号

后置代号共分8组，是轴承在结构、形状、尺寸、公差及技术要求等方面有改变时的补充代号，用字母（或字母加数字）表示，与基本代号相距半个汉字字距。

内部结构代号：角接触轴承分别用C、AC、B代表3种不同的公称接触角$\alpha = 15°$、$\alpha = 25°$、$\alpha = 40°$。

游隙代号：C1、C2、0、C3、C4、C5分别表示轴承径向游隙，游隙依次由小到大。0组游隙在轴承代号中省略不写。在一般条件下工作的轴承，应优先选0组游隙轴承。

公差等级代号表示轴承制造的精度等级，其含义如表9-9所示。

表9-9　　　　　　　　　　　　　公差等级代号及含义

公差等级	2级	4级	5级	6X级	6级	0级
代号	/P2	/P4	/P5	/P6X	/P6	/P0

其中0级为最低级，在轴承代号中省略不标；2级为最高级；6X仅用于圆锥滚子轴承。

例9-2　某轴承代号为6008，试判断它的类型、内径尺寸、公差等级和游隙组别。

解：

查表9-3和表9-5可知：6为类型代号，代表深沟球轴承。08为内径代号，内径$d = 8 \times 5 = 40$ mm。无后置代号，说明该轴承公差等级为P0级，径向游隙为0组。

4．滚动轴承的固定

为保证滚动轴承能正常工作，需注意轴承在工作位置的安装、固定和调整等问题。

为使轴承的内圈与轴颈、外圈与轴承孔之间保持正确的位置关系，需对滚动轴承的内、外圈加以固定。滚动轴承的固定分为周向固定和轴向固定，周向固定一般采用过盈配合或过渡配合的方式；为防止轴承在承受轴向载荷时相对于轴或座孔产生轴向移动，轴承在使用时采用了多种轴向固定方式。

（1）轴承内圈的固定

观察图9-24，了解滚动轴承内圈的固定方法。

① 图9-24（a）所示为采用轴肩固定，主要用于承受单向载荷的场合或全固定式支撑结构。

② 图9-24（b）所示为采用弹性挡圈和轴肩固定，实现轴承内圈的双向轴向固定，结构简单，装拆方便，可承受不大的双向轴向载荷，多用于向心轴承结构。

③ 图9-24（c）所示为采用轴端挡圈和轴肩固定，实现内圈双向固定，不宜调整轴承轴向间隙，适用于轴端不宜切制螺纹的场合，允许转速较高。

④ 图9-24（d）所示为采用锁紧螺母与轴肩固定，实现轴承内圈固定，结构简单，装拆方便，止动垫圈防松，安全可靠，适用于高速、重载的场合。

⑤ 图9-24（e）所示为采用开口圆锥紧定套和锁紧螺母在光轴上固定锥孔轴承内圈。此结构装拆方便，适用于轴向载荷不大、转速不高的场合。

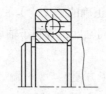

（a）轴肩固定　　（b）弹性挡圈和轴肩固定　　（c）轴端挡圈和轴肩固定

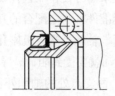
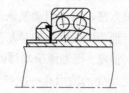

（d）锁紧螺母与轴肩固定　　（e）开口圆锥紧定套和锁紧螺母固定

图 9-24　滚动轴承内圈的固定方法

（2）轴承外圈的固定

观察图 9-25，明确滚动轴承外圈的固定方法。

① 图 9-25（a）所示为采用轴承盖固定，用于两端固定式支撑结构或承受单向轴向载荷的场合。

② 图 9-25（b）所示为采用弹性挡圈与机座凸台固定，轴向尺寸小，用于轴向载荷不大的场合。

③ 图 9-25（c）所示为采用止动环嵌入轴承外圈的止动槽内固定，用于机座不便制作凸台且外圈带有止动槽的深沟球轴承。

④ 图 9-25（d）所示为采用轴承端盖和机座凸台固定，适用于高速旋转并承受很大的轴向载荷的场合。

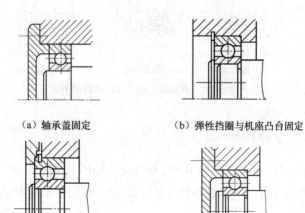

（a）轴承盖固定　　　　　　　（b）弹性挡圈与机座凸台固定

（c）止动环嵌入轴承外圈的止动槽内固定　　（d）轴承端盖和机座凸台固定

图 9-25　滚动轴承外圈的固定方法

【思考】

在进行轴的设计时，一般要求支承同一根轴的两个轴承，虽然承受的载荷不同，但仍经常采用一对相同型号的滚动轴承，下述原因不正确的是（　　）。

  A. 一次镗孔可保证两轴承中心线的同轴度，有利于轴承的正常工作

  B. 采用同一型号的轴承，采购方便

  C. 安装两轴承的轴孔直径相同，加工方便

  D. 安装轴承的两轴径直径相同，加工方便

支承同一根轴的两个轴承选用相同的型号，不但采购方便，而且在设计、计算和生产加工与轴承配合的其他零件时都很方便，由于滚动轴承是标准件，与之配合的其他零件要以滚动轴承的内外圈为基准，轴承内圈与轴颈的配合一般是基孔制，轴承外圈与机座孔的配合一般按基轴制，如果轴和轴承孔不能保证同轴度，则轴承滚动体的运动就要受到阻碍，导致轴承过早损坏，所以，在加工时，应尽可能使两支点处的轴承孔一次镗好，两支点处的轴承外径一样大。故 A、B、C 正确。

5. 滚动轴承轴向间隙的调整

为了补偿受热后的伸长，保证轴承不致卡死，轴承端面与轴承盖之间应留有一定的间隙。间隙的大小影响轴承的旋转精度、使用寿命和转动零件工作的平稳性。

观察图 9-26，明确调整滚动轴承轴向间隙的方法。

① 图 9-26（a）所示为通过增加或减少轴承盖与机座结合面之间的垫片厚度进行调整。

② 图 9-26（b）所示为用压盖中间的螺钉调节可调压盖的轴向位置进行调整。

③ 图 9-26（c）所示为通过改变轴承端面和压盖间的调整环厚度进行调整。

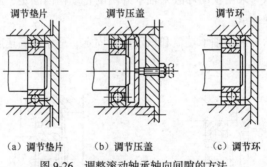

（a）调节垫片　　　（b）调节压盖　　　　（c）调节环

图 9-26　调整滚动轴承轴向间隙的方法

6. 滚动轴承类型的选择

选择滚动轴承类型时，必须了解轴承的工作载荷（大小、性质、方向）、转速及其他使用要求。

① 转速较高、载荷较小、要求旋转精度高时宜选用球轴承；转速较低、载荷较大或有冲击载荷时则选用滚子轴承。

② 轴承上同时受径向和轴向联合载荷，一般选用角接触球轴承或圆锥滚子轴承；若径向载荷较大、轴向载荷小，可选用深沟球轴承；而当轴向载荷较大、径向载荷小时，可采用推力角接触球轴承。

③ 轴的中心线与轴承座孔中心线有角度误差、同轴度误差（制造与安装造成误差）或轴的变形大，以及多支点轴，均要求轴承调心性能好，应选用调心球轴承或调心滚子轴承。

④ 当轴承座没有剖分面而必须沿轴向安装和拆卸轴承部件时，应优先选用内、外圈可分离的轴承（如圆柱滚子轴承、滚针轴承、圆锥滚子轴承等）。当轴承在长轴上安装时，为了便于装拆，可选用其内圈孔为 1∶12 的圆锥孔轴承。

⑤ 选轴承时要注意经济性，一般球轴承比滚子轴承便宜。

7. 滚动轴承的失效和计算准则

（1）滚动轴承的失效

根据工作情况，滚动轴承的失效形式主要有两种。

① 点蚀。滚动轴承承受载荷后，各滚动体的受力大小不同，对回转的轴承，滚动体与套圈间产生变化的接触应力，工作若干时间后，各元件接触表面上都可能发生接触疲劳磨损，出现点蚀现象，有时由于安装不当，轴承局部受载较大，更促使点蚀早期发生。

② 塑性变形。在一定的静载荷或冲击载荷作用下，滚动体或套圈滚道上将出现不均匀的塑性变形凹坑。这时，轴承的摩擦力矩、振动、噪声都将增加，运转精度也降低。

（2）滚动轴承的计算准则

一般工作条件的回转滚动轴承，应进行接触疲劳寿命计算和静强度计算；对于摆动或转速较低的轴承，只需作静强度计算；高速轴承由于发热而造成的粘着磨损、烧伤常是突出问题，除进行寿命计算外，还需校核极限转速。

（3）基本额定寿命和基本额定动载荷

大部分滚动轴承是由于疲劳点蚀而失效的。轴承中任一元件出现疲劳剥落扩展迹象前运转的总转数或一定转速下的工作小时数称为轴承寿命。在同一条件下运转的一组近于相同的轴承所能达到或超过某一规定寿命的百分率称为可靠度。

实际选择轴承时常以基本额定寿命为标准。轴承的基本额定寿命是指一批相同的轴承，在相同条件下运转，其中 90% 的轴承不出现疲劳点蚀的总转数或在给定转速下工作的小时数。寿命的单位若为转速，用 L_{10} 表示；若为工作小时数，用 $L_{10(h)}$ 表示。不同可靠度、特殊轴承性能和运转条件下，其寿命可按基本额定寿命进行修正，称为修正额定寿命。

标准中将基本寿命为一百万转（$10^6 r$）时轴承所能承受的恒定载荷称为基本额定动载荷 C。也就是说，在基本额定动载荷作用下，轴承可以工作 $10^6 r$ 而不发生点蚀失效，其可靠度为 90%。基本额定动载荷大，轴承抗疲劳的承载能力相应较强。

（4）当量动载荷

滚动轴承若同时承受径向和轴向联合载荷，为了计算轴承寿命时在相同条件下比较，需将实际工作载荷转化为与试验条件相当的载荷，才能和基本额定动载荷进行比较。换算后的载荷是一种假定的载荷，故称为当量动载荷。在当量动载荷作用下，轴承寿命与实际联合载荷下轴承的寿命相同。

当量动载荷 P 的计算公式为：

$$P = XF_r + YF_a$$

式中，F_r 为径向载荷，单位为 N；F_a 为轴向载荷，单位为 N；X，Y 为径向动载荷系数和轴向动载荷系数，可由表 9-10 查取。

$\alpha = 0°$ 的圆柱滚子轴承与滚针轴承只能承受径向力，当量动载荷 $P_r = F_r$；而 $\alpha = 90°$ 的推力轴承只能承受轴向力，其当量动载荷 $P_a = F_a$。

表 9-10 　　　　　　　　　　　滚动轴承当量动载荷计算的 X、Y 值（部分）

轴 承 类 型		F_a/C_{0r}	e	单 列 轴 承				双 列 轴 承			
				$F_a/F_r \leqslant e$		$F_a/F_r > e$		$F_a/F_r \leqslant e$		$F_a/F_r > e$	
				X	Y	X	Y	X	Y	X	Y
深沟球轴承		0.14	0.19	1	0	0.56	2.30	1	0	0.56	2.30
		0.028	0.22				1.99				1.99
		0.056	0.26				1.71				1.71
		0.084	0.28				1.55				1.55
		0.11	0.30				1.45				1.45
		0.17	0.34				1.31				1.31
		0.28	0.38				1.15				1.15
		0.42	0.42				1.04				1.04
		0.56	0.44				1.00				1.00
角接触球轴承	$\alpha = 15°$	0.015	0.38	1	0	0.44	1.47	1	1.65	0.72	2.39
		0.029	0.40				1.40		1.57		2.28
		0.058	0.43				1.30		1.46		2.11
		0.087	0.46				1.23		1.38		2.00
		0.120	0.47				1.19		1.34		1.93
		0.170	0.50				1.12		1.26		1.82
		0.290	0.55				1.02		1.14		1.66
		0.440	0.56				1.00		1.12		1.63
		0.580	0.56				1.00		1.12		1.63
	$\alpha = 25°$	—	0.68	1	0	0.41	0.87	1	0.92	0.67	1.41
	$\alpha = 40°$	—	1.14	1	0	0.35	0.57	1	0.55	0.57	0.93
双列角接触球轴承	$\alpha = 30°$		0.8	—	—	—	—	1	0.78	0.63	1.24

（5）基本额定寿命的计算

滚动轴承的寿命随载荷增大而降低，寿命与载荷的关系曲线如图 9-27 所示，其曲线方程为

$$P^\varepsilon L_{10} = 常数$$

式中，P 为当量动载荷，单位为 N；L_{10} 为基本额定寿命，常以 10^6r 为单位（当寿命为一百万转时，$L_{10} = 1$）；ε 为寿命指数，球轴承 $\varepsilon = 3$，滚子轴承 $\varepsilon = 10/3$。

若轴承工作转速为 n（r/min），则以小时为单位的基本额定寿命为

$$L_{10h} = \frac{10^6}{60n}\left(\frac{C}{P}\right)^\varepsilon = \frac{16\,670}{n}\left(\frac{C}{P}\right)^\varepsilon$$

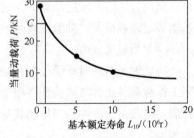

图 9-27　滚动轴承的 P—L 曲线

轴承设计时应满足 $L_{10h} \geqslant L_h'$，其中 L_h' 为轴承的预期使用寿命。

（6）滚动轴承的静载荷计算

静载荷是指轴承套圈相对转速为零时作用在轴承上的载荷，为了限制滚动轴承在静载荷下产生过大的接触应力和永久变形，需进行静载荷计算。

静强度计算的依据是基本额定静载荷 C_0，它指的是轴承承载区内受载最大的滚动体与滚道的

接触应力达到一定值时所对应的载荷；可分为径向 C_{0r} 和轴向 C_{0a}。常用轴承的基本额定静载荷 C_0 值通常可由设计手册直接查得。

在进行轴承静强度计算时，需要考虑实际受载情况与规定 C_0 的条件的差异，引入当量静载荷 P_0。

$$P_0 = X_0 F_r + Y_0 F_a$$

静强度条件：$$C_0 \geqslant S_0 P_0$$

式中，X_0、Y_0 为径向、轴向载荷系数，如表 9-11 所示，若计算结果 $P_0 < F_r$，则 $P_0 = F_r$；S_0 为静强度安全系数，如表 9-12 所示。

表 9-11　　　　　　　　　　　当量静载荷计算中的 X_0、Y_0 值（部分）

轴承类型		单列轴承		双列轴承	
		X_0	Y_0	X_0	Y_0
深沟球轴承		0.6	0.5	0.6	0.5
角接触球轴承	$\alpha = 15°$	0.5	0.46	1	0.92
	$\alpha = 25°$	0.5	0.38	1	0.76
	$\alpha = 40°$	0.5	0.26	1	0.52

表 9-12　　　　　　　　　　　轴承静载荷安全系数 S_0（旋转轴承）

使用要求或载荷性质	S_0	
	球 轴 承	滚 子 轴 承
对旋转精度及平稳性要求高，或承受冲击载荷	1.5～2	2.5～4
正常作用	0.5～2	1～3.5
对旋转精度及平稳性要求较低，没有冲击和振动	0.5～2	1～3

8. 滚动轴承的组合结构设计

滚动轴承轴系支点固定的结构形式介绍如下。

（1）两端单向固定

普通工作温度下的短轴，支点常采用两端单向固定的方式，每个轴承分别承受一个方向的轴向力。当轴向力不大时，可采用一对深沟球轴承，如图 9-28 所示；当轴向力较大时，选用一对角接触球轴承或一对圆锥滚子轴承，如图 9-29 所示。为允许轴工作时有少量热膨胀，轴承安装时应留有 0.25～0.4 mm 的轴向间隙，间隙量常用垫片或调整螺钉调节。由于间隙量很小，一般在结构图中不必画出。

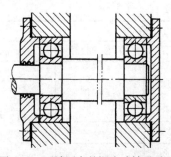

图 9-28　两端固定的深沟球轴承系列

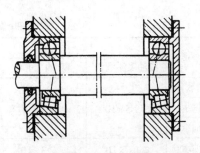

（上半为角接触球轴承，下半为圆锥滚子轴承）

图 9-29　两端固定的角接触轴承轴系

（2）一端双向固定、一端游动

当轴较长或工作温度较高时，轴的热膨胀伸缩量大，宜采用这种方式，如图 9-30、图 9-31 和图 9-32 所示。固定端由单个轴承或轴承组承受双向轴向力，而游动端则保证轴伸缩时能自由游动。为避免松脱，游动轴承内圈应与轴作轴向固定，用圆柱滚子轴承作游动支点时，轴承外圈要与机座轴向固定，靠滚子与套圈间的游动来保证轴的自由伸缩。

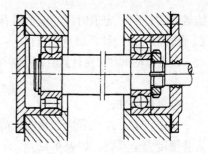

（游动端上半为深沟球轴承，下半为圆柱滚子轴承）

图 9-30　一端固定、一端游动轴系 a

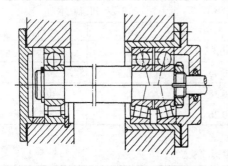

（游动端上半为球轴承，下半为滚子轴承）

图 9-31　一端固定、一端游动轴系 b

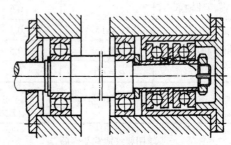

图 9-32　一端固定，一端游动轴系 c

（3）两端游动

要求能左右双向游动的轴，可采用两端游动的轴系结构，如图 9-33 所示的人字齿轮传动的高速主动轴，为了自动补充轮齿两侧螺旋角的制造误差，使轮齿受力均匀，采用允许轴系左右少量轴向游动的结构，故两端都选用圆柱滚子轴承。

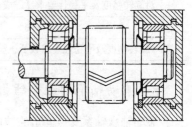

图 9-33　两端游动轴系

9. 滚动轴承的润滑

滚动轴承的润滑主要是为了降低摩擦阻力和减轻磨损，也有吸振、冷却、防锈和密封等作用。合理的润滑对提高轴承性能，延长轴承的使用寿命有重要意义。

滚动轴承高速时一般采用油润滑，低速时采用脂润滑，某些特殊环境，如高温和真空条件下，采用固体润滑。

滚动轴承的润滑方式可根据速度因数 dn 值，参考表 9-13 选择，其中 d 为轴颈直径，n 为工作转速。

表 9-13　　　　　　　　　　　滚动轴承润滑方式的选择

轴承类型	$dn/ (mm \cdot r/min)$				
	浸油飞溅润滑	滴油润滑	喷油润滑	油雾润滑	脂润滑
深沟球轴承	$\leq 2.5 \times 10^5$	$\leq 4 \times 10^5$	$\leq 6 \times 10^5$	$> 6 \times 10^5$	$\leq (2 \sim 3) \times 10^5$
角接触球轴承					
圆柱滚子轴承					
圆锥滚子轴承	$\leq 1.6 \times 10^5$	$\leq 2.3 \times 10^5$	$\leq 3 \times 10^5$	—	
推力球轴承	$\leq 0.6 \times 10^5$	$\leq 1.2 \times 10^5$	$\leq 1.5 \times 10^5$	—	

10.　滚动轴承的密封

密封是为了阻止润滑剂从轴承中流失，也为了防止外界灰尘、水分等侵入轴承。

密封方法可分为接触式密封（包括毡圈密封、橡胶密封）和非接触式密封（包括间隙式密封、迷宫式密封），密封方法的选择与润滑剂的种类、工作环境、温度、密封表面的圆周速度有关。

接触式密封用在线速度较低的场合，非接触式密封则不受速度的限制。

（1）接触式密封

有摩擦和磨损，发热严重，用于低速主轴。主要有毛毡密封和密封圈密封两种方式。

① 毛毡密封。适用场合：脂润滑，要求环境清洁，轴颈圆周轴速度 $v<4\sim5$ m/s，工作温度不超过 90 ℃。结构如图 9-34（a）所示。

② 密封圈密封。适用场合：脂或油润滑，轴颈圆周轴速度 $v<4\sim5$ m/s，工作温度：-40 ℃～100 ℃。结构如图 9-34（b）所示。

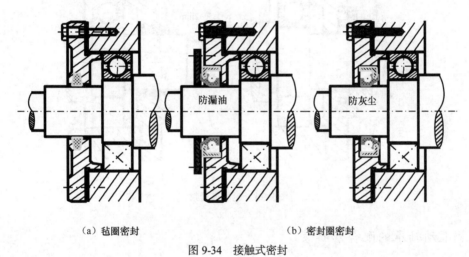

（a）毡圈密封　　　　　　　　（b）密封圈密封

图 9-34　接触式密封

（2）非接触式密封

不与轴直接接触，发热很小，多用于速度较高的场合。为保证密封作用，旋转部分与固定部分之间的径向间隙应小于 0.2～0.3 mm，还要有回油孔，以防漏油。主要有隙缝式和迷宫式两种形式。

① 隙缝式密封。适用场合：脂润滑，要求环境干燥清洁。结构如图 9-35 所示。

② 迷宫式密封。适用场合：脂润滑或油润滑，工作温度不高于密封用脂熔点的场合，密封效果可靠。结构如图 9-36 所示。

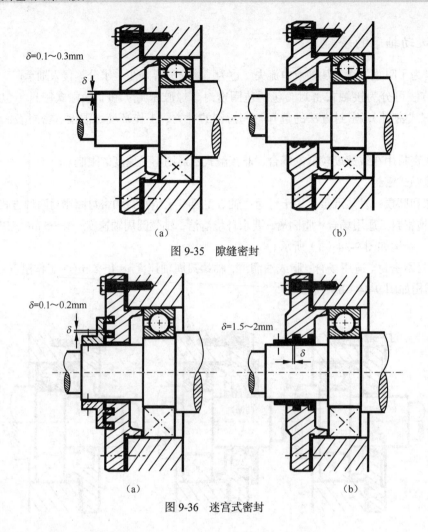

图 9-35　隙缝密封

图 9-36　迷宫式密封

11. 滚动轴承的配合和拆装

（1）滚动轴承的配合

滚动轴承的套圈与轴和座孔之间应选择适当的配合，以保证轴的旋转精度和轴承的周向固定。因此，轴承内圈与轴颈的配合采用基孔制，轴承外圈与座孔的配合采用基轴制。

为了防止轴颈与内圈在旋转时有相对运动，轴承内圈与轴颈一般选用 m5、m6、n6、p6、r6、js5 等较紧的配合。轴承外圈与座孔一般选用 J7、K7、M7、H7 等较松的配合。

配合选择取决于载荷大小、方向和性质，轴承类型、尺寸和精度，轴承游隙及其他因素。具体选用可参考《机械设计手册》。

（2）滚动轴承的拆装

设计轴承组时，应考虑有利于轴承装拆，以便在装拆过程中不至损坏轴承和其他零件。

轴承的拆卸可使用压力机或拆卸器。

对于配合较松的小型轴承，可以用手锤和铜棒从背面沿轴承内圈四周将轴承轻轻敲出。用拆卸器拆卸轴承时，如图 9-37 所示，拆卸器钩头应钩住轴承端面，故轴肩高度不应过大，否则难以放置拆卸器钩头。合理的轴肩高度可参考《机械设计手册》。

图 9-38 所示为滚动轴承安装在轴上的情况，试观察判断哪个图的结构合理。

【分析】

如图 9-38（a）所示的轴肩高度大于轴承内圈外径，难以放置拆卸工具的钩头，如图 9-38（b）所示的轴肩高度小于轴承内圈外径，容易拆卸。

图 9-37　拆卸器

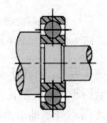

（a）轴肩高于内圈外径

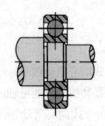

（b）轴肩低于内圈外径

图 9-38　滚动轴承的安装

对轴承外圈拆卸时，应留出拆卸高度 h_1，如图 9-39（a）、（b）所示；或在壳体上做出能放置拆卸螺钉的螺孔，如图 9-39（c）所示。

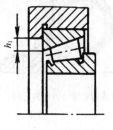

（a）拆卸高度 1

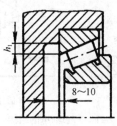

（b）拆卸高度 2

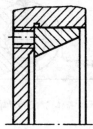

（c）拆卸螺孔

图 9-39　拆卸高度和拆卸螺孔

轴承安装后应进行旋转实验，首先用手旋转轴，若无异常，便以动力进行无负荷、低速运转，然后以运转情况逐步提高旋转速度及负荷，并检测噪声、振动及温升。发现异常，应停止运转并检查。

9.2.2　滑动轴承

滑动轴承通过轴瓦和轴颈构成摩擦传动副，具有较好的高速性能和抗冲击性能，寿命长、噪声低，在金属切削机床、内燃机、水轮机及家用电器中应用广泛。

1. 滑动轴承的类型

滑动轴承按所承受的载荷不同，分为受径向载荷的向心轴承、受轴向载荷的推力轴承和同时承受径向和轴向载荷的向心推力轴承；按其是否可以剖开可分为整体式和剖分式，如图 9-40 所示。

① 整体式向心滑动轴承。整体式向心滑动轴承主要由轴承座、轴瓦（轴承衬）和润滑装置组成。如图 9-41（a）所示。

轴承座用地脚螺栓固定在机座上，顶部设有装油杯的螺纹孔，轴承座的材料一般为铸铁；压入轴承孔内的轴瓦用减摩材料制成，轴瓦上开有油孔，并在内表面上开油沟以输送润滑油。

（a）整体式向心滑动轴承　　　（b）剖分式向心滑动轴承　　　（c）推力滑动轴承

图 9-40　滑动轴承的种类

整体式向心滑动轴承结构简单、制作容易，常用于低速轻载、间歇性工作、不需要经常拆装的场合；缺点是装拆时只能沿轴向移动，装拆不方便，轴瓦与轴颈磨损后，无法调整间隙。

② 剖分式向心滑动轴承。剖分式向心滑动轴承由轴承座、轴承盖、剖分式轴瓦及双头螺柱等组成，如图 9-41（b）所示。轴承盖上有注油孔，可保证轴承的润滑，轴承盖和轴承座的结合面做成阶梯形定位止口，便于装配时对中和防止其横向移动。

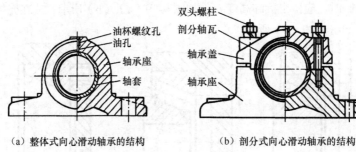

（a）整体式向心滑动轴承的结构　　　（b）剖分式向心滑动轴承的结构

图 9-41　向心轴承的结构

剖分式轴承装拆方便，当轴瓦磨损后可通过减少剖分面处的垫片厚度来调节径向间隙，但调节后应刮修轴承内孔。由于剖分式轴承克服了整体式轴承的缺点，故应用广泛。

③ 推力滑动轴承。推力滑动轴承用来承受轴向载荷，一般仅能承受单向轴向载荷。由于摩擦端面上各点的线速度与半径成正比，故离中心越远处磨损越严重，这样使摩擦端面上压力分布不匀，靠近中心处压力较大。为了改善因结构带来的缺陷，可采用中空或环形端面，轴向载荷过大时可采用多环轴颈。推力滑动轴承的轴颈与轴瓦端面为平行平面，相对滑动，难以形成完全流体润滑状态，只能在不完全流体润滑状态下工作，主要用于低速、轻载的场合。

2. 轴瓦结构和轴承材料

轴瓦（轴套）是滑动轴承中最重要的零件，与轴颈构成相对运动的滑动副，其结构的合理性对轴承性能有直接的影响。

对应于轴承，轴瓦的形式也做成整体式和剖分式两种结构，如图 9-42 所示。

剖分式轴瓦有承载区和非承载区，一般载荷向下，故上瓦为非承载区，下瓦为承载区。

为了有较高的承载性和节省贵重材料，常在轴瓦的工作表面增加一层耐磨性好的材料，称为轴承衬，形成双材料轴瓦。轴瓦和轴承衬的材料统称为轴承材料。为了使轴承衬与轴瓦结合牢固，可在轴瓦内表面开设一些沟槽。

为了将润滑油引入轴承，还需在轴瓦上开油槽和油孔，以便在轴颈和轴瓦表面之间导油。在剖分式轴承中，润滑油应由非承载区进入，以免破坏承载区润滑油膜的连续性，降低轴承的承载能力，故进油口开在上瓦顶部。

滑动轴承油沟的形状如图 9-43 所示，在轴瓦内表面，以进油口为对称位置，沿轴向、径向或斜向开有油沟，油经油沟分布到各个轴颈。油沟离轴瓦两端应有段距离，不能开通，以减少端部泄油。

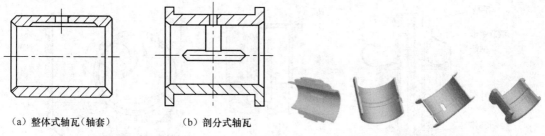

(a) 整体式轴瓦(轴套)　　(b) 剖分式轴瓦

图 9-42　轴瓦的结构　　　　　　　　　　图 9-43　滑动轴承油沟的形状

滑动轴承的失效形式主要是轴瓦表面的磨粒磨损、刮伤、胶合、疲劳脱落和腐蚀。因轴瓦直接参与摩擦，故其材料应具有良好的减摩性和耐磨性，良好的承载性和抗疲劳性能，良好的顺应性（以避免表面间的卡死和划伤），良好的加工工艺性与经济性。另外，在可能产生胶合的场合，应选用具有抗胶合性的材料。

3. 滑动轴承的润滑

（1）润滑脂及其选择

润滑脂是用矿物油与各种稠化剂（钙、钠、铝等金属）混合制成。其稠度大，不易流失，承载力也比较大，但物理和化学性质不如润滑油稳定，摩擦功耗大，不宜在温度变化大或高速下使用。轴颈速度小于 2 m/s 的滑动轴承可以采用脂润滑。

（2）润滑油及其选择

选择润滑油时主要考虑轴承工作载荷、相对滑动速度、工作温度和特殊工作环境等条件。压力大、温度高、载荷冲击变动大时选择黏度大的润滑油；滑动速度大时选择黏度较低的润滑油；粗糙或未经跑合的表面应选择黏度较高的润滑油。

（3）润滑方式和润滑装置

① 手工加油润滑。这是最简单的间断供油方法，用于低速、轻载和不重要场合。手工加润滑油是用油壶向油孔注油。为防止污物进入油孔，可在油孔中安装压配式注油油杯，如图 9-44 所示，或旋套式注油杯，如图 9-45 所示。

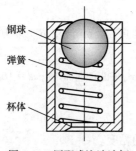

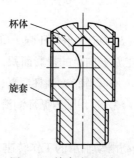

钢球
弹簧
杯体

杯体
旋套

图 9-44　压配式注油油杯　　　　　　图 9-45　旋套式注油杯

② 滴油润滑。润滑油通过润滑装置连续滴入轴承间隙中进行润滑。常用的润滑装置有针阀式油杯（见图 9-46）和油绳式油杯（见图 9-47）。

③ 油环润滑。如图 9-48 所示，轴颈上套有一油环，油环下部浸入油池中，当轴颈旋转时，靠摩擦力带动油环旋转，把油引入轴承。油环润滑适用的转速范围为 100～2 000 r/min。

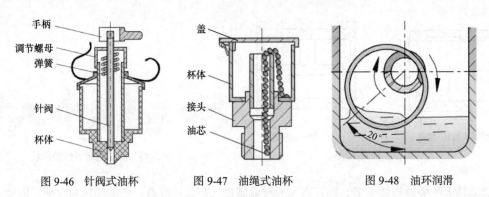

图 9-46　针阀式油杯　　　图 9-47　油绳式油杯　　　图 9-48　油环润滑

④ 飞溅润滑。利用浸入油中的齿轮转动时润滑油飞溅成的油沫沿箱壁和油沟流入轴承进行润滑，如图 9-49 所示。

⑤ 浸油润滑。部分轴承直接浸在油中以润滑轴承。

⑥ 压力循环润滑。压力循环润滑可以供应充足的油量来润滑和冷却轴承。在重载、振动或交变载荷的工作条件下，能取得良好的润滑效果，结构如图 9-50 所示。

⑦ 脂润滑。润滑脂只能间歇供应，润滑杯（见图 9-51）是应用最广的脂润滑装置，润滑脂储存在杯里，杯盖用螺纹与杯体连接，旋拧杯盖可将润滑脂压送到轴承孔内。也常见用黄油枪向轴承补充润滑脂。脂润滑也可以集中供应。

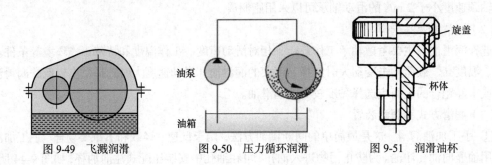

图 9-49　飞溅润滑　　　　图 9-50　压力循环润滑　　　图 9-51　润滑油杯

滑动轴承的润滑方式可根据系数 k 确定。

$$k = \sqrt{pv^3}$$

式中，$p = F/(DB)$ 为平均压强（MPa），其中 D 为轴承直径（mm），B 为轴承宽度（mm），DB 为承载面在 F 方向上的投影面积；v 为轴颈线速度（m/s）；

$k \leqslant 2$ 时，用润滑脂，油杯润滑；$k = 2～16$ 时，针阀式注油油杯润滑；$k = 16～32$ 时，油环或飞溅润滑；$k > 32$ 时，压力循环润滑。

【思考】

如果要提高滑动轴承的工作转速，应（　　）润滑油的黏度。

A．提高　　　　　　　　B．降低

润滑油的黏度与轴承的工作速度之间是反比关系，当润滑油的黏度增大时，轴承的工作速度降低；当润滑油的黏度降低时，轴承的工作速度增高。所以要提高流体动压滑动轴承的工作转速，就应该降低润滑油的黏度。

9.3　联轴器、离合器和制动器

联轴器和离合器是连接两轴使之一同回转并传递转矩的一种部件。其主要功用是实现轴与轴之间的连接及分离，并传递转矩，有时也可作安全装置，以防止机械过载。

联轴器与离合器的区别在于：联轴器只有在机械停止后才能将连接的两根轴分离，离合器则可以在机械的运转过程中根据需要使两根轴随时接合和分离。

制动器是用来迫使机器迅速停止运转或减低机器运动速度的机械装置。经常作为调节或限制机器速度的手段。

9.3.1　联轴器

联轴器所连接的轴之间，由于制造和安装误差、受载和受热后的变形以及传动过程中的振动等因素，常产生轴向、径向、偏角、综合等位移，如图 9-52 所示。因此，要求联轴器应具有补偿轴线偏移和缓冲、吸振的能力。

联轴器按有无弹性元件可分为刚性联轴器和弹性联轴器两类。

① 刚性联轴器：适用于两轴能严格对中并在工作中不发生相对位移的地方。其无弹性元件，不能缓冲吸振；按能否补偿轴线的偏移又可分为固定式刚性联轴器和可移动式刚性联轴器。

② 弹性联轴器：适用于两轴有偏斜时的连接，图 9-52 中（a）、（b）所示为同轴向和平行轴向，（c）、（d）所示为相交轴向，或在工作中有相对位移的地方。其有弹性元件，工作时具有缓冲吸振作用，并能补偿由于振动等原因引起的偏移。

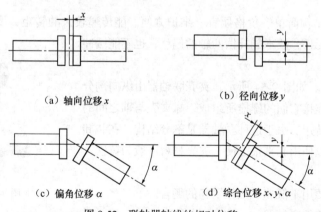

（a）轴向位移 x　　　　　　　　　　（b）径向位移 y

（c）偏角位移 α　　　　　　　　　　（d）综合位移 x、y、α

图 9-52　联轴器轴线的相对位移

1. 刚性联轴器

只有在载荷平稳，转速稳定，能保证被连两轴轴线相对偏移极小的情况下，才可选用刚性联轴器。在先进工业国家中，刚性联轴器已淘汰不用。

（1）固定式刚性联轴器

观察图 9-53，明确固定式刚性联轴器的结构和工作原理。

① 套筒联轴器。如图 9-53（a）所示，套筒联轴器由一公用套筒及键或销等将两轴连接。其结构简单、径向尺寸小、制作方便，但装配拆卸时需作轴向移动，仅适用于两轴直径较小、同轴度较高、轻载荷、低转速、无振动、无冲击、工作平稳的场合。

② 凸缘联轴器。如图 9-53（b）所示，凸缘联轴器是刚性联轴器中应用最广泛的一种，其由两个带凸缘的半联轴器组成，两个半联轴器通过键与轴连接，用螺栓将两半联轴器联成一体进行动力传递。

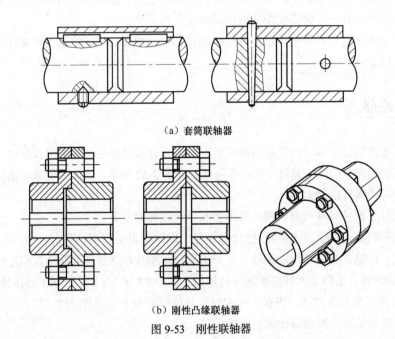

（a）套筒联轴器

（b）刚性凸缘联轴器

图 9-53　刚性联轴器

凸缘联轴器的结构简单、价格便宜、维护方便、能传递较大的转矩，要求两轴必须严格对中。由于没有弹性元件，故不能补偿两轴的偏移，也不能缓冲吸振。

③ 夹壳联轴器。如图 9-54 所示，夹壳联轴器由纵向剖分的两半筒形夹壳和连接它们的螺栓所组成，靠夹壳与轴之间的摩擦力或键来传递转矩。由于这种联轴器是剖分结构，在装卸时不用移动轴，所以使用起来很方便。夹壳材料一般为铸铁，少数用钢。

图 9-54　夹壳联轴器

夹壳联轴器主要用于低速、工作平稳的场合。

（2）可移动式刚性联轴器

① 十字滑块联轴器。十字滑块联轴器如图 9-55 所示，由两个端面上开有凹槽的半联轴器和一个两面上都有凸榫的十字滑块组成，两凸榫的中线互相垂直并通过滑块的轴线。工作时若两轴不同心，则中间的十字滑块在半联轴器的凹槽内滑动，从而补偿两轴的径向位移。适用于轴线间相对位移较大，无剧烈冲击且转速较低的场合。

② 齿式联轴器。齿式联轴器如图 9-56 所示，由两个具有外齿和凸缘的内套筒和两个带内齿及凸缘的外套筒组成。用螺栓相连，外套筒内储有润滑油。联轴器工作时通过旋转将润滑油向四周喷洒以润滑啮合齿轮，从而减小啮合齿轮间的摩擦阻力，达到减小作用在轴和轴承上附加载荷的效果。

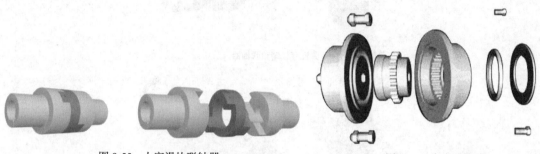

图 9-55　十字滑块联轴器　　　　　　　　图 9-56　齿式联轴器

齿式联轴器结构紧凑，有较大的综合补偿能力，由于是多齿同时啮合，故承载能力大，工作可靠，但其制造成本高，一般用于起动频繁，经常正、反转，传递运动要求准确的场合。

③ 万向联轴器。万向联轴器如图 9-57 所示，由两个轴叉分别与中间的十字轴以铰链相连而成，万向联轴器两端间的夹角可达 45°。单个万向联轴器工作时，即使主动轴以等角速度转动，从动轴也可作变角速度转动，从而会引起动载荷。为了消除上述缺点，常将万向联轴器成对使用，以保证从动轴与主动轴均以同一角速度旋转，这就是双万向联轴器。

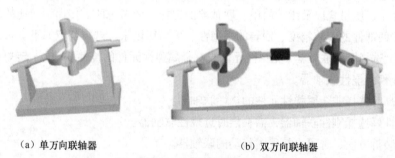

（a）单万向联轴器　　　　　　　（b）双万向联轴器

图 9-57　万向联轴器

2. 弹性联轴器

弹性联轴器的结构和工作原理介绍如下。

① 弹性套柱销联轴器。如图 9-58（a）所示，其结构与凸缘联轴器相似，也有两个带凸缘的半联轴器分别与主、从动轴相连，采用了带有弹性套的柱销代替螺栓进行连接。这种联轴器制造简单、拆装方便、成本较低，但弹性套易磨损，寿命较短，适用于载荷平稳，需正、反转或起动频繁，传递中小转矩的轴。

② 弹性柱销联轴器。如图 9-58（b）所示，采用尼龙柱销将两个半联轴器连接起来，为防止柱销滑出，在两侧装有挡圈。这种联轴器与弹性套柱销联轴器结构类似，更换柱销方便，对偏移量的补偿不大，其应用与弹性套柱销联轴器类似。

（a）弹性套柱销轴联轴器

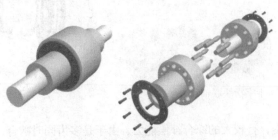

（b）弹性柱销联轴器

图 9-58　弹性联轴器

3. 联轴器的选择原则

联轴器是连接两轴，使之共同旋转并传递运动和转矩的部件。因此要求联轴器工作可靠、装拆方便、尺寸小、质量轻以及维护简单。联轴器的选择主要考虑所需传递轴转速的高低、载荷的大小、被连接两部件的安装精度、回转的平稳性、价格等因素。选择要点如下。

① 转矩大选择刚性联轴器、无弹性元件或有金属弹性元件的挠性联轴器；转矩有冲击振动时选择有弹性元件的挠性联轴器。

② 转速高时选择非金属弹性元件的挠性联轴器。

③ 对中性好选择刚性联轴器，需补偿时选挠性联轴器。

④ 考虑装拆方便，选可直接径向移动的联轴器。

⑤ 若在高温下工作，不可选有非金属元件的联轴器。

⑥ 同等条件下，尽量选择价格低、维护简单的联轴器。

4. 联轴器的选择步骤

联轴器已标准化，其选择步骤如下。

① 根据机器工作条件与使用要求选择合适的类型。

主要考虑的因素有：被连两轴的对中性、载荷大小及特性、工作转速、工作环境及温度等。此外，还应考虑安装尺寸的限制及安装、维护方便等。

② 按轴直径计算转矩、轴的转速和轴端直径，从标准中选定型号和结构尺寸。

③ 必要时要对易损件进行强度校核计算。

9.3.2　离合器

离合器在工作时需要随时分离或接合被连接的两根轴，不可避免地要受到摩擦、发热、冲击、磨损等作用，因而要求离合器接合平稳，分离迅速，操纵省力方便，同时结构简单，散热好，耐磨损，寿命长。

离合器按其接合元件传动的工作原理，可分为嵌合式离合器和摩擦式离合器两大类。前者利用接合元件的啮合来传递转矩，后者则依靠接合面间的摩擦力来传递转矩。

嵌合式离合器的主要优点是结构简单，外廓尺寸小，传递的转矩大，但接合只能在停车或低速下进行。

摩擦式离合器的主要优点是接合平稳，可在较高的转速差下接合，但接合中摩擦面间必将发生相对滑动，这种滑动要消耗一部分能量，并引起摩擦面间的发热和磨损。

离合器按其实现离、合动作的过程可分为操纵式和自动式离合器。下面介绍两种常用的操纵式离合器。

1.　牙嵌式离合器

观察图 9-59，明确牙嵌式离合器的结构和工作原理。

图 9-59　牙嵌式离合器

牙嵌式离合器主要由两个半离合器组成，半离合器的端面加工有若干个嵌牙。其中一个半离合器固定在主动轴上，另一个半离合器用导键与从动轴相连。在半离合器上固定有对中环，从动轴可在对中环中自由转动，通过滑环的轴向移动来操纵离合器的接合和分离。

牙嵌式离合器结构简单、外廓尺寸小，两轴向无相对滑动，转速准确，转速差大时不易接合。

2.　摩擦离合器

摩擦离合器的结构和工作原理介绍如下。

① 单片式摩擦离合器。如图 9-60（a）所示，主要是利用两摩擦圆盘的压紧或松开，使两接合面的摩擦力产生或消失，以实现两轴的接合或分离。其结构简单，分离彻底，但径向尺寸较大，常应用于轻型机械中。

② 多片式摩擦离合器。如图 9-60（b）所示，多片式摩擦离合器有两组摩擦片，外摩擦片与外套筒，内摩擦片与内套筒，分别用花键相连。外套筒、内套筒分别用平键与主动轴和从动轴相固定。在传动转矩较大时，往往采用多片式摩擦离合器，但摩擦片片数过多会影响分离动作的灵活性，所以摩擦片数量一般为 10～15 对。

（a）单片式摩擦离合器

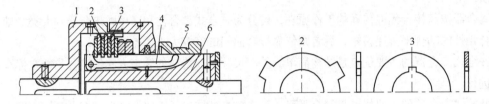

（b）多片式摩擦离合器

图 9-60　摩擦离合器

9.3.3　制动器

制动器工作原理是利用摩擦副中产生的摩擦力矩来实现制动作用，或者利用制动力与重力的平衡，使机器运转速度保持恒定。为了减小制动力矩和制动器的尺寸，通常将制动器配置在机器的高速轴上。

1. 制动器的类型及特点

（1）按制动器的工作状态分

① 常开式：经常处于松闸状态，必须施加外力才能实现制动。

② 常闭式：经常处于合闸即制动状态，只有施加外力才能解除制动状态。起重机械中的提升机构常采用常闭式制动器，而各种车辆的主制动器则采用常开式。

（2）按操纵方式分

可分为手动、自动和混合式 3 种。

（3）按制动器的结构特征分

主要分为块式制动器、带式制动器、盘式制动器、磁粉制动器、磁涡流制动器等。下面我们介绍两种常见制动器的基本结构形式。

① 块式制动器。如图 9-61 所示，块式制动器靠瓦块 5 与制动轮 6 间的摩擦力来制动。通电时，由电磁线圈 1 的吸力吸住衔铁 2，再通过一套杠杆使瓦块 5 松开，机器便能自由运转。当需要制动时，则切断电流，电磁线圈释放衔铁 2，依靠弹簧 4 并通过杠杆 3 使瓦块抱紧制动轮。

该制动器也可设计为在通电时起制动作用，但为安全起见，通常设计为在断电时起制动作用。

② 带式制动器。带式制动器是由包在制动轮上的制动带与制动轮之间产生的摩擦力矩来制动的。如图 9-62 所示，当杠杆 3 上作用外力 Q 后，收紧闸带 2 而抱住制动轮 1，靠带与轮间的摩擦力达到制动目的。

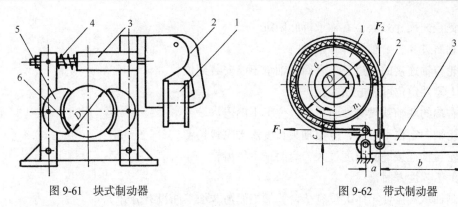

图 9-61　块式制动器　　　　　　　　　图 9-62　带式制动器

为了增加摩擦作用，耐磨并易于散热，闸带材料一般为钢带上覆以夹铁纱帆布或金属纤维增强的聚合物材料。带式制动器结构简单，径向尺寸紧凑。

2. 制动器的选择

一般情况下，选择制动器的类型和尺寸，主要考虑以下几点：制动器与工作机的工作性质和条件相配、制动器的工作环境、制动器的转速、惯性矩等。

一些应用广泛的制动器，已标准化，有系列产品可供选择。额定制动力矩是表征制动器工作能力的主要参数，制动力矩是选择制动器型号的主要依据，所需制动力矩根据不同机械设备的具体情况确定。

例 9-3 分析图 9-63 所示轴系结构中的错误，并加以改进。图中齿轮采用油润滑，轴承采用脂润滑。

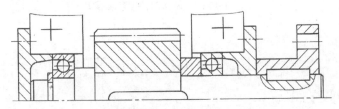

图 9-63　轴系部件（修改前）

解：

① 轴承轴向固定、调整以及轴向力传递方面错误。

- 轴系采用全固式结构，两轴承反装不能将轴向力传到机架，应该为正装。
- 全固式结构中，轴左端的弹性挡圈多余，去掉。
- 端盖处没有调整垫片，不能调整轴承游隙。

② 转动零件与固定零件接触，不能正常工作方面错误。

- 定位齿轮的套筒径向尺寸过大，与轴承外圈接触。
- 轴与右端盖之间不能接触，应有间隙。
- 轴右端的联轴器不能接触端盖，用端盖轴向定位更不可靠。
- 轴的左端端面不能与轴承端盖接触。

③ 轴上零件装配、拆卸工艺性方面错误。

- 右轴承的右侧轴上应有工艺轴肩，轴承装拆路线长（精加工面长），装拆困难。

- 套筒径向尺寸过大，右轴承拆卸困难。
- 因轴肩过高，右轴承拆卸困难。
- 齿轮与轴连接的键过长，套筒和轴承不能安装到位。

④ 轴上零件定位可靠方面错误。

- 轴右端的联轴器没有轴向定位，位置不确定。
- 齿轮轴向定位不可靠，应使轴头长度短于轮毂长度。
- 齿轮与轴连接键的长度过大，套筒顶不住齿轮。

⑤ 加工工艺性方面错误。

- 两侧轴承端盖处箱体上没有凸台，加工面与非加工面没有分开。
- 轴上有两个键，两个键槽不在同一母线上。
- 联轴器轮毂上的键槽没开通，且深度不够，联轴器无法安装。

⑥ 润滑、密封方面错误。

- 右轴承端盖与轴间没有密封措施。
- 轴承用脂润滑，轴承处没有挡油环，润滑脂容易流失。

改进后的结构如图 9-64 所示。

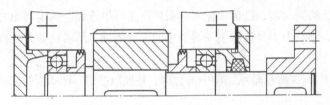

图 9-64 轴系部件（修改后）

小结

　　根据载荷的不同，轴可分为转轴、心轴、传动轴。轴的主要失效形式为疲劳破坏，因此，轴的材料应具有足够的强度和韧性、高的硬度和耐磨性。设计轴时，要考虑其加工工艺性，即便于加工和利于轴上零件的装拆。零件在轴上的固定有周向固定和轴向固定两种类型。通过学习，我们知道了怎么进行轴的强度计算和设计计算。

　　轴承按摩擦性质可分为滚动轴承和滑动轴承两大类。滚动轴承由内圈、外圈、滚动体和保持架组成，滚动体的形状有球形、圆柱形、圆锥形、鼓形、滚针形等。滚动轴承可分为以承受径向载荷为主的向心轴承和以承受轴向载荷为主的推力轴承两类；按滚动体形状的不同可分为球轴承和滚子轴承。滚动轴承的固定分为周向固定和轴向固定。滚动轴承的失效形式主要有点蚀和塑性变形。通过学习，我们掌握了滚动轴承的相关参数计算、滚动轴承轴系支点固定的结构形式，了解了滚动轴承的密封、润滑和装拆方法。

　　滑动轴承分为受径向载荷的向心轴承、受轴向载荷的推力轴承和同时承受径向和轴向载荷的向心推力轴承；按其是否可以剖开又分为整体式和剖分式。滑动轴承的失效形式主要是轴瓦表面的磨粒磨损、刮伤、胶合、疲劳脱落和腐蚀。

联轴器和离合器的主要功用是实现轴与轴之间的连接及分离，并传递转矩。联轴器与离合器的区别在于：联轴器只有在机械停止后才能将连接的两根轴分离，离合器则可以在机械的运转过程中根据需要使两根轴随时接合和分离。联轴器按有无弹性元件可分为刚性联轴器和弹性联轴器两类。离合器根据其工作原理可分为嵌合式离合器和摩擦式离合器。

习题

1. 工作时承受弯矩并传递转矩的轴，称为_____。

   A. 心轴　　　　　　B. 转轴　　　　　　C. 传动轴

2. 轴的作用是_____。

3. 从所受的载荷可知，自行车车后轴的类型是_____轴。

4. 零件在轴上常用的固定方法有_____。

5. 轴的功用是什么？轴的常见失效形式有哪些？

6. 齿轮减速器中，为什么低速轴的直径要比高速轴的直径要大得多？

7. 轴的结构设计应考虑哪些主要问题？采用哪些方法实现？

8. 有一传动轴，由电动机带动，已知传递功率 $P = 10 \text{ kW}$，转速 $n = 120 \text{ r/min}$，试估算轴的直径。

9. 滚动轴承由哪些元件组成？它们的作用是什么？

10. 与滑动轴承相比，滚动轴承的特点是什么？

11. 滚动轴承的类型选择应考虑哪些因素？高速轻载的工作条件应选择哪一类轴承？高速重载又宜选择哪类轴承？

12. 试说明轴承代号 7204AC/P4 的含义。

13. 滚动轴承的主要失效形式有哪些？相应的计算准则是什么？

14. 什么是滚动轴承的实际寿命和基本额定寿命？这两者间如何区别？

15. 基本额定动载荷和基本额定静载荷本质上有什么差别？

16. 常见双支点轴上滚动轴承的支撑结构有哪 3 种基本形式？

17. 滚动轴承密封的目的是什么？常用的密封方式有哪些？

18. 滑动轴承的主要特点是什么？什么场合应采用滑动轴承？

19. 轴瓦的主要失效形式是什么？轴瓦材料应满足哪些要求？

20. 在滑动轴承上为什么要开设油孔和油沟？油孔和油沟开设的原则是什么？

21. 联轴器和离合器的功用有何相同点和不同点？

22. 常用的联轴器有哪些类型？

23. 选用联轴器应考虑哪些因素？

24. 常用的离合器有哪些类型？

第10章

机械设计综合课程设计

本章将结合一级圆柱直齿轮减速器设计介绍机械设计综合课程设计的方法和步骤，设计计算中综合运用到"机械设计基础"、"机械制图"、"工程力学"、"公差与互换性"等多门课程知识，并使用 AutoCAD 软件进行二维图绘制。综合课程设计既是一个重要的综合实践环节，又是一次全面的、规范的实践训练。

【学习目标】

- 培养理论联系实际的设计思想，训练综合运用机械设计课程和其他相关课程的基础理论并结合生产实际，进行分析和解决工程实际问题的能力。
- 巩固、深化和扩展相关机械设计方面的知识。
- 掌握一般机械设计的程序和方法，树立正确的工程设计思想，培养独立、全面、科学的工程设计能力和创新能力。
- 培养查阅和使用标准、规范、手册、图册及相关技术资料的能力。
- 培养计算、绘图数据处理、计算机辅助设计方面的能力。

10.1 机械设计课程设计综述

机械设计课程设计将应用机械原理、机械设计课程知识完成机械设计过程中的方案设计和技术设计两个阶段，使学生得到有关机械设计的全面、综合的训练。

10.1.1 机械设计的基本过程

常规的机械设计过程分为产品规划、方案设计、技术设计和施工设计 4 个阶段。

1. 产品规划阶段

产品规划阶段主要是通过市场需求调研与预测，进行产品的选题、定位，通过进一步的可行性论证，确定产品的功能目标，下达设计任务。

2．方案设计阶段

首先对系统的功能进行分析、分解，确定各子系统的分功能及功能元，然后确定工作原理方案，针对不同的工作原理进行机构设计，并确定传动方案，最后经过分析与评价确定总的运动方案，再绘制机构运动简图。

3．技术设计阶段

按照设计好的运动方案进行各部件的装配图设计，通过零件的强度、刚度设计，确定零件的尺寸、结构、精度，绘制出相应的工作图，编制出相应的设计技术资料。

4．施工设计阶段

在技术设计的基础上进行工艺设计、加工制造，然后进行装配、调试等。

10.1.2　课程设计的目的

机械设计课程设计是高等工科院校机械类和近机械类专业的学生在校期间进行的第一次比较完整的工程设计训练，是机械设计课程的最后一个重要教学环节。其基本目的如下。

① 综合运用机械设计课程及其他有关已修课程的理论和生产实际知识进行机械设计训练，从而使这些知识得到进一步巩固、加深和扩展。

② 学习和掌握通用机械零部件、机械传动及一般机械设计的基本方法和步骤，初步培养学生独立的工程设计能力。

③ 提高学生在计算、制图，运用设计资料、进行经验估算、考虑技术决策等机械设计方面的基本技能，为专业设计和以后工作打下基础。

④ 熟悉掌握机械设计的一般过程，从运动方案的设计，到绘制机构运动简图；再通过强度、刚度计算，进行装配图、零件图设计。

⑤ 培养学生综合运用机械类各门课程所学知识，解决工程实际问题的能力。

10.1.3　课程设计的内容

机械设计课程设计是学生第一次进行较为全面的机械设计训练，其性质、内容以及培养学生设计能力的过程均不能与专业课程设计或工厂的产品设计相等同。通常选择由机械设计课程所学过的大部分零部件所组成的机械传动装置或结构较简单的机械作为设计题目。目前比较成熟的是以齿轮减速器或蜗杆减速器为主的机械传动装置。

1．准备阶段

① 阅读设计任务书，明确设计要求、设计内容及目标。

② 查阅有关技术资料，参观相关实物或模型，了解设计对象。

③ 准备好设计资料、设计用具，初步拟定设计计划。

2. 方案设计

① 根据设计任务进行功能分析，拟定工作原理。
② 分解工艺动作，确定执行机构。
③ 执行机构的尺寸综合及协调设计。
④ 传动方案的确定及原动机的选择。
⑤ 机械运动方案的评价与绘制机构运动简图。

3. 传动装置的设计

① 按运动和动力参数对传动零件进行强度计算及结构设计。
② 传动装置的设计。

4. 绘图

① 绘制机构运动简图及执行机构的运动线图。
② 绘制传动装置装配图。
③ 绘制主要零件的工作图。

5. 编写设计说明书

10.1.4　课程设计的一般步骤

为了保证设计的有序进行，课程设计一般分阶段完成。下面以齿轮减速器设计为例说明课程设计的基本步骤。

1. 设计准备

① 阅读和研究设计任务书，明确设计内容和要求，分析原始数据及工作条件。
② 观看模型、实物、电视录像，进行减速器拆装实验，阅读有关设计资料、图册等，初步了解简单机械系统的组成方案，减速器的类型与结构。
③ 拟定设计计划，准备设计资料和用具。

2. 机械系统的方案设计

① 拟定执行机构的运动方案，绘制执行机构运动简图。
② 选择传动装置的类型。
③ 绘制机械系统运动简图。

3. 机械系统运动、动力参数计算

① 执行机构的运动与动力分析。
② 选择电动机。
③ 总传动比计算及传动比分配。

④ 传动装置的运动、动力参数计算。

4．传动零件的设计计算

① 减速器以外传动零件的设计计算，如带传动、链传动、开式齿轮传动等。
② 减速器内传动零件设计计算。如齿轮传动、蜗杆传动等。

5．减速器装配草图设计

① 选择联轴器，初定轴的直径。
② 画出轴系结构，选定轴承型号，定轴承支点间的距离，校核轴与键连接的强度，计算轴承的寿命，必要时根据计算结果进行修改。
③ 设计轴承组合的结构，画出箱体和各附件的结构、位置，全面完成装配草图。

6．装配图和零件工作图设计

① 减速器装配图设计。
② 零件工作图设计。

7．机械零件的三维造型与装配

8．整理编写设计计算说明书

9．设计总结与答辩

10.1.5　课程设计的注意事项

在课程设计的整个设计过程中，必须严肃认真，刻苦钻研，一丝不苟，精益求精；培养严谨的工作作风和独立的工作能力。

（1）设计应在老师的指导下由学生独立完成

计算数据应该有理有据，制图应该规范，符合国家标准。遇到问题时必须发挥设计的主动性，主动思考问题，寻找解决问题的方法。反对机械抄袭资料，依赖教师的设计作风。

（2）定好设计进程计划，掌握设计进度

学生应在教师的指导下，按预定计划分阶段进行，保证质量，循序完成设计任务。

（3）掌握正确的设计方法

影响零部件结构尺寸的因素很多，不可能完全由计算确定，而需要借助类比、初估或画草图等手段，通过边计算、边绘图、边修改，即设计计算与结构设计绘图交叉进行来逐步完成。学生应从第一次设计开始就注意逐步掌握这一正确的设计方法。

（4）做好记录和整理

在设计过程中，应记下重要的论据、结果、参考资料的来源以及需要进一步探讨的问题，使设计的各方面都做到有理有据。这对设计正常进行、阶段自我检查和编写计算说明书都是必要的。

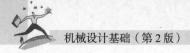

（5）正确使用标准和规范

熟悉标准和熟练使用标准是课程设计的重要任务之一。设计中正确运用标准和规范，有利于零件的互换性和加工的工艺性，降低成本。如设计中采用的电动机、滚动轴承、联轴器、键等，其尺寸参数应按标准规定。另外，设计中尽量减少选用的材料牌号和规格，减少标准件的品种、规格，这样可以降低成本，方便使用和维修。

（6）正确处理参考已有资料和创新的关系

熟悉和利用已有的资料，既可避免许多重复的工作，加快设计进程，同时也是提高设计质量的重要保证。善于掌握和使用各种资料，如参考和分析已有的结构方案，合理选用已有的经验设计数据，也是设计工作能力的重要方面。

　　作为设计人员要有创新精神，不能简单抄袭已有的类似产品，必须具体分析吸收新的技术成果，注意新的技术动向，使设计质量和设计能力都获得提高。设计时也要注意利用已有成果和经验，在继承的基础上，敢于创新，提出新方案、采用新技术、新工艺，不断改进和完善设计。

（7）在训练机械设计基本技能的同时，注重能力的培养

将课堂教学中学到的机构设计、传动零件的强度计算、结构设计与工程实践相结合，提高解决工程实际问题的能力。

（8）正确处理强度计算和结构工艺性等要求的关系

任何机械零件的结构及尺寸都不可能完全由强度计算确定，而应该综合考虑加工和装配工艺、经济性和使用条件等。

　　不能把设计片面地理解为就是理论计算，或者把这些计算结果看成是绝对不可改动的，而应认为进行强度等理论计算只是为确定零件的尺寸提供一个方面的依据，零件的具体结构和尺寸还要通过画图，考虑其工艺性、经济性及零件间相互装配关系最后确定。

（9）树立绿色产品设计意识

设计中应培养全面考虑产品的材料选择、可回收性、可拆卸性及新技术、新工艺和新能源的设计等方面的能力。

10.2　课程设计的主要环节

机械设计过程是一项复杂的系统工程，需要考虑多方面的因素。只有认真思考、反复推敲，才能得到好的设计，才能在设计思想、方法和技能等方面得到锻炼和提高。

10.2.1　传动装置的设计

机器通常是由原动机、传动装置、工作机和控制装置等部分组成，而其中传动装置是在原动机与工作机之间传递运动和动力的中间装置，可以改变速度的大小与运动形式，并传递动力和扭矩。

传动装置设计包括确定传动方案、选择电动机型号、确定总传动比，并合理分配各级传动比、计算各级传动装置的运动和动力参数等。

1. 拟定传动方案

传动方案一般由机构运动简图表示，能简单明了地反映出各部件的组成和连接关系，以及运动和动力传递路线。

（1）机构运动简图的拟定

拟定机构运动简图时，应从以下方面考虑。

① 对设计任务（如原动机类型及特性、工作机构的职能与运动性质、传动系统的类型及各类传动的特性、生产和使用等）作充分的了解。

② 根据各类传动的特点，考虑受力、尺寸大小、制造、经济、使用和维护方便等，拟定不同的方案，并加以分析、对比，择优而定，使拟定的传动方案满足简单、紧凑、经济和效率高等要求。

③ 若是设计任务中已给定了传动方案，此时应论述采用该方案的合理性（说明其优缺点）或提出改进意见，作适当修改。

（2）传动方案的基本要求

拟定传动方案时，选定原动机后，可根据工作机的工作条件选择合理的传动方案，主要是合理地确定传动装置，包括合理地确定传动机构类型和布置传动顺序。合理地选择传动类型是拟定传动方案的重要环节。

① 合理的方案首先应满足工作机性能要求，例如传动功率、转速、运动方式。

② 传动方案还要与工作条件（例如工作环境、工作场地、工作时间等）相一致。

③ 传动系统应该工作可靠、结构简单、尺寸紧凑、传动效率高、成本低和使用维护方便。表10-1 给出了常用传动机构的类型、性能和适用范围。

表 10-1　　　　　　　　　　　　常用传动机构的性能及适用范围

指标＼类别	平带传动	V 带传动	摩擦轮传动	链传动	齿轮传动		蜗杆传动
功率/kW（常用值）	小（≤20）	中（≤100）	小（≤20）	中（≤100）	大（≤50000）		小（≤50）
单级传动比（常用值）（最大值）	2~4　6	2~4　7	≤5~7　15~25	2~5　7	圆柱3~5　7	圆锥2~3　6	7~40　80
传动效率	中	中	中	中	高		低
需用线速度/m/s	≤25	≤25~30	≤15~25	≤40	6 级精度 直齿≤18 非直齿≤36 5 级精度达 100		≤15~35
外廓尺寸	大	大	大	大	小		小
传动精度	低	低	低	中	高		高
工作平稳性	好	好	好	较差	一般		好
自锁能力	无	无	无	无	无		有

续表

指标＼类别	平带传动	V带传动	摩擦轮传动	链传动	齿轮传动	蜗杆传动
过载保护能力	有	有	有	无	无	无
使用寿命	短	短	短	中等	长	中等
缓冲吸振能力	好	好	好	中等	差	差
制造及安装精度	低	低	中等	中等	高	高
润滑条件	不需要	不需要	一般不需要	中等	高	高
环境适应性	不能接触酸、碱、油类以及爆炸性气体		一般	好	好	好

（3）传动方式的合理布局

在拟定传动简图时，往往一个传动方案由数级传动组成，通常靠近电动机的传动机构为高速级，靠近执行机构的传动机构为低速级。哪些机构宜放在高速级，哪些机构宜放在低速级，应按下述原则处理。

① 带传动承载能力较低，传递相同转矩时比其他机构的尺寸大，故应将其放在传动系统的高速级，以便获得较为紧凑的结构尺寸，又能发挥其传动平稳、噪音小、能缓冲吸振的特点。

② 斜齿轮传动的平稳性比直齿轮传动的平稳性好，因此在二级圆柱齿轮减速器中，如果既有斜齿轮传动，又有直齿轮传动，则斜齿轮传动应位于高速级。

③ 锥齿轮传动应布置在齿轮传动系统的高速级，以减小锥齿轮的尺寸，因为大模数的锥齿轮加工较为困难。

④ 开式齿轮传动工作环境较差，润滑条件不良，磨损较严重，使用寿命较短，因此宜布置在传动系统的低速级。

⑤ 蜗杆传动多用于传动比很大、传递功率不太大的情况下。因其承载能力比齿轮传动低，故应将其布置在传动系统的高速级，以获得较小的结构尺寸。

提示　　蜗杆传动的速度高一些，啮合齿面间易于形成油膜，也有利于提高承载能力及效率。而在对传动精度要求高的装置中，蜗杆传动常布置在低速级，这样，高速级的传动误差被低速级蜗杆传动的大传动比微小化了。

⑥ 链传动的瞬时传动比是变化的，会引起速度波动和动载荷，故不适宜高速运转，应布置在传动系统的低速级。

（4）常用传动机构设计要领

为了给装配图设计准备条件，首先要进行传动零件的设计计算，因为传动零件尺寸是决定装配图结构和相关零件尺寸的主要依据。

① V带传动。设计V带传动需确定的主要内容包括：带的型号、根数、长度，中心距，带轮直径和宽度等，以及作用在轴上力的大小和方向。设计时应注意相关尺寸的协调，例如：

- 小带轮孔径是否与电动机轴一致。
- 小带轮外圆半径是否小于电动机的中心高。

- 大带轮直径是否过大而与减速器底架相碰等。

② 链传动。设计滚子链传动需确定的主要内容有：链节距、排数和链节数，中心距，链轮的材料、齿数、轮毂宽度等，以及作用在轴上力的大小和方向。

- 当用单排链而链传动尺寸过大时，应改用双排或多排链，以减小链节距，从而减小链传动的尺寸。
- 当链传动的速度较高时，应采用小节距多排链。
- 设计时应注意链轮直径尺寸、轴孔尺寸、轮毂尺寸等，是否与工作机、减速器等的相关尺寸协调。

③ 圆柱齿轮传动。斜齿轮传动具有传动平稳、承载能力大的优点，所以在减速器中多采用斜齿轮。直齿轮不产生轴向力，但传动平稳性差一些，在圆周速度不大的场合亦可选用直齿轮，例如低速的开式直齿轮传动。

齿轮传动的几何参数和尺寸有严格的要求，应分别进行标准化、圆整或计算其精确值。

- 模数必须标准化。
- 齿宽应圆整成整数。
- 啮合尺寸（节圆、分度圆、齿顶圆及齿根圆直径、螺旋角等）须计算精确值，长度尺寸应精确到小数点后 3 位（单位为 mm），角度应精确到秒（ ″ ）。
- 在减速器中，齿轮传动的中心距应尽量圆整成尾数为 0 或 5 的整数，以便于箱体的制造和检测。
- 对于动力传动中的齿轮，为安全可靠，一般齿轮的模数不应小于 2mm。

2. 选择电动机

电动机是机械传动中应用极为广泛的原动机，产品已标准化和系列化。设计者通常根据工作机的工作情况和运动、动力参数，通过计算来确定电动机的功率和转速，进而选择电动机的类型、结构形式和具体型号。

（1）确定电动机的类型和结构

电动机的类型和结构形式一般根据工作条件、工作时间及载荷性质、大小等条件来选择，电动机根据电源种类可分为交流电动机和直流电动机两种。工业上一般采用三相交流电动机，交流电动机又分为同步电动机和异步电动机。

① Y 系列三相鼠笼式异步电动机由于具有结构简单、价格低廉、维护方便等优点，故应用广泛，适用于无特殊要求的各种机械设备，如机床、鼓风机、运输机以及农业机械和食品机械。

② 在经常起动、制动和反转、间歇的场合，要求电动机的转动惯量小，能克服短时过载，可选用 YZ（笼型）和 YZR（绕线型）系列三相异步电动机，一般适用于起重和冶金机械。

③ 按安装位置不同，电动机的结构形式可分为卧式和立式两类；按防护方式不同，可分为开启式、防护式、封闭式和防爆式。常用的结构形式为卧式封闭型电动机。

④ 同一系列的电动机有不同的防护及安装形式，可按需要选用。

（2）确定电动机的功率

电动机的功率应根据工作要求进行合理选择。如果功率小于工作要求，则不能保证工作机正常工作，或使电动机长期过载、发热而过早损坏；功率过大，则电动机价格高，功率不能充分使用，造成浪费。

电动机的功率主要根据载荷大小、工作时间和发热条件来确定。对于长期连续工作、载荷稳定、常温下工作的机械，只要所选电动机的额定功率 P_e 等于或略大于电动机实际所需的输出功率 P_0，即 $P_e \geqslant P_0$ 即可。通常可不必校验电动机的发热和起动转矩。

（3）确定电动机的转速

额定功率相同的三相异步电动机，其同步转速有 750r/min、1000r/min、1500r/min 和 3000r/min 这4种。一般来说电动机转速越低，则磁极数越多，外廓尺寸及重量都较大，价格也越高，但传动装置总传动比小，可使传动装置的结构紧凑。反之，转速愈高，外廓尺寸愈小，价格愈低，而传动装置总传动比要增大，传动零件尺寸加大，从而提高该部分的成本。

> 在确定电动机转速时，应和传动装置综合考虑，选择合适的转速。在一般机械中，用得最多的是 1000r/min 和 1500r/min 的电动机。选择电动机转速时，可先根据工作机的转速和传动装置中各级传动的常用传动比范围，推算出电动机转速的可选范围，以供参考比较。

（4）确定电动机的型号

根据确定的电动机的类型、结构、功率和转速，通过有关手册查取电动机型号及外形尺寸，并将电动机型号、额定功率、满载转速、外形尺寸、电动机中心高、轴伸尺寸和键连接尺寸等相关数据记录备用。

> 课程设计过程中进行传动装置的传动零件设计时所用到的功率，以电动机实际所需输出功率 P_d 作为设计功率。只有在有些通用设备为适应不同工作需要，要求传动装置具有较大通用性和适应性时，才按额定功率 P_0 计算。传动装置的转速均按电动机额定功率下的满载转速 n_m 来计算，该转速和实际工作转速相当。

3. 传动装置总传动比的计算和分配

电动机确定后，根据电动机的满载转速 n_m 以及工作机的转速 n_w，可以计算出传动装置的总传动比，即：

$$i = \frac{n_m}{n_w}$$

若传动装置由多级传动组成，则总传动比应为串联的各分级传动比的连乘积。

$$i = i_1 i_2 \ldots i_n$$

合理分配传动比在传动装置设计中非常重要，这将直接影响到传动装置的外廓尺寸、重量、润滑情况等许多方面。各级传动比分配时应考虑以下几点。

① 各级传动比应在各自推荐的范围内选取，不要超过所允许的最大值。各类传动的传动比数值范围如表 10-1 所示。

② 应使各传动件零件尺寸协调、结构匀称合理，避免传动零件之间的相互干涉或安装困难。例如，如果带传动的传动比过大，大带轮半径大于减速器输入轴中心高度，则会造成安装困难。因此由带传动和单级齿轮减速器组成的传动装置中，一般应使带传动的传动比小于齿轮的传动比。

同时，高速级传动比过大，造成高速级大齿轮齿顶圆与低速轴相碰。

③ 应使传动装置的总体尺寸紧凑，重量最小。

④ 在二级或多级齿轮减速器中，尽量使各级大齿轮浸油深度大致相近，以便于实现统一的浸油润滑。如在二级展开式齿轮减速器中，常设计为各级大齿轮直径相近，以便于齿轮浸油润滑。一般推荐 $i_1 = (1.2 \sim 1.5) i_2$。其中 i_1 和 i_2 分别为高速级和低速级传动比。

⑤ 对于圆锥圆柱齿轮减速器，为了控制大齿轮尺寸，便于加工，一般高速级的锥齿轮传动比 $i_1 = (0.22 \sim 0.28) i$，且 $i \leqslant 3$，式中 i_1 为高速级传动比，i 为减速器总传动比。

10.2.2 执行机构的设计

确定了系统的原理方案后，采用什么机构能更好地实现这些方案，这一工作就成为执行机构的形式设计，又称为机构的型综合，它有选型和构型两种方法。

1. 设计原则

设计执行机构时应遵循以下原则。

（1）应尽量满足或接近功能目标

满足原理要求或满足运动形式变换要求的机构种类繁多，采用多选淘汰法。多选几个，再进行比较，保留理想的，淘汰差的。

例如，系统要求执行机构完成准确而连续的运动规律。可选机构类型很多，如连杆机构，凸轮机构，气动、液动机构等。但经分析、比较，凸轮机构最理想。因为凸轮机构可以确保准确的运动规律，并且机构简单，价格便宜；而连杆机构结构复杂，设计难度大；气、液动机构比较适合始、末位置要求准确，而中间位置没有要求的情况；并且气与液易泄漏，环境、温度的变化都影响其运动的准确性。

（2）尽量做到结构简单、可靠

结构简单主要体现在运动链要短，构件与运动副数量要少，结构尺寸要适度，布局要紧凑。坚持这些原则，可使材料耗费少，成本低；运动链短，运动副少，机构在传递运动时积累的误差就少，运动副的摩擦损失就小，有利于提高机构的运动精度与机械的效率。

（3）选择合适的运动副

高副机构比较容易实现复杂的运动规律和轨迹，一般可以减少构件数和运动副数，缩短运动链。缺点是高副元素形状复杂，制造困难，另外高副为点、线接触，易磨损。

在有些情况下，采用高副机构缩短了运动链，却有可能增大机构尺寸、增加机械重量。低副机构中，转动副制造成本低，容易保证配合精度，且效率高，而移动副制造困难，不易保持配合精度，容易发生楔紧和自锁的现象。

（4）要保证良好的动力特性

现代机械系统运转速度一般都很高，在高速运转中机械的动平衡问题应该高度重视。因此就希望在高速机械中尽量少采用连杆机构。若必须采用，则要考虑合理布置，已取得动平衡。

（5）应注意机械效益与机械效率问题

机械效益是衡量机构省力程度的一个重要标志，机构的传动角越大，压力角越小，机械效益越高。构型与选型时，可采用最大传动角的机构，以减小输入轴的转矩。机械效率反映了机械系统对机械能的有效利用程度。为提高机械效率，除了力求结构简单外，还要选用高效率机构。

（6）选择合适的动力源

动力源的选择一方面要考虑简化机构、满足工作要求，另一方面要考虑现场工作条件。气动、液压机构能直接提供直线往复移动和摆动。并且便于调速，省去了运动转换及减速机构，常用于矿山、冶金等工程机械及自动生产线；电动机输出连续转动，与执行机构连接简单，效率高。机械系统若位置不固定，例如汽车等输送系统，则只能采用各类发动机或燃料电池。

2. 执行机构的选型

执行机构的选型是指根据工作要求，在已有的机构中进行比较、选择，选取合适的机构，可见选型需要对现有机构十分了解。

（1）常用机构的特点

常用机构的特点如表 10-2 所示。

表 10-2　　　　　　　　　　　常用机构的特点

机构类型	特　　　点
连杆机构	① 可以输出转动、移动、摆动、间歇运动 ② 可以实现一定的轨迹和位置量要求 ③ 可以利用死点，可用作夹紧、自锁装置 ④ 由于运动副是面接触，故承载能力大、加工精度高 ⑤ 动平衡困难，不宜用于高速场合
凸轮机构	① 可以输出任意运动规律的移动、摆动 ② 行程不能太大 ③ 运动副是高副，需要靠力或形封闭运动副 ④ 不适用于重载
齿轮机构	① 圆形齿轮实现定传动比 ② 非圆齿轮实现变传动比 ③ 功率和转速范围都很大 ④ 传动比准确可靠
挠性件传动机构	① 链传动因多边形效应，故瞬时传动比是变化的，会产生冲击和振动，不适用于高速 ② 带传动因弹性滑动，故传动比是不可靠的，但有吸振与过载保护功能 ③ 两者均能实现远距离传动
螺旋机构	① 可实现微动、增力、定位等功能 ② 工作平稳，精度高 ③ 效率低
蜗杆机构	① 传动比大，体积小 ② 效率低 ③ 可以实现反行程自锁

机构类型	特　点
气、液动机构	① 常用于驱动、压力、阀、阻尼等机构 ② 利用流体流量变化可以实现变速 ③ 利用流体的可压缩性可以实现吸振、缓冲、阻尼、控制、记录等功能 ④ 有密闭性要求
间歇机构	① 常用的有棘轮机构、槽轮机构，可实现间歇进给、转位、分度 ② 有刚性冲击，不适合用于高速、精密要求场合 ③ 蜗杆式与凸轮式分度机构转位平稳，冲击振动很小，但设计加工难度度较大

（2）按实现的运动变换和功能进行机构分类。

为了方便在实际设计中机构的选型，下面将机构按实现的运动变换和功能进行机构分类，具体如表 10-3 所示。

表 10-3　　　　　　　　　　按实现的运动变换和功能进行机构分类

运动变换或实现功能		常 用 机 构
匀速转动	定传动比	平行四边形机构、齿轮机构、轮系、摆线针轮机构、谐波传动机构、摩擦轮机构、链传动机构、带传动机构
	变传动比	轴向滑移圆柱齿轮机构、复合轮系变速机构、摩擦轮无级变速机构
非匀速转动		双曲柄机构、转动导杆机构、非圆齿轮机构
往复运动	往复摆动	曲柄摇杆机构、曲柄摇块机构、摆动导杆机构、双摇杆机构、摆动从动件凸轮机构、气动机构、液动机构
	往复移动	曲柄滑块机构、移动导杆机构、正弦机构、正切机构、移动从动件凸轮机构、齿轮齿条机构、螺旋机构、气动机构、液动机构
间歇运动	间歇移动	棘齿条机构、不完全齿轮齿条机构
	间歇转动	棘轮机构、槽轮机构、不完全齿轮机构、蜗杆式分度机构、凸轮式分度机构
预定轨迹	直线轨迹	平行四杆机构
	曲线轨迹	平行四杆机构
增力及夹持		肘杆机构、凸轮机构、螺旋机构、斜面机构、气动机构、液动机构
运动的合成与分解		差动连杆机构、差动齿轮机构、差动螺旋机构
急回特性		曲柄摇杆机构、偏置式曲柄滑块机构、导杆机构、双曲柄机构
过载保护		带传动机构、摩擦轮机构

从表 10-3 可以看出实现同一功能的机构有很多，具体选型时除了要遵循选型原则外，还要十分熟悉表 10-2 中各机构的特点，再结合具体工作要求进行选择。例如：要实现往复移动有以下多种选择。

① 曲柄滑块机构、正弦机构等连杆机构的特点是机构简单制造容易，但动平衡困难，不易高速。

② 移动从动件凸轮机构可以实现严格的运动规律，但行程小。

③ 螺旋机构可获得大的减速比，常用作低速进给和精密微调机构，有些还具有自锁功能，但效率低。

④ 齿轮齿条机构适用于移动速度较高的场合，但制作成本高。

> 同样是凸轮机构，在行程较大的情况下，采用圆柱凸轮比盘形凸轮结构上更紧凑；相同的运动条件下，采用行星轮系比定轴轮系在尺寸和重量上都有显著减少。机构选型显然比较直观、方便，在实际的工程设计中应用广泛。但有时选出的机构不能完全满足设计要求，就需要创建新的机构形式，这就是机构构型。

3. 机构类型选择的一般要求

（1）实现机械的功能要求

机械的功能要求是选择机构类型的先决条件，且满足这一条件的机构也只是待选方案，还应通过进一步分析比较作出选择。

（2）满足机械的功能质量要求

机构运动方案的多解性使设计者可以拟定出许多不同的方案，但它们彼此功能质量差异却可能十分悬殊。从运动功能质量来看，应选择实现所需运动规律、运动轨迹、运动参数准确度高的机构，对有急回、自锁、增程、增力或利用死点位置要求的，也应选择具有相应性能且可靠性高的机构。从动力功能质量来看，应选择传力性能好，冲击、振动、磨损、变形小和运动平稳性好的机构。

（3）满足经济适用性要求

为减少功耗，应优先选用机械效率高的机构，而且机构运动链要尽量短，即构件和运动副数目要尽量少。

此外，所选机构类型还应符合生产率高、体积小、工艺性好、易于维修保养等技术经济要求。

10.2.3 主要传动件的设计计算

在机械传动装置总体设计中，传动装置包含很多零件，那么首先应选择哪些零件进行强度、刚度等计算和结构设计呢？

1. 设计计算原则

对传动零件进行设计计算时，应满足"由主到次、由粗到细"的原则。

（1）由主到次

"主"是指对事物有决定意义的环节。机器中的零件虽多，但带轮、齿轮、蜗杆等传动件却是影响或决定整机运动特性的主要因素，而其他零件则仅仅起到支承、连接作用，使之具有确定位置并正常工作。因而，在设计次序上，前者应是主导和先行的，后者则是从属的，通常放在后一步进行。

（2）由粗到细

当然，说传动件在零件设计中应是主导和先行，并不是说其全部结构和尺寸都要在装配草图设计前都加以确定。这是因为一方面传动件与轴以键相连，因而在与之相配的轴的结构尺寸尚未确定之前，其孔径和轮宽尺寸等也就无法确定；另一方面，轮辐、圆角和工艺斜度等结构尺寸对零件间的相对位置、安装及力的分析等关系不大，故不需要在装配草图设计以前考虑和完成，而是在装配草图设计、甚至在零件工作图设计过程中"由粗到细"地进行，以便集中精力解决主要矛盾，并减少返回修改的工作量。

本节将以齿轮减速器设计为例对主要传动件的具体设计计算要领进行说明。进行减速器装配工作图的设计前，必须先进行传动件的设计计算，因为传动件的尺寸直接决定了传动装置的工作性能和结构尺寸。传动零件的设计计算，包括确定各级传动零件的材料、主要参数及其结构尺寸，为绘制装配草图做好准备工作。

 传动件包括减速器内、外传动件两部分。课程设计时，为使所设计减速器的原始条件比较准确，应先设计减速器外传动件，再设计减速器内传动件。

2. 减速器外传动件的设计

一般先设计计算减速器外的传动零件（如带传动、链传动和开式齿轮传动等），这些传动零件的参数确定以后，减速器外部传动的实际传动比即可确定，使随后设计减速器内传动零件时，有较准确的原始条件。

例如带轮直径标准化后，带传动的实际传动比可能发生改变，据此可以计算出减速器的传动比和各轴转矩的准确值。然后应检查开始计算的运动及动力参数有无变化，如有变动，应作相应的修改；再进行减速器内各轴转速、扭矩及传动零件的设计计算，这样计算所得传动比误差小些，各轴扭矩的数值也较为准确，最后进行减速器内传动零件的设计计算。

通常，由于时间限制，减速器外传动件只需确定其主要参数和尺寸，不进行详细的结构设计，装配图上一般不画外部传动件。

设计普通 V 带传动所需的已知条件主要有：原动机的种类和所需传动的功率、主动轮和从动轮的转速（或传动比）、工作要求及外廓尺寸要求。设计内容包括以下几点。

- 确定 V 带型号、长度和根数。
- 带轮的材料和结构。
- 传动中心距以及轴上压力的大小和方向。
- 计算带传动的实际传动比和传动的张紧装置。

设计计算时应注意以下问题。

① 在 V 带传动的主要尺寸设计确定后，应检查其尺寸在传动装置中是否合适，例如，如果小带轮直接装在电动机轴上，应检查小带轮顶圆半径是否小于电动机中心高 H；大带轮装在减速器输入轴上，应检查大带轮直径是否过大而与机架相碰，还应检查带传动中心距是否合适，电动机与减速器是否会发生干涉现象等。

② 应考虑带轮尺寸与其相关零件尺寸的相应关系。例如小带轮轴孔直径和轮毂宽度应按电动机的外伸轴尺寸来确定，小带轮直接安装在电动机轴上时其轮毂孔径应等于电动机轴外伸直径，大带轮装在减速器输入轴上时其轮毂孔径应等于减速器输入轴端直径。

③ 带轮的轮毂长度与轮缘宽度不一定相同。一般轮毂长度 L 按与其配合的轴直径 d 的大小确定，通常取 $L=（1.5\sim2）d$，而轮缘宽度则取决于传动带的型号和根数。

④ 带轮直径确定后，应根据该直径和滑动率计算带传动的实际传动比和从动轮的转速，并据

此修正减速器所要求的传动比和输入转矩。

3. 减速器内传动件的设计

减速器内传动件主要有直齿圆柱齿轮传动、斜齿圆柱齿轮传动以及蜗杆传动等类型，直齿圆柱齿轮传动的设计将在稍后的案例中加以说明，下面说明其他两类传动件的设计要领。

（1）斜齿圆柱齿轮传动

设计斜齿圆柱齿轮时，应注意以下要领。

① 选择齿轮材料时，应先估计齿轮直径并注意毛坯制造方法。

● 如果齿轮直径 $d \leqslant 500$mm 时，根据设备加工能力，采用锻造或铸造毛坯；当 $d > 500$mm 时，多用铸造毛坯。

● 如果小齿轮的齿根圆直径与轴径接近时，即斜齿轮的齿根至键槽的距离 $x < 2.5m_n$，齿轮与轴可制成一体，称为齿轮轴，其材料应兼顾轴的要求。

● 同一减速器的各级小齿轮（或大齿轮）的材料应尽可能一致，以减少材料牌号和工艺要求。

② 齿轮强度计算公式中，载荷和几何参数是用小齿轮输出转矩 T_1 和分度圆直径 d 表示的，因此不论强度计算是针对小齿轮还是大齿轮的，公式中的转矩均应为小齿轮输出转矩，齿轮直径应为小齿轮直径，齿数为小齿轮齿数。

提示
> 小齿轮齿数和大齿轮齿数最好互为质数，以防止磨损和失效集中发生在某几个轮齿上，通常取小齿轮齿数范围为 $z_1 = 20 \sim 40$。

③ 齿宽系数 $\varphi_d = b/d_1$ 中，d_1 为小齿轮直径，b 为一对齿轮的工作宽度，在决定大、小齿轮宽度时，根据 φ_d 和 d 求出齿宽 b 即为大齿轮宽度，齿宽数值应进行圆整；为了易于补偿齿轮轴向位置误差，使装配便利，小齿轮宽度 $b_1 = b + (5 \sim 10)$mm。

④ 正确处理强度计算所得参数和齿轮几何尺寸之间的关系。强度计算所得尺寸是齿轮结构设计尺寸的依据和基础。齿轮结构的设计几何尺寸要接近或大于强度计算尺寸，使其既满足强度要求又符合啮合几何关系。最终确定的齿轮参数若超过强度计算所得的数值许多，则是浪费，应调整参数，予以纠正。

对齿轮传动的参数和尺寸有严格的要求。

● 对于大批生产的减速器，其齿轮中心距应参考标准减速器的中心距。

● 对于中、小批生产或专用减速器，为了制造、安装方便，由强度计算得出的中心距应圆整，最好使中心距为 0 或 5 结尾的整数，以便于箱体的制造和测量。

● 模数应取标准值，且在动力传动中，为安全可靠，一般模数需不小于 1.5mm；齿数要取整数；斜齿轮螺旋角应在合理的范围（$\beta = 8° \sim 25°$）之内。

● 要同时满足以上条件，需对初步确定的几何参数进行调整，可采用调整齿数、螺旋角或变位的办法来凑中心距。

⑤ 对于齿轮的啮合尺寸必须精确，一般应准确到小数点后 2～3 位；如分度圆、节圆、齿顶圆、齿根圆直径及变位系数等，必须精确计算至小数点后 3 位小数；对于螺旋角等角度，必须精确计算到秒（ ″ ）。对于一般结构尺寸，应当圆整；如齿宽、轮缘内径、轮辐厚度、轮辐孔径等，按参考资料给定的经验公式计算后均应尽量圆整，以便于制造和测量。

（2）蜗杆传动

现在减速器已经成为一种专门部件，为了提高质量、简化结构形式及尺寸、降低成本，一些机器制造部门对其各类通用的减速器进行了专门的设计和制造。常用的减速器已经标准化和规格化了。在课程设计中，一般根据给定的任务，参考标准系列产品设计非标准化的减速器。

设计蜗杆传动需要确定的内容是：蜗杆和蜗轮的材料，蜗杆的热处理方式，蜗杆的头数和模数，蜗轮的齿数和模数、分度圆直径、齿顶圆直径、齿根圆直径、导程角、蜗杆螺纹部分长度，蜗轮轮缘宽度和轮毂宽度以及结构尺寸等。

① 由于蜗杆传动的滑动速度大，摩擦和发热剧烈，因此要求蜗杆蜗轮副材料具有较好的耐磨性和抗胶合能力。

当蜗杆传动尺寸确定后，要检验相对滑动速度和传动效率与估计值是否相符，并检查材料选择是否恰当。若与估计有较大出入，应修正重新计算。

② 蜗杆模数 m 和分度圆直径 d_1 应取标准值，且 m、d_1 与直径系数 q 三者之间应符合标准的匹配关系。蜗杆传动的中心距应尽量圆整为 0 或 5 结尾的整数，此时常需对蜗杆传动进行变位。变位蜗杆传动只改变蜗轮的几何尺寸，蜗杆几何尺寸不变。蜗轮的变位系数取值范围为 $-1 < x_2 < 1$。如不符合，则应调整 d_1 值或改变蜗轮 1 ~ 2 个齿数。蜗轮蜗杆的啮合尺寸必须计算精确值，其他结构尺寸应尽量圆整。为便于加工，蜗杆螺旋线方向尽量采用右旋。

③ 单级蜗杆减速器根据蜗杆的位置可分为蜗杆上置、蜗杆下置和蜗杆侧置 3 种。蜗杆的位置应由蜗杆分度圆的圆周速度来决定，选择时应尽可能选用下置蜗杆的结构。一般蜗杆圆周速度 $v_1 < 4 ~ 5$m/s 时，蜗杆下置，此时的润滑和冷却问题均较容易解决，同时蜗杆的轴承润滑也很方便。当蜗杆的圆周速度 $v_1 > 4 ~ 5$m/s 时，为了减少溅油损耗，可采用上置蜗杆结构。

④ 蜗杆的强度和刚度验算以及蜗杆传动热平衡计算，都应在画出装配草图并确定蜗杆支点距离和箱体轮廓尺寸之后才能进行。为了保证传动的正常运转，箱内的油温不应超过 70℃，若超过，则应采取适当的散热措施。关于减速器的热平衡计算及散热装置散热能力的计算等可参见教材和有关参考资料。

10.2.4　轴系的初步设计

为使轴上零件定位、固定、便于拆装和调整，具有良好的加工工艺性等要求，轴通常设计成阶梯轴。轴系的初步设计首先要初估轴径，选择联轴器、轴承型号，初步确定轴头、轴颈的径向尺寸。

1. 初估轴径

按纯扭矩受力状态初步估算轴的最小直径，计算式为：

$$d_{\min} \geqslant A\sqrt[3]{\frac{P}{n}}$$

式中，P 为轴传递的功率，kW；n 为工作机的转速，r/min；A 为由许用应力确定的系数，具体可以查阅机械设计手册。

初估轴径还要考虑键槽对轴强度的影响。若轴上开有一个键槽，直径应增大 3% ~ 5%，有两个键槽时，直径增大 7% ~ 10%，并尽量圆整为标准值。

轴设计的最小直径往往是轴外伸端直径。如果轴的外伸端上是装 V 带轮，该轴径确定时要考虑与 V 带轮结构匹配的问题。如果轴的外伸端与联轴器连接，并通过联轴器与电动机（或工作机主轴）相连，则轴的计算直径和电动机轴径均应在所选联轴器孔径允许范围内，这就涉及到联轴器的选择。

2. 选择联轴器

选择联轴器包括选择联轴器的类型和型号。

一般在传动装置中有两处用到联轴器，一处是连接电动机轴与减速器高速轴的联轴器，另一处是连接减速器低速轴与工作机轴的联轴器。前者由于所连接轴的转速较高，为了减小起动载荷、缓和冲击，应选用具有较小转动惯量的弹性联轴器（如弹性柱销联轴器等）。后者由于所连接轴的转速较低、传递的转矩较大，如果能保证两轴安装精度时可选用刚性联轴器（如凸缘联轴器等），否则可选用无弹性元件的挠性联轴器（如十字滑块联轴器等）。

对于标准联轴器，主要按传递转矩的大小和转速选择型号，在选择时还应注意联轴器的孔型和孔径与轴上相应结构、尺寸要一致。

3. 选择滚动轴承类型及尺寸

滚动轴承类型的选择与轴承承受载荷的大小、方向、性质及轴的转速有关。根据轴的最小直径，综合选择轴承的内径尺寸，初步确定轴承类型代号，为轴的径向尺寸设计作准备。

普通圆柱齿轮减速器常选用深沟球轴承或圆锥滚子轴承。当载荷平稳或轴向力相对径向力较小时，常选深沟球轴承；当轴向力较大、载荷不平稳或载荷较大时，可选用圆锥滚子轴承。轴承的内径是在轴的径向尺寸设计中确定的。一根轴上的两个支点宜采用同一型号的轴承，这样，轴承座孔可一次镗出，以保证加工精度。选择轴承型号时可先选 02 系列。

蜗杆轴承支点与齿轮轴承支点受力情况不同。蜗杆轴承承受轴向力大，因此不宜选用深沟球轴承承受蜗杆的轴向力，一般可选用能承受较大轴向力的角接触球轴承或圆锥滚子轴承。角接触球轴承较相同直径系列的圆锥滚子轴承的极限转速高。但在一般蜗杆减速器中，蜗杆转速常在 3000r/min 以下，而内径为 ϕ90mm 以下的圆锥滚子轴承在油润滑条件下，其极限转速都在 3000r/min 以上。

圆锥滚子轴承较相同直径系列的角接触球轴承基本额定动负荷值高，而且价格又低，因此蜗杆轴承多选用圆锥滚子轴承。当转数超过圆锥滚子轴承的极限转速时，才选用角接触球轴承。当轴向力非常大而且转速又不高时，可选用双向推力球轴承承受轴向力，同时选用向心轴承承受径向力。

10.3 一级齿轮减速器设计

齿轮减速器在原动机和工作机或执行机构之间起匹配转速和传递转矩的作用。圆柱齿轮减速器可分为一级（或单级）、二级和多级等不同类型，本次课程设计将介绍一级圆柱齿轮减速器的设计方法，其外形和内部构造分别如图 10-1 和图 10-2 所示。

图 10-1　一级减速器外观

图 10-2　减速器内部构造

10.3.1　设计综述

1．减速器的构造

减速器的基本结构由轴系部件、箱体及附件 3 大部分组成。

（1）轴系部件

轴系部件包括传动零件、轴和轴承组合。

① 传动零件。减速器箱内的传动零件有圆柱齿轮、锥齿轮、蜗杆、蜗轮等。通常根据传动零件的种类命名减速器。

② 轴。传动件装在轴上以实现回转运动和传递功率。减速器普遍采用阶梯轴。传动零件与轴多用平键连接。

③ 轴承组合。轴承组合包括轴承、轴承盖、密封装置以及调整垫片等。

● 轴承是支承轴的部件。由于滚动轴承摩擦因数比普通滑动轴承小、运动精度高，润滑、维护简便，且滚动轴承是标准件，所以减速器广泛采用滚动轴承。

● 轴承盖用来固定轴承、承受轴向力以及调整轴承间隙。轴承盖有凸缘式和嵌入式两种。凸缘式调整轴承间隙方便，密封性好；嵌入式质量较轻，结构简单。

● 在输入和输出轴外伸处，为防止灰尘、水汽以及其他杂质进入轴承，引起轴承磨损和腐蚀，以及防止润滑剂外漏，需在轴承盖孔中设置密封装置。

● 为了调整轴承间隙，有时也为了调整传动零件（如锥齿轮、蜗轮）的轴向位置，需在轴承盖与箱体轴承座端面之间放置调整垫片。

（2）箱体

减速器箱体是用以支持和固定轴系零件，保证传动件的啮合精度、良好润滑及密封的重要零件。箱体结构对减速器的工作性能、加工工艺、材料消耗、质量及成本等有很大影响。

减速器箱体按毛坯制造方式的不同可以分为铸造箱体和焊接箱体两类。铸造箱体的材料一般多用铸铁（HT150、HT200）。铸造箱体较易获得合理和复杂的结构形状，刚度好，易进行切削加工，但制造周期长，质量较大，因而多用于成批生产。焊接箱体比铸造箱体壁厚薄，质量小，生产周期短，多用于单件、小批生产。

减速器箱体从结构形式上可以分为剖分式和整体式两类。剖分式箱体的剖分面通常为水平面，与传动件轴心线平面重合，这有利于轴系部件的安装与拆卸。

（3）附件

为了使减速器具备完善的性能，例如注油、排油、通气、吊运、检查油面高度、检查传动件啮合情况、确保加工精度和装拆方便等，在减速器箱体上通常设置一些附加装置或零件，简称附件，主要有视孔、通气器、油标、放油螺塞、定位销、启盖螺钉以及吊运装置等。

2. 课题题目

带式输送机传动系统中的减速器要求传动系统中含有单级圆柱齿轮减速器及 V 带传动。

3. 主要技术参数说明

输送带的最大有效拉力 F=1150N，输送带的工作速度 v=1.6m/s，输送机滚筒直径 d=260 mm。

4. 传动系统工作条件

带式输送机在常温下连续工作、单向运转；空载起动，工作载荷较平稳；两班制（每班工作 8 小时），要求减速器设计寿命为 8 年，大修期为 3 年，中批量生产；三相交流电源的电压为 380/220V。

5. 传动系统方案的确定

该带式输送机的传动简图如图 10-3 所示，来自电机的动力经过 V 带传动输送到一级减速器的输入轴 I，经过减速后，动力从输出轴 II 输出，该传动轴通过联轴器与传送带的驱动滚筒轴相连，从而获得低速动力。

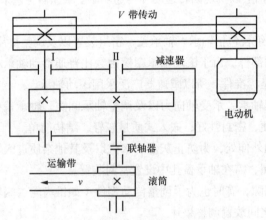

图 10-3　带式输送机传动系统简图

10.3.2　减速器结构选择及相关性能参数计算

1. 减速器结构

本减速器设计为水平剖分，封闭卧式结构。

2. 电动机选择

① 工作机的功率 P_w：

$$P_w = Fv/1000 = 1150 \times 1.6/1000 = 1.84\text{kW}$$

② 总效率 $\eta_{总}$：

$$\eta_{总} = \eta_{带}\eta_{齿轮}\eta_{联轴器}\eta_{滚筒}\eta_{轴承}^2$$

$$= 0.96 \times 0.98 \times 0.99 \times 0.96 \times 0.99^2 = 0.876$$

③ 所需电动机功率 P_d：

$$P_d = P_w/\eta_{总} = 1.84/0.876 = 2.100\text{kW}$$

查《机械零件设计手册》得：$P_{ed} = 3\text{kW}$。

电动机选用 Y112M-4，$n_{满} = 1420\text{r/min}$。

3. 传动比分配

工作机的转速：

$$n = 60 \times 1000v/\pi D$$
$$= 60 \times 1000 \times 1.6/(3.14 \times 260)$$
$$= 117.589\text{r/min}$$
$$i_{总} = n_{满}/n = 1420/117.589 = 12.076\text{r/min}$$

取：
$$i_{带} = 3$$

则：
$$i_{齿} = i_{总}/i_{带} = 12.076/3 = 4.025$$

4. 动力运动参数计算

（1）转速 n：

$$n_0 = n_{满} = 1420\text{r/min}$$
$$n_1 = n_0/i_{带} = n_{满}/i_{带} = 1420/3 = 473.333\text{r/min}$$
$$n_{II} = n_1/i_{齿} = 473.333/4.025 = 117.589\text{r/min}$$
$$n_{III} = n_{II} = 117.589\text{r/min}$$

（2）功率 P：

$$P_0 = P_d = 1.612\text{kW}$$
$$P_1 = P_0\eta_{带} = 2.100 \times 0.94 = 1.974\text{kW}$$
$$P_2 = P_1\eta_{齿轮}\eta_{轴承} = 1.974 \times 0.98 \times 0.99 = 1.916\text{kW}$$
$$P_3 = P_2\eta_{联轴器}\eta_{轴承} = 1.916 \times 0.99 \times 0.99 = 1.875\text{kW}$$

（3）转矩 T：

$$T_0 = 9550P_0/n_0 = 9550 \times 2.100/1420 = 14.126\text{N} \cdot \text{m}$$
$$T_1 = T_0\eta_{带}i_{带} = 14.126 \times 0.96 \times 3 = 40.684\text{N} \cdot \text{m}$$
$$T_2 = T_1\eta_{齿轮}\eta_{轴承}i_{齿} = 40.684 \times 0.98 \times 0.99 \times 4.025 = 158.872\text{N} \cdot \text{m}$$
$$T_3 = T_2\eta_{联轴器}\eta_{轴承}i_{齿带} = 158.872 \times 0.99 \times 0.99 \times 1 = 155.710\text{N} \cdot \text{m}$$

最后的计算结果汇总如表 10-4 所示。

表 10-4   计算数据汇总

轴号	功率 P/kW	N/(r.min^{-1})	T/(N.m)	i	η
0	2.100	1420	14.126	3	0.96
1	1.974	473.333	40.684		
2	1.916	117.589	158.872	4.025	0.97
3	1.875	117.589	155.710	1	0.98

10.3.3 齿轮的设计计算

1. 齿轮材料和热处理的选择

小齿轮选用 45 钢，调质处理，HB = 236。
大齿轮选用 45 钢，正火处理，HB = 190。

2. 齿轮几何尺寸的设计计算

按照接触强度初步设计齿轮主要尺寸。
由《机械零件设计手册》查得：

$$\sigma_{H\lim 1} = 580\text{MPa}, \quad \sigma_{H\lim 2} = 530\text{MPa}, \quad S_{H\lim} = 1$$
$$\sigma_{F\lim 1} = 215\text{MPa}, \quad \sigma_{F\lim 2} = 200\text{MPa}, \quad S_{F\lim} = 1$$
$$\mu = n_1 / n_2 = 473.333 / 117.589 = 4.025$$

由《机械零件设计手册》查得：

$$Z_{N1} = Z_{N2} = 1 \qquad Y_{N1} = Y_{N2} = 1.1$$

由：

$$[\sigma_{H1}] = \frac{\sigma_{H\lim 1} Z_{N1}}{S_{H\lim}} = \frac{580 \times 1}{1} = 580\text{MPa}$$

$$[\sigma_{H2}] = \frac{\sigma_{H\lim 2} Z_{N2}}{S_{H\lim}} = \frac{530 \times 1}{1} = 530\text{MPa}$$

$$[\sigma_{F1}] = \frac{\sigma_{F\lim 1} Y_{N1}}{S_{F\lim}} = \frac{215 \times 1.1}{1} = 244\text{MPa}$$

$$[\sigma_{F2}] = \frac{\sigma_{F\lim 2} Y_{N2}}{S_{F\lim}} = \frac{200 \times 1.1}{1} = 204\text{MPa}$$

① 小齿轮的转矩 T_I。

$$T_I = 9550 P_1 / n_1 = 9550 \times 1.974 / 473.377 = 42.379\text{N} \cdot \text{m}$$

② 选载荷系数 K。

由原动机为电动机，工作机为带式输送机，载荷平稳，齿轮在两轴承间对称布置。查《机械原理与机械零件》教材中表，取 $K = 1.1$。

③ 计算尺数比 μ。

$$\mu = 4.025$$

④ 选择齿宽系数 φ_d。

根据齿轮为软齿轮，在两轴承间为对称布置。查《机械原理与机械零件》教材中表，取 $\varphi_d = 1$。

⑤ 计算小齿轮分度圆直径 d_1。

$$d_1 \geq 766 \sqrt[3]{\frac{KT_1(u+1)}{\varphi_d[\sigma_{H2}]^2 u}} = 766 \sqrt[3]{\frac{1.1 \times 40.684 \times (4.025+1)}{1 \times 530^2 \times 4.025}} = 44.714\text{mm}$$

⑥ 确定齿轮模数 m。

$$a = \frac{d_1}{2}(1+\mu) = \frac{44.7}{2}(1+4.025) = 112.343\text{mm}$$

$$m = (0.007 \sim 0.02)a = (0.007 \sim 0.02) \times 185.871$$

取 $m=2$。

⑦ 确定齿轮的齿数 Z_1 和 Z_2。

$$Z_1 = \frac{d_1}{m} = \frac{44.714}{3} = 22.36 \qquad 取：Z_1=24$$

$$Z_2 = \mu Z_1 = 4.025 \times 24 = 96.6 \qquad 取：Z_2=96$$

⑧ 实际齿数比 μ'。

$$\mu' = \frac{Z_2}{Z_1} = \frac{96}{24} = 4$$

齿数比相对误差。

$$\Delta\mu = \frac{\mu - \mu'}{\mu} = 0.006$$

$\Delta\mu < \pm 2.5\%$，允许。

⑨ 计算齿轮的主要尺寸。

$$d_1 = mZ_1 = 2 \times 24 = 48\text{mm}$$

$$d_2 = mZ_2 = 2 \times 96 = 192\text{mm}$$

中心距

$$a = \frac{1}{2}(d_1 + d_2) = \frac{1}{2}(48 + 192) = 120\text{mm}$$

齿轮宽度

$$B_2 = \varphi_d d_1 = 1 \times 48 = 48\text{mm}$$

$$B_1 = B_2 + (5 \sim 10) = 53 \sim 58\text{mm}$$

取 $B_1 = 57\text{mm}$。

⑩ 计算圆周转速 v 并选择齿轮精度。

$$v = \frac{\pi d_1 n_1}{60 \times 1000} = \frac{3.14 \times 48 \times 473.333}{60 \times 1000} = 1.189\text{m/s}$$

查表应取齿轮等级为 9 级，但根据设计要求齿轮的精度等级为 7 级。

3. 齿轮弯曲强度校核

① 由上一步计算可知两齿轮的许用弯曲应力。

$$[\sigma_{F1}] = 244\text{MPa}$$
$$[\sigma_{F2}] = 204\text{MPa}$$

（2）计算两齿轮齿根的弯曲应力。

由《机械零件设计手册》得：

$$Y_{F1}=2.63$$
$$Y_{F2}=2.19$$

比较 $Y_F/[\sigma_F]$ 的值

$$Y_{F1}/[\sigma_{F1}]=2.63/244=0.0108>Y_{F2}/[\sigma_{F2}]=2.19/204=0.0107$$

$$\sigma_{F1} = \frac{2000KT_1Y_{F1}}{B_2m^2Z_2} = \frac{2000\times101.741\times2.63}{66\times3^2\times22} = 40.952\text{MPa} < [\sigma_{F1}]$$

因此，齿轮的弯曲强度足够。

4. 齿轮几何尺寸的确定

① 齿顶圆直径 d_a：由《机械零件设计手册》得 $h_a^*=1$，$c^*=0.25$。

$$d_{a1} = d_1 + 2h_{a1} = (Z_1 + 2h_a^*)m = (24 + 2\times1)\times2 = 54\text{mm}$$
$$d_{a2} = d_2 + 2h_{a2} = (Z_2 + 2h_a^*)m = (96 + 2\times1)\times2 = 196\text{mm}$$

② 齿距　　　　　　　　　$P=2\times3.14=6.28\text{mm}$

③ 齿根高　　　　　　　　$h_f = (h_a^* + c^*)m = 2.5\text{mm}$

④ 齿顶高　　　　　　　　$h_a = h_a^*m = 1\times2 = 2\text{mm}$

⑤ 齿根圆直径 d_f

$$d_{f1} = d_1 - 2h_f = 48 - 2\times2.5 = 43\text{mm}$$
$$d_{f2} = d_2 - 2h_f = 192 - 2\times2.5 = 187\text{mm}$$

5. 齿轮的结构设计

小齿轮采用齿轮轴结构，大齿轮采用锻造毛坯的腹板式结构。大齿轮的相关尺寸计算如下。

轴孔直径：d=50 mm。

① 轮毂直径 D_1=1.6d=1.6×50=80 mm。

② 轮毂长度 $L = B_2 = 66\text{mm}$。

③ 轮缘厚度 δ_0=(3~4)m=6~8mm，取 δ_0=8。

④ 轮缘内径 D_2=d_{a2}-2h-2δ_0=196-2×4.5-2×8=171mm，取 D_2=170mm。

⑤ 腹板厚度 B_2=0.3×48=14.4，c=15mm。

⑥ 腹板中心孔直径 D_0=0.5(D_1+D_2)=0.5(170+80)=125mm。

⑦ 腹板孔直径 d_0=0.25（D_2-D_1）=0.25（170-80）=22.5mm，取 d_0=20mm。

⑧ 齿轮倒角 n=0.5m=0.5×2=1。

最后绘制齿轮的工作图，如图 10-4 所示。

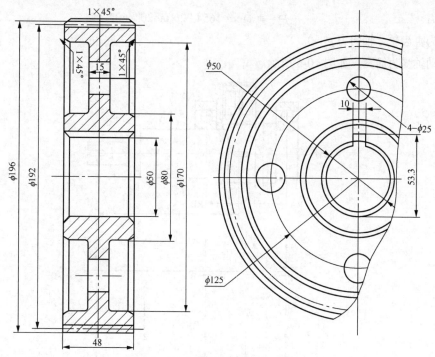

图 10-4　齿轮工作图

10.3.4　轴的设计计算

1. 轴的材料和热处理的选择

由《机械零件设计手册》中的图表查得：选 45 钢，调质处理，HB217～255。
其力学性能指标主要包括：

$$\sigma_b=650MPa \qquad \sigma_s=360MPa \qquad \sigma_{-1}=280MPa$$

2. 轴几何尺寸的设计计算

（1）按照扭转强度初步设计轴的最小直径

从动轴
$$d_2=c\sqrt[3]{\frac{P_2}{n_2}}=115\sqrt[3]{\frac{1.955}{117.587}}=29.35$$

考虑键槽　　　　　　　　$d_2=29.35 \times 1.05=30.82$
选取标准直径　　　　　　$d_2=32mm$

（2）轴的结构设计

根据轴上零件的定位、装拆方便的需要，同时考虑到强度的原则，主动轴和从动轴均设计为阶梯轴。

（3）轴的强度校核

从动轴的强度校核。

圆周力　　　$F_t=\dfrac{2000\,T_2}{d_2}=2000 \times 158.872/192=1654.92$；（$d_2$ 为大齿轮分度圆直径）

径向力 $\qquad F_r = F_t \tan\alpha = 1654.92/\times\tan20°=602.34$

由于为直齿轮，轴向力 $F_a =0$。

作从动轴受力简图，如图 10-5 所示。

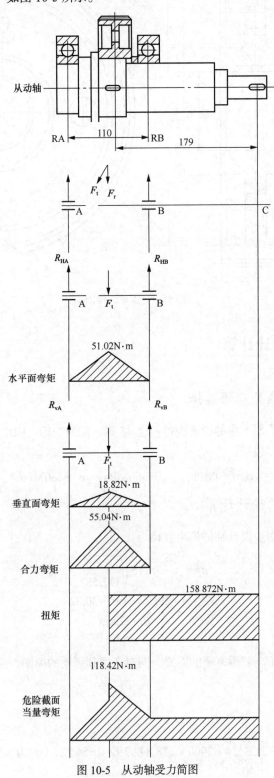

图 10-5　从动轴受力简图

$$L=110\text{mm}$$
$$R_{HA}=R_{HB}=0.5\,F_t=0.5\times1654.92=827.46\text{N}$$
$$M_{HC}=0.5\,R_{HA}L=827.46\times110\times0.5/1000=51.72\text{N}\cdot\text{m}$$
$$R_{VA}=R_{VB}=0.5\,F_r=0.5\times602.34=301.17\text{N}\cdot\text{m}$$
$$M_{VC}=0.5\,R_{VA}\text{L}=501.17\times110\times0.5/1000=36.4\text{N}\cdot\text{m}$$

转矩 $T=158.872\text{N}\cdot\text{m}$。

校核：

$$M_C=\sqrt{M_{HC}{}^2+M_{VC}{}^2}=\sqrt{51.72^2+18.82^2}=55.04\text{ N}\cdot\text{m}$$

$$M_e=\sqrt{M_C{}^2+(aT)^2}=\sqrt{55.04^2+(0.6\times158.872)^2}=118.42\text{ N}\cdot\text{m}$$

由图表查得，$[\sigma_{-1}]_b=55\text{MPa}$。

$$D\geqslant10\sqrt[3]{\dfrac{M_e}{0.1[\sigma_{-1}]_b}}=10\sqrt[3]{\dfrac{118.42}{0.1\times55}}=29.21\text{mm}$$

考虑键槽 $d=29.21\text{mm}<45\text{mm}$，故强度足够。

10.3.5　轴承、键和联轴器的选择

1. 轴承的选择及校核

考虑轴受力较小且主要是径向力，故选用单列深沟球轴承。主动轴承根据轴颈值查《机械零件设计手册》选择两个 6207（GB/T 276—1994）和两个从动轴承 6209（GB/T 276—1994）。

下面对其寿命进行计划。

两轴承受纯径向载荷

$$P=F_r=602.34,\ X=1,\ Y=0$$

从动轴轴承寿命：深沟球轴承 6209，基本额定功负荷：

$$C_r=25.6\text{kN},\ f_t=1,\ \delta=3$$

$$L_{10h}=\dfrac{10^6}{60n_2}\left(\dfrac{f_tC_r}{P}\right)^{\delta}=\dfrac{10^6}{60\times117.589}\left(\dfrac{25.6\times1\times1000}{602.34}\right)^3=10881201$$

预期寿命为：8 年，两班制。

$$L=8\times300\times16=38400<L_{10h}$$

轴承寿命合格。

2. 键的选择计算及校核

① 从动轴外伸端 $d=42$，考虑键在轴中部安装，故选键 10×40（GB/T 1096—2003），$b=16$，$L=50$，$h=10$，选 45 号钢，其许用挤压力 $[\sigma_p]=100\text{MPa}$。

$$\sigma_p=\dfrac{F_t}{h'l}=\dfrac{4000T_I}{hld}=\dfrac{4000\times158.872}{8\times30\times32}=82.75<[\sigma_p]$$

则强度足够，合格。

② 与齿轮连接处 $d=50$，考虑键槽在轴中部安装，故同一方位母线上，选键 14×52

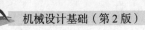

（GB/T 1096—2003），$b=10$，$L=45$，$h=8$，选 45 钢，其许用挤压应力 $[\sigma_p]=100MPa$。

$$\sigma_p=\frac{F_t}{h'l}=\frac{4000T_1}{hld}=\frac{4000\times158.872}{8\times35\times50}=45.392<[\sigma_p]$$

则强度足够，合格。

3. 联轴器的选择

由于减速器载荷平稳，速度不高，无特殊要求，考虑拆装方便及经济问题，选用弹性套柱联轴器。

$$K=1.3$$
$$T_C=9550\frac{KP_{II}}{n_{II}}=9550\times\frac{1.3\times1.916}{117.589}=202.290$$

选用 TL8 型弹性套柱销联轴器，公称尺寸转矩 $T_n=250$，$T_C<T_n$。采用 Y 型轴孔，A 型键轴孔直径 $d=32\sim40$，选 $d=35$，轴孔长度 $L=82$。

TL8 型弹性套柱销联轴器有关参数如表 10-5 所示。

表 10-5　　　　　　　　　　　　TL8 型弹性套柱销联轴器参数

型号	公称转矩 $T/(N\cdot m)$	许用转速 $n/(r/min)$	轴孔直径 d/mm	轴孔长度 L/mm	外径 D/mm	材料	轴孔类型	键槽类型
TL6	250	3300	35	82	160	HT200	Y 型	A 型

10.3.6　其他设计

1. 润滑的选择确定

（1）润滑方式

① 齿轮 $V=1.2<<12m/s$,应用喷油润滑，但考虑成本及需要，选用浸油润滑。

② 轴承采用润滑脂润滑。

（2）润滑油牌号及用量

① 齿轮润滑选用 150 号机械油，最低至最高油面距 $10\sim20mm$，需油量为 1.5L 左右。

② 轴承润滑选用 2L-3 型润滑脂，用油量为轴承间隙的 $1/3\sim1/2$ 为宜。

2. 密封形式的确定

① 箱座与箱盖凸缘接合面的密封。选用在接合面涂密封漆或水玻璃的方法。

② 观察孔和油孔等处接合面的密封。在观察孔或螺塞与机体之间加石棉橡胶纸、垫片进行密封。

③ 轴承孔的密封。闷盖和透盖用作密封与之对应的轴承外部，轴的外伸端与透盖的间隙，由于 $V<3m/s$，故选用半粗羊毛毡加以密封。

④ 轴承靠近机体内壁处用挡油环加以密封，防止润滑油进入轴承内部。

3.　减速器附件的选择确定

具体附件选择如表 10-6 所示。

表 10-6　　　　　　　　　　　　　　减速器附件选择

名称	功用	数量	材料	规格
螺栓	安装端盖	12	Q235	M6×16 GB 5782—2000
螺栓	安装端盖	24	Q235	M8×25 GB 5782—2000
销	定位	2	35	A6×40 GB 117—2000
垫圈	调整安装	3	65Mn	10 GB 93—1987
螺母	安装	3	A₃	M10 GB 6170—2000
油标尺	测量油面高度	1	组合件	
通气器	透气	1	A₃	

4.　箱体主要结构尺寸计算

① 箱座壁厚 δ=10mm，箱座凸缘厚度 b=1.5mm，δ=15mm。

② 箱盖厚度 δ_1=8mm，箱盖凸缘厚度 b_1=1.5mm，δ_1=12mm。

③ 箱底座凸缘厚度 b_2=2.5mm，δ=25mm，轴承旁凸台高度 h=45mm，凸台半径 R=20mm。

④ 齿轮轴端面与内机壁距离 l_1=18mm。

⑤ 大齿轮顶与内机壁距离 Δ_1=12mm。

⑥ 小齿端面到内机壁距离 Δ_2=15mm。

⑦ 上下机体筋板厚度 m_1=6.8mm，m_2=8.5mm。

⑧ 主动轴承端盖外径 D_1=105mm。

⑨ 从动轴承端盖外径 D_2=130mm。

⑩ 地脚螺栓 M16，数量 6 根。

小结

机械设计课程设计是一次综合应用所学知识进行工程实践的训练，设计时，应处理好理论计算与实际结构设计的关系。机械中零部件的尺寸不可能完全由理论计算确定，很多结构及尺寸的确定需要综合考虑零部件的加工、装配、经济性等多方面的因素。设计过程中，设计计算和结构设计需要交替进行、互相补充，应采用边计算、边画图、边修改的设计方法。

有时也可以根据结构和工艺的要求先确定结构尺寸，然后校核强度等方面的要求。在有些场合还可利用综合考虑强度、结构工艺性、刚度等方面的经验确定零件的结构尺寸，如齿轮轮毂厚度、减速器箱体壁厚等就是按经验公式计算出近似值，然后作适当的圆整。这就是说设计工作不能把计算和绘图截然分开，而应互相依赖、互相补充、交叉进行。边计算、边画图、边修改是设计工作的正确方法。

习题

1. 传动装置主要负担哪些功能，合理的传动方案应满足哪些要求？
2. 为何带传动通常布置在高速级？
3. 工业生产中常用的电机类型有哪些，各有何特点？
4. 合理分配传动比有何意义，分配传动比时应该考虑哪些原则？
5. 什么条件下齿轮和轴应制成整体的齿轮轴？
6. 齿轮材料的选择原则是什么，常用的齿轮材料有哪些？
7. 为什么小圆柱齿轮的齿宽比大圆柱齿轮大些？
8. 轴的设计中，定位轴肩与非定位轴肩的高度是如何确定的？

参 考 文 献

［1］ 张定华. 工程力学. 北京：高等教育出版社，2000.

［2］ 李国彬，梁建和. 机械设计基础. 北京：清华大学出版社，2007.

［3］ 邵刚. 机械设计基础. 北京：电子工业出版社，2005.

［4］ 陈长生，霍振生. 机械基础. 北京：机械工业出版社，2005.

［5］ 张恩泽. 机械基础. 北京：化学工业出版社，2004.

［6］ 宋云京，李爱国，魏书印，高炳岩. 机械基础. 北京：中国电力出版社，2005.

［7］ 陈秀宁. 机械设计基础（第2版）. 浙江：浙江大学出版社，1999.

［8］ 荣涵锐. 机械设计（第2版）. 黑龙江：哈尔滨工业大学出版社，2006.

［9］ 机械设计手册. 北京：机械工业出版社，2007.

［10］ 王云，潘玉安. 机械设计基础案例教程（上册）. 北京：北京航空航天大学出版社，2006.

［11］ 胡家秀. 机械基础（机械类）. 北京：机械工业出版社，2001.

［12］ 成大先. 机械设计手册. 北京：化学工业出版社，2004.

［13］ 杨可桢，程光蕴. 机械设计基础（第四版）. 北京：高等教育出版社，1999.

［14］ 潘慧勒. 轧钢车间机械设备. 北京：冶金工业出版社，1994.

［15］ 李力，向敬忠. 机械设计基础（近机、非机类）. 北京：清华大学出版社，2010.

［16］ 刘跃南. 机械基础. 北京：高等教育出版社，2000.

［17］ 陈立德. 机械设计基础. 北京：高等教育出版社，2004.

［18］ 柴鹏飞. 机械设计基础. 北京：机械工业出版社，2004.